高等院校计算机基础教育系列教材　　总主编　龚尚福

Visual Basic 程序设计

主　编　龚尚福

副主编　牟　琦

中国矿业大学出版社

内容简介

本书共分十二章,主要内容包括:Visual Basic 的集成开发环境,窗体与常用控件,数据类型、常量、变量及表达式,基本控制结构,数组,过程,用户界面高级编程,图形操作,文件,数据库访问技术,程序调试与错误处理,实验与实训,附录。本书把控件和程序设计紧密结合起来,在介绍控件使用的同时有针对性地介绍了代码的编写,通过大量的例题介绍了可视化程序的设计特点,并结合事件过程讲解了结构化程序的基本体系和设计方法。各章都配有适量的习题和上机实验,便于读者练习、巩固和掌握学习内容,同时也便于教师组织教学。

本书基本概念清晰,循序渐进,通俗易懂,例题丰富,可作为高等院校各专业本、专科生学习 Visual Basic 程序设计的教材,也可以作为全国计算机等级考试的自学辅导用书及从事计算机工作的技术人员自学 Visual Basic 程序设计的参考用书。

图书在版编目(CIP)数据

Visual Basic 程序设计/龚尚福主编. —徐州:中国矿业
大学出版社,2007.8
ISBN 978—7—81107—691—2

Ⅰ. V… Ⅱ. 龚… Ⅲ. BASIC 语言—程序设计 Ⅳ. TP312

中国版本图书馆 CIP 数据核字(2007)第 127631 号

书　　名	Visual Basic 程序设计	
主　　编	龚尚福	
责任编辑	孙树朴　刘社育	
责任校对	宋会娜	
出版发行	中国矿业大学出版社	
	(江苏省徐州市中国矿业大学内　邮编:221008)	
网　　址	http://www.cumtp.com　E—mail:cumtpvip@cump.com	
印　　刷	北京兆成印刷有限责任公司	
经　　销	新华书店	
开　　本	787×960　1/16	
印　　张	21	
字　　数	388 千字	
版次印次	2007 年 8 月第 1 版　2009 年 8 月第 2 次印刷	
印　　数	4101～10600 册	
定　　价	30.00 元	

(图书出现印装质量问题,本社负责调换)

丛书前言

　　计算机技术的飞速发展促进了信息技术革命的到来,使得人类社会发展步入了信息时代。随着计算机应用的日益普及,人们的生活、工作、学习及思维方式都将发生深刻变化,计算机已成为人们工作、学习、思维、娱乐和处理日常事务必不可少的工具;同时,由于计算机与其他学科领域交叉融合,促进了学科发展和专业更新,引发了新兴交叉学科与技术的不断涌现。因此,没有扎实的计算机基础知识,就无法掌握更先进、更有效的研究与开发技术,直接影响到所从事专业的发展。计算机基础教育已成为面向 21 世纪人才培养方案中最重要的课程内容之一。

　　在高等院校普及计算机基础教育,是高等教育中的重要组成部分。该项工作面对在校大学生,其目标是在各个专业领域中系统地普及计算机知识和计算机技术的应用,使各专业大学生成为既掌握本专业知识,又能够熟练地使用计算机技术的复合型人才。

　　21 世纪,高等院校计算机基础教育进入了一个新阶段,如何进一步深入开展计算机基础教育,成为大家共同关注的课题。全国高等院校计算机基础教育研究会与清华大学出版社合作,经过"中国高等院校计算机基础教育改革课题研究组"多年的研究和实践,撰写并推出了《中国高等院校计算机基础教育课程体系 2006》(简称 CFC2006),对国内高等院校计算机基础教育进行了全面的总结和系统的研究,为高等院校计算机基础教育改革和计算机知识与应用能力的培养提出了明确的指导。为此,我们根据《中国计算机基础教育课程体系 2006》及高等院校各相关专业对教材的普遍需要,组织并编写了这套《高等院校计算机基础教育系列教材》。

　　本套教材立足于高等学校各相关专业的计算机培养目标、教学现状和发展方向,充分考虑了不同专业对计算机基础知识和技术应用能力的培养要求,组织了多年从事计算机教育的具有丰富教学和实践经验的教师与工程师参加教材编写。在编写过程中,注意从"能力+知识结构"出发构建教材的内容与知识体系。教材在内容选取上既注意了先进性、科学性和系统性,又重点兼顾了实用性和简明性;在文字叙述上力求做到深入浅出,通俗易懂,便于自学;并力求做到图文并茂，以求化解不同知识单元的难点；通过大量的实践环节和技能训练，保证本套教材的知识完整性和实用性特点。

使用本套教材时应注意"精讲"授课内容和"多练"基本技能与操作，尽可能采用现代化教育技术和手段，如联机大屏幕、CAI 课件或多媒体交互环境，这些均有利于加强课堂效果和节省学时。

本套教材可作为高等学校各专业开设计算机基础与技术课的教材，也可作为应用计算机人员的培训教材和学习参考书。

本套教材在编写过程中得到了西安科技大学领导和教务处有关同志的大力支持，在此表示衷心地感谢。由于作者水平有限，书中缺点错误在所难免，敬请读者批评指正。

编　者

2006 年 9 月

前　言

在我国高等教育逐步实现大众化后,高等院校的教育模式也逐渐面向国民经济发展的第一线,为行业、企业培养各类高级应用型专门人才。计算机软件技术是发展十分迅速的专业领域之一,随着教学改革的逐步深入以及理论教学学时的不断压缩,众多的程序设计语言种类使得计算机语言教学出现了一定的选择难度。Visual Basic 语言是目前最流行的面向对象可视化程序设计语言之一,具有简洁、紧凑、灵活、实用、高效、可移植性好等优点,也是高等院校讲授程序设计课程的首选入门性程序设计语言。

本书始终以程序设计为主线,注重培养读者程序设计的思维方式和技巧。主要内容包括:Visual Basic 的集成开发环境,窗体与常用控件,数据类型、常量、变量及表达式,基本控制结构,数组,过程,用户界面高级编程,图形操作,文件,数据库访问技术和程序调试与错误处理。书中配合教学内容,每章配有习题,并编写了实验与实训,并在书后给出必须的附录。本书把控件和程序设计紧密结合起来,在介绍控件使用的同时,有针对性地介绍了代码的编写。通过大量的例题介绍了可视化程序的特点,并结合事件过程讲解了结构化程序的基本体系和设计方法。

本书的主要特点是:

(1) 突出应用技术,全面针对实际应用。在选材上,根据实际应用的需要,在保证学科体系完整的基础上不过度强调理论的深度和难度,突出程序设计主体思路,注重应用型人才的专业技能和工程实用技术的培养。

(2) 采取"提出问题、介绍解决问题的方法,分析总结,培养寻找答案的思维方法"的模式,以实际问题引导出相关原理和概念,在讲述实例的过程中将知识点融入其中,通过分析归纳,介绍解决工程实际问题的思想和方法,然后进行概括总结,使教材内容层次清晰,脉络分明,可读性和操作性强。同时,引入案例教学和启发式教学方法,便于激发学习兴趣。

(3) 在教材内容编排上,力求由浅入深,循序渐进,举一反三,突出重点,运用程式化的语言方式,通俗易懂,讲求效率,内容经过多次提炼和升华,突出学习规律和学习技巧,体现了逻辑思维到结果形成的正常规律。

本书可作为高等院校开设"Visual Basic 语言程序设计"课程的教材,建议课内讲授 48 学时,上机和专题实验 20 学时。

本书由具有多年计算机教学、培训和开发应用经验的教师编写。龚尚福任主编,牟琦任副主编,许元飞、董富强、冀汶莉参编。龚尚福编写第 10 章,牟琦编写第 2 章、第 6 章、第 7 章、第 9 章与附录,许元飞编写第 1 章、第 4 章、第 5 章,董富强编写第 3 章、第 8 章,冀汶莉编写第 11 章、第 12 章,龚尚福教授负责全书内容的修改和最终定稿。

本书在编写过程中得到了西安科技大学领导和教务处有关同志的大力支持,在此表示衷心感谢。由于计算机应用技术发展迅速,应用软件日益更新,书中缺憾与疏漏之处在所难免,敬请读者批评指正。

编　者
2007 年 4 月

目　录

第1章 概 述

　　Visual Basic 是美国微软公司开发的基于 Windows 平台的 32 位程序设计开发工具,它提供了开发 Windows 应用程序的最迅速、最简捷的方法。它不但是专业人员得心应手的开发工具,而且易被非专业人员掌握使用。本章首先介绍了 Visual Basic 的特点、安装和 Visual Basic 6.0 的集成开发环境;然后详细说明了面向对象程序设计的基本概念和编程思想;最后介绍了 Visual Basic 程序设计的一般步骤,并以一个示例详细地说明了开发一个 Visual Basic 应用程序的过程,为进一步学习 Visual Basic 6.0 可视化程序设计奠定了基础。

1.1　Visual Basic 语言概述

　　Visual Basic(简称 VB)是从 Basic 语言发展而来的,是在 Windows 环境下快速开发应用程序的可视化工具。其中,Visual 是指开发图形用户界面(GUI—Graphical User Interface)的方法。Visual 的英文原意是"可视的"或"视觉的",这里是指直观的编程方法。Visual Basic 中引入了控件的概念,并且每个控件都由若干个属性来控制其外观和工作方法。这样,采用 Visual 方法无需编写大量代码去描述界面元素的外观和位置,只要把预先建立的控件加到屏幕上,就像使用"画图"之类的绘图应用程序,通过选择画图工具来画图一样。Basic 是指Basic(Begin All—purpose Symbolic Instruction Code)语言,即在 Visual Basic 中使用了 Basic 语言作为编程代码。Visual Basic 在原有 Basic 语言的基础上进一步发展,至今已包含了数百条语句、函数及关键词,其中很多与 Windows GUI 有直接关系。专业人员可以用 Visual Basic 实现其他任何 Windows 编程语言所能实现的功能;初学者只要掌握几个关键词就可以编写出实用的应用程序。

　　当然,尽管 Visual Basic 沿用了早期 Basic 中的一些语法,但形式与性质已大不相同。应该认识到它不仅仅是一种语言,而是一种开发工具,从数学计算、数据库管理、客户/服务器软件、通信软件、多媒体软件到 Internet/Intranet 软件,都可以用Visual Basic 开发完成,其功能强大,绝非早期的 Basic 语言所能比拟。

1.1.1　Visual Basic 的发展

1. Visual Basic 的发展史

20 世纪 70 年代后期,Microsoft 在当时的微型计算机(PC—Personal Computer)上开发了新一代的 Basic 语言,成为当时非常流行的可编程工具。随着计算机的普及,PC 机上操作系统不断发展,Microsoft 公司对其 Basic 产品也做了许多方面的改进,相继推出了 Quick Basic 以及 True Basic 等,并得到了广泛的好评。

20 世纪 90 年代初,随着 Windows 操作平台的逐渐流行,PC 机的操作方式开始由命令行方式向图形用户界面(GUI)方式转变。Microsoft 公司凭借强大的技术优势,开始向可视化编程方向发展,于是就有了第一代的 Visual Basic 产品。虽然第一代的 Visual Basic 产品功能相对较少,但是它具有跨时代的意义。

随着 Windows 操作系统的不断成熟,Visual Basic 产品由 1.0 版升级到3.0版,此时 Visual Basic 已初具规模了,利用它可以快速地创建各种应用程序,包括非常流行的多媒体应用程序和各种图形操作界面。

当面向对象技术出现后,Microsoft 迅速把这一技术加入到了 Visual Basic 产品中。Visual Basic 4.0 还提供了强大的数据库管理能力,这使得它成为管理信息系统(MIS—Management Information System)的重要开发工具。

1997 年,Microsoft 的 ActiveX 技术出现了,并被加入到 Visual Basic 5.0 版本中。在 1998 年,Microsoft 推出了 Visual Basic 6.0 版本,这一版本得到了很大的扩充和增强,引入了使用部件编程的概念,实际上这是面向对象编程思想的扩展。迄今为止,Visual Basic 已经发展成为快速应用程序开发(RAD—Rapid Application Development)工具的代表。

随着计算机技术的进一步发展,新概念与新技术会不断出现,功能更强、操作更方便的 Visual Basic 新版本也会不断地推出。

2. Visual Basic 6.0 的版本

现在被广泛使用的是 Visual Basic 6.0,它包括三种版本,即学习版、专业版和企业版,这三种版本适合于不同层次的用户。这些版本是在相同的基础上建立起来的,因此大多数应用程序可在三种版本中通用。

(1)学习版。该版本是 Visual Basic 的基础版本,可用来开发 Windows 应用程序。它包括了所有的内部控件、网格控件以及数据绑定控件等。

(2)专业版。该版本为专业编程人员提供了一整套用于软件开发的功能完备的工具。它包括了学习版的全部功能,同时包括 ActiveX 控件、Internet 控件和报表控件等。

（3）企业版。该版本可供专业编程人员使用,是功能强大的组内分布式应用程序。它包括了专业版的全部功能,还增加了自动化管理器、部件管理器、数据库管理等工具。

本书选用 Visual Basic 6.0 企业版作为学习环境,但书中的大部分程序都可在专业版和学习版中运行。

1.1.2　Visual Basic 及 MSDN 的安装

1. 系统要求

要安装 Visual Basic 6.0 中文企业版,让 Visual Basic 运行流畅,所有的配置都应该是相对越高越好。计算机的软硬件应满足的最低要求如下:

（1）操作系统:客户机 Microsoft Windows 95/98 或者更高的版本;服务器 Microsoft Windows NT 3.51 或更新的版本。

（2）微处理器:486DX/66 MHz 或更高(推荐使用奔腾或更高的处理器)。

（3）内存:至少 16 MB 以上。

（4）硬盘空间:典型安装 128 MB,完全安装 147 MB;附加部件,MSDN(帮助文档)67 MB,Internet Explorer 4. x(Windows 98 中已经包含),大约 66 MB。

（5）显示设备:VGA 或更高分辨率的显示器。

（6）读入设备:CD-ROM。

2. 安装过程

下面以 Visual Basic 6.0 中文企业版为例,介绍其安装过程,不同的版本之间会有些差异。

（1）在光盘驱动器中放入 Visual Basic 6.0 中文企业版光盘。一般情况下,安装程序会自动启动"Visual Basic 安装向导",如图 1.1 所示。如果没有自动启动,可以执行光盘中的可执行文件"Setup. exe"。"Visual Basic 安装向导"会一步步地引导用户完成安装过程。

（2）在图 1.1 所示的第一个向导窗口中,浏览一下窗口上的文字说明,然后单击"下一步"按钮。如果想要阅读版本信息,可以在单击"下一步"按钮之前单击"显示 Readme"按钮。

（3）下一个向导窗口会显示出"最终用户许可协议",阅读完这些版本方面的声明之后,单击"接受协议"单选框,然后单击"下一步"按钮。

（4）在下一个窗口要求输入产品号、用户名和用户单位名。产品的 ID 号一般会在软件的包装盒上注明。输入完毕后单击"下一步"按钮。

（5）接下来的窗口要求用户选择 Visual Basic 的安装路径和安装类型,如图 1.2 所示。

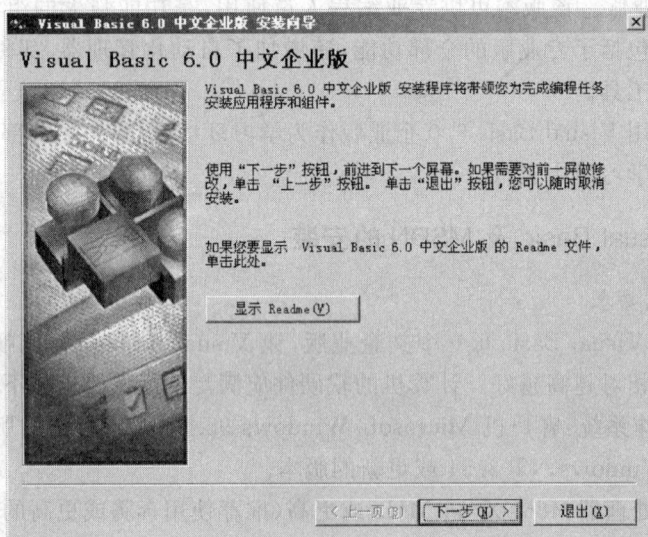

图 1.1　安装向导窗口

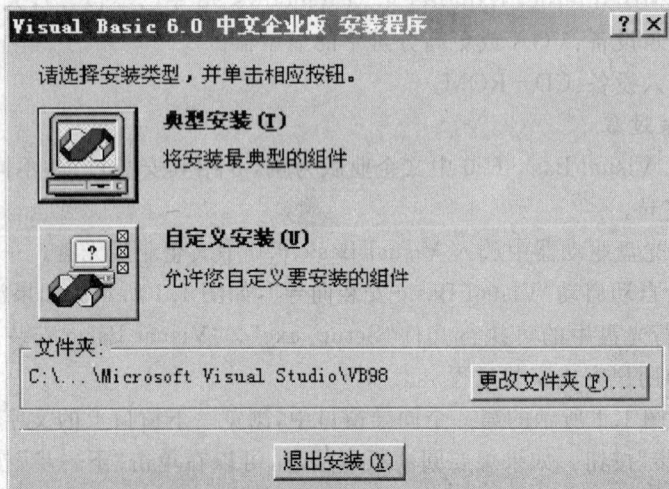

图 1.2　安装路径和安装类型选择窗口

Visual Basic 6.0 的默认安装路径是"C:\Program Files\Microsoft Visual Studio\VB98",用户可以根据需要决定是否更改安装路径。

安装类型有"典型安装"与"自定义安装"。前者安装最常用的 Visual Basic 组件,比较适合初学者使用;后者允许对组件进行挑选。如果单击"典型安装",安装向导就开始把文件从光盘复制或解压缩到硬盘指定路径下,直接跳到第(7)

步。如果单击"自定义安装",则出现"自定义安装"窗口。

（6）在"自定义安装"窗口中，可以选择要安装的 Visual Basic 组件，如图1.3所示。被选中的组件前面的复选框为选定状态。有些组件还包括更详细的选项，单击"更改选项"按钮，就会打开一个新的窗口，对选中的组件进行进一步的选择。"在自定义安装"窗口中，如果组件前面的复选框为灰色，表示这个组件有更详细的选项，而这些详细的选项没有被全部选择安装，单击"更改选项"按钮可以进行详细地设置。全部选择完毕后，单击"继续"按钮，选择的组件就会被复制到硬盘中。

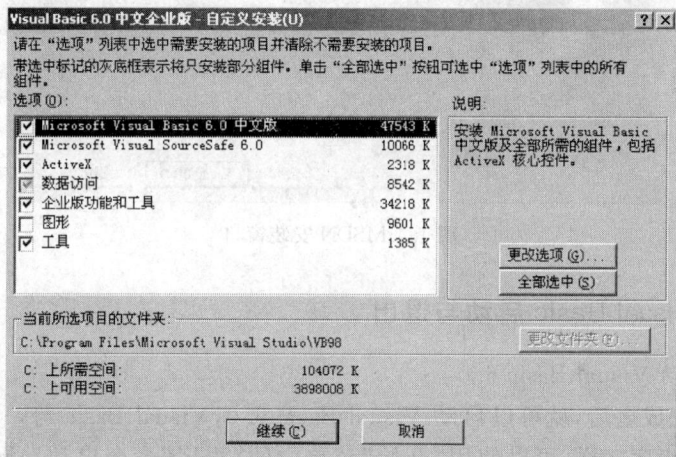

图 1.3 "自定义安装"窗口

（7）复制文件的过程会持续一段时间，屏幕上不断地显示一些对 Visual Basic 或 Visual Studio 功能介绍的画面，并且有进度条指示当前安装的过程。

文件全部复制完毕后，安装向导提示"重新启动计算机"。因为安装 Visual Basic 会同时安装一些系统文件，并对 Windows 进行设置，这些设置只有重新启动计算机才能生效。单击"重新启动计算机"按钮，计算机重新启动并自动进行一些系统配置操作。

接着系统会弹出联机帮助系统安装 MSDN 窗口，如图 1.4 所示。取出 Visual Basic 光盘，插入 MSDN 第一张光盘，单击"下一步"按钮，系统就会开始 MSDN 的安装，在安装过程中提示用户换盘，完成 MSDN 的安装。若用户不想安装 MSDN，可在 MSDN 安装窗口中单击"退出"按钮。

至此，就完成了 Visual Basic 6.0 的安装。

图 1.4 MSDN 安装窗口

1.1.3　Visual Basic 启动与退出

1. 启动 Visual Basic 6.0

安装完成之后,就可以启动 Visual Basic 6.0,Visual Basic 与一般的 Windows 应用程序一样,可以使用"开始"菜单中的"程序"命令启动。操作步骤如下:

(1) 单击 Windows 任务栏中的"开始"按钮,在弹出的菜单中选择"程序"菜单项,然后选择"Microsoft Visual Basic 6.0 中文版"程序组中的"Microsoft Visual Basic6.0 中文版"程序,即可启动 Visual Basic 6.0。

(2) Visual Basic 6.0 启动后,首先显示"新建工程"对话框,如图 1.5 所示。

(3) 选择"新建"选项卡中的"标准 EXE"项,单击"打开"按钮,或直接双击"标准 EXE"项,进入 Visual Basic 6.0 的可视化集成开发环境,如图 1.6 所示。

在集成开发环境中,集中了许多不同的功能,如程序设计、编辑、编译以及调试等。

2. 退出 Visual Basic 6.0

如果要退出 Visual Basic 6.0,可单击 Visual Basic 主窗口右上角的"关闭"按钮,或者选择"文件"菜单中的"退出"命令,Visual Basic 会自动判断用户是否修改了工程的内容,并询问用户是否保存文件或直接退出。

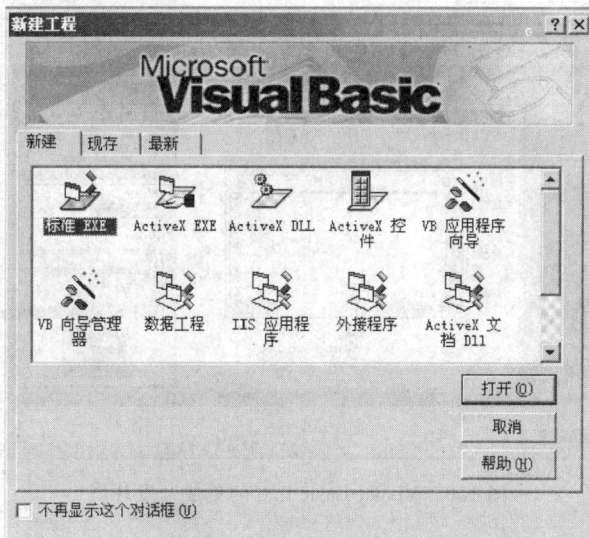

图 1.5　"新建工程"对话框

1.2　可视化集成开发环境

　　Visual Basic 把支持软件开发的各种功能都集中在一个公共的工作环境中，称为"集成开发环境"。Microsoft Visual Basic 6.0 的集成开发环境与 Windows 环境下的许多应用程序相似，同样有标题栏、菜单栏、快捷菜单。除此之外，它还有工具箱窗口、工程资源管理器窗口、属性窗口、窗体布局窗口、立即窗口、窗体设计器等，如图 1.6 所示。

1.2.1　标题栏

　　Visual Basic 6.0 启动后，标题栏中显示的信息是"Microsoft Visual Basic ［设计］"，方括号中的"设计"表明当前的工作状态处于"设计模式"。随着工作状态的不同，方括号中的信息也会随之变化。

　　Visual Basic 6.0 有三种工作模式：设计模式、运行模式、中断模式。

　　（1）设计模式。可以进行用户界面的设计和代码的编写。

　　（2）运行模式。运行应用程序，此时不可以编辑代码，也不可以编辑界面。

　　（3）中断模式。应用程序运行暂时中断，此时可以编辑代码，但不可以编辑界面。

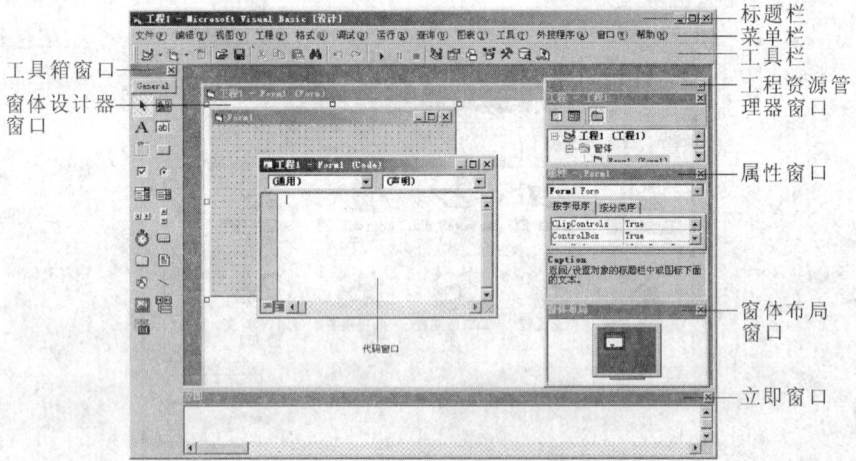

图 1.6　Visual Basic 6.0 的集成开发环境

1.2.2　菜单栏

　　菜单栏提供了 Visual Basic 中用于开发、调试和保存应用程序所需的所有命令。除了提供标准的"文件"、"编辑"、"视图"、"窗口"和"帮助"菜单之外，还提供了编程功能菜单，例如"工程"、"格式"、"调试"等菜单。

1.2.3　工具栏

　　Visual Basic 6.0 提供了四种工具栏，包括标准工具栏、编辑工具栏、窗体布局工具栏和调试工具栏。一般情况下，工具栏中只显示标准工具栏，其他工具栏可以通过"视图"菜单中的"工具栏"命令打开或关闭。

　　标准工具栏中提供了许多常用命令的快速访问按钮，单击某个按钮，即可执行相应的菜单操作。标准工具栏中各按钮的图标及功能如图 1.7 所示。

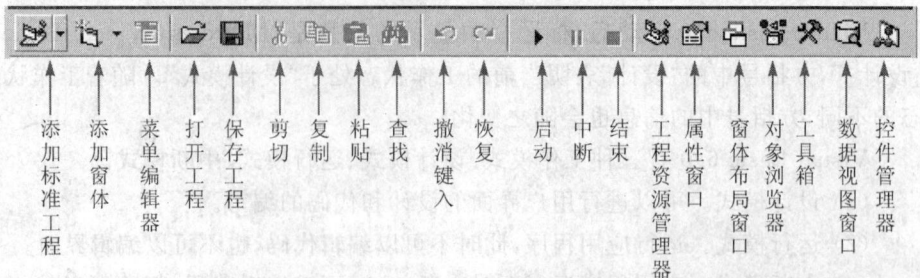

图 1.7　标准工具栏

当鼠标指针移到工具按钮的上面并停留一定时间后,会显示出该按钮的名称。工具栏按钮都对应于某一菜单命令,单击工具栏中的某一个按钮,即可产生与单击相应的菜单命令完全一样的效果。

1.2.4 其他窗口

以上所介绍的标题栏、菜单栏和工具栏都属于主窗口。除了主窗口外,Visual Basic 6.0 集成开发环境中还有一些其他窗口,下面分别介绍。

1. 窗体设计器窗口

窗体设计器窗口中的“窗体”(Form),就是应用程序最终面向用户的窗口,它对应于应用程序的运行结果。各种图形、图像、数据等都是通过窗体或窗体中的控件显示出来的。当创建一个新的工程文件时,Visual Basic 就自动建立一个空的窗体 Form1,如图 1.8 所示。

2. 工程资源管理器窗口

Visual Basic 中将创建一个应用程序的所有文件的集合,称为“工程”。工程资源管理器窗口采用 Windows 资源管理器式的界面,利用树形结构层次分明地列出当前工程中的所有文件的清单。单击“视图”菜单中的“工程资源管理器”命令,即可调出工程资源管理器窗口,如图 1.9 所示。

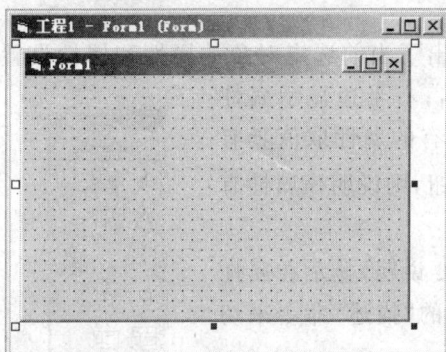

图 1.8 窗体设计器

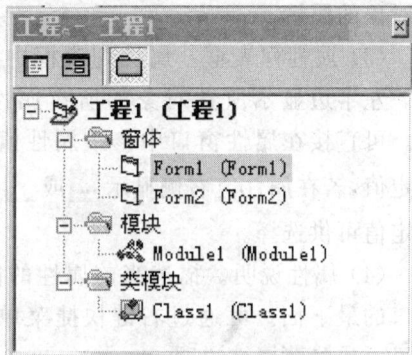

图 1.9 工程资源管理器窗口

工程资源管理器窗口中,其文件包括工程文件(. vbp)、窗体文件(. frm)、标准模块文件(. bas)、类模块(. cls)、资源文件(. res)和包含 ActiveX 的文件(. ocx)。

工程资源管理器窗口的顶部有以下三个按钮:

(1)“查看代码”按钮。切换到代码编辑器,显示和编辑代码。

(2)“查看对象”按钮。切换到窗体设计器,显示和编辑窗体及其中的对象。

（3）"切换文件夹"按钮。隐藏或显示各类文件所在的文件夹。

3. 属性窗口

属性窗口主要是针对窗体和控件设置的。在 Visual Basic 中，窗体和控件被称为对象，每个对象都可以用一组属性来描述其特征，而属性窗口就是用来设置窗体或窗体中控件的属性的。单击"视图"菜单中的"属性窗口"子菜单，即可调出属性窗口，如图 1.10 所示。

属性窗口中包含选定对象的属性列表。在程序设计阶段，可通过属性窗口修改对象的属性，改变其外观和相关数据，这些属性值将是程序运行时各对象属性的初始值。属性窗口分为四个部分。

（1）对象下拉列表框。显示当前选定对象的名称及所属的类。单击右下端的下拉箭头，可列出当前窗体及其包含的全部对象名称，可从中选择要更改其属性的对象。

图 1.10　属性窗口

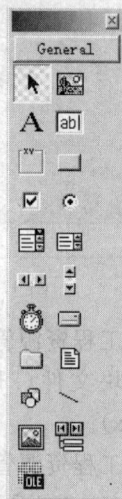

（2）选项卡。分别提供按字母排序和按分类排序两种方式，用于显示所选定对象的属性。

（3）属性列表框。属性列表框中列出了当前选定对象的属性和属性设置值。左半边显示所选对象的所有属性名；右半边显示属性值。可直接在属性窗口中修改属性值。有的属性取值具有预定值，若在属性值右侧显示 … 或 ▼ 按钮，则说明该属性有预定值可供选择。

（4）属性说明。描述当前属性的简要说明，显示在属性窗口的最下面。可通过右键快捷菜单中的"描述"命令来切换显示或隐藏属性说明。

4. 工具箱窗口

工具箱包含了建立应用程序所需的各种控件，用户设计界面时从中选择所需的控件放入窗体中。系统一般打开标准工具箱，如图 1.11 所示。

另外，Visual Basic 还提供了很多 ActiveX 控件可以添加到工具箱中。

5. 窗体布局窗口

窗体布局窗口用于设计应用程序运行时各个窗体在屏

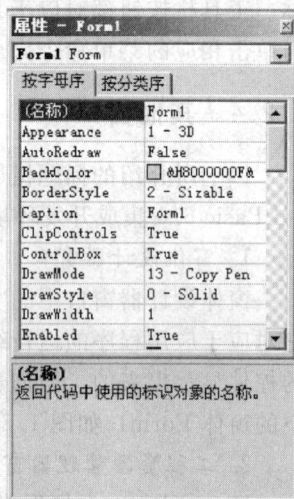

图 1.11　工具箱窗口

幕上的位置。单击"视图"菜单中的"窗体布局窗口"命令,可调出"窗体布局窗口",如图 1.12 所示。

在窗体布局窗口中有一个计算机屏幕,屏幕上有一个窗体 Form1。用鼠标将 Form1 拖拽到合适的位置,程序运行后,相应地将出现在屏幕对应窗体布局窗口的位置。

6. 代码窗口

代码窗口是专门用来进行程序设计的窗口,可在其中显示和编辑程序代码。单击"视图"菜单中的"代码窗口"命令,可调出代码窗口,如图 1.13 所示。

图 1.12 窗体布局窗口   图 1.13 代码窗口

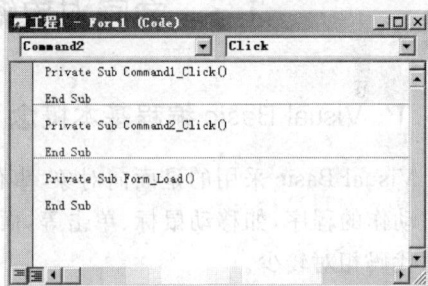

代码窗口标题栏下面有两个下拉列表框,左边是"对象"下拉列表框,可以选择窗体内不同的对象名称;右边是"过程"下拉列表框,可以选择不同的事件过程名称(也叫事件名称),还可以选择用户自定义过程名称。用户可以打开多个代码窗口,查看不同窗口中的代码,并可以在各个代码窗口之间复制代码。

在选择了对象名称和事件名称后,代码窗口中会自动将过程头和过程尾显示出来,用户只需在过程头和过程尾之间输入程序代码即可。用鼠标选中代码后,拖拽鼠标,可以将选中的代码移动。在选中的代码上,单击鼠标右键,会弹出快捷菜单,利用该菜单,可以复制、剪切和粘贴选中的代码。

7. 立即窗口

立即窗口是 Visual Basic 中功能最强大的调试工具,被用来显示程序代码中正在调试的语句所产生的运行信息,如属性、变量值等。同时,还可以通过直接向立即窗口中键入命令行并执行,来改变程序的运行情况。例如,当调试一个应用程序时,需要执行单个的过程、对表达式求值、为变量或属性赋予新的值时,就可使用立即窗口完成这些任务。

立即窗口通常在 Visual Basic 环境中自动显示。如果没有显示,可以通过以下任意一种方法来显示立即窗口:

(1)从"视图"菜单中选择"立即窗口"。

（2）同时按下功能键 Ctrl＋G。

（3）在"调试"工具栏中单击"立即窗口"按钮。

立即窗口中可以采用解释型方式进行交互操作，在立即窗口中敲入一个问号（?）或"Print"，后面跟上变量或表达式，就会立即显示当前值，如图 1.14 所示。

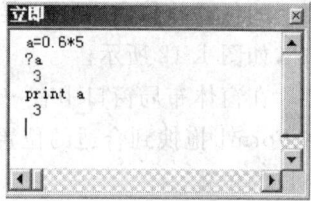

图 1.14　立即窗口

1.3　面向对象编程的基本概念

1.3.1　Visual Basic 编程基本概念

Visual Basic 采用的是面向对象、事件驱动编程机制，程序员只需编写响应用户动作的程序，如移动鼠标、单击等，而不必考虑按精确次序执行的每个步骤，编写代码相对较少。

实际上用 Visual Basic 编写程序就是与一组标准对象进行交互的过程。因此，准确理解对象的有关概念是设计 Visual Basic 程序的重要环节。

1. 对象

在现实生活中，实体就是对象，如人、汽车、电脑等。对象中还可以包含其他对象，如人是由男人和女人组成；汽车由车身和轮子组成；电脑由主机、显示器和键盘等组成。Visual Basic 应用程序的基本单元就是对象，对象是系统中的基本实体，是代码和数据的集合，用 Visual Basic 编程就是用对象组装程序。

在 Visual Basic 中，对象分为两类：一类由系统直接提供，可以直接使用或对其进行操作，如工具箱中的各类控件、窗体、菜单等；另一类则需要用户定义后才能使用。

对象是具有特殊属性和行为方式的实体，建立一个对象后，其操作通常用该对象的属性、事件和方法来描述。

2. 类

类是同类对象的集合与抽象，是一个整体的概念，也是创建对象实例的模板，而对象则是类的实例化。类与对象是面向对象程序设计语言的基础。下面以"汽车"为例，说明类与对象的关系。

汽车是一个整体的概念，把汽车看成一个"类"，而一辆辆具体的汽车就是这个类的实例，也就是属于这个类的对象。

严格的说，工具箱的各种控件并不是对象，而是代表了各个不同的类。当在窗体上放置一个控件时,就将类转换为对象,即创建了一个控件对象。

　　简单的说,对象是由类创建的,是类的具体实例。对象都继承了类的属性,还可以有自己的特有属性。例如,工具箱中的命令按钮代表 CommandButton 类,它确定了 CommandButton 的属性、方法和事件。在窗体上添加两个命令按钮 Command1 和 Command2,则是两个实例化的对象。它们都继承了 CommandButton 相同的属性,可以实现命令按钮的功能,又可以有各自不同的名称、大小、颜色等属性。

　　3. 属性

　　属性是一个对象的特性,不同的对象有不同的属性,对象常见的属性有标题(Caption)、名称(Name)、颜色(Color)、字体(Font)、是否可见(Visible)等。通过修改对象的属性可以改变对象的外观和功能。设置对象属性有两种方法:

　　(1) 在设计阶段。利用属性窗口对选定对象进行属性设置。

　　(2) 在程序代码中。用赋值语句设置,可以在程序运行时实现对对象属性设置,其格式为:

　　　　对象名.属性名＝属性值

　　例如,给一个对象名为"cmdOk"的命令按钮的"Caption"属性赋值为"确定",可在程序代码中书写下列语句:

　　　　cmdOk. Caption ＝ "确定"

　　4. 事件

　　事件即对象响应的动作,是 Visual Basic 预先定义的对象能识别的动作。

　　在 Visual Basic 中,系统为每个对象预先定义了一系列的事件。如单击(Click)事件、双击(DblClick)事件、改变(Change)事件等。对象的事件是固定的,用户不能建立新的事件。当事件由用户触发或系统触发时,对象就会对该事件作出响应,响应某个事件后所执行的程序代码就是事件过程。一个对象可以响应一个或多个事件,因此可以使用一个或多个事件过程对用户或系统作出响应。虽然一个对象可以拥有多个事件过程,但在程序中能使用多少事件过程则由设计者根据问题的具体要求来确定。

　　事件过程的一般格式为:

　　　　Private Sub 对象名_事件名(参数表)

　　　　　　程序代码

　　　　End Sub

其中,参数表随事件过程的不同而不同。

　　5. 方法

　　在传统的程序设计中,过程和函数是编程语言的主要部件。在面向对象程序设计中,引入了称为方法的特殊过程和函数供用户直接调用。方法是各种可在对象上操作的过程,即要执行的动作。如对象的打印(Print)方法、显示窗体(Show)方法、移动(Move)方法等。对象的方法调用格式为:

　　　对象名.方法名 参数表

其中,若省略了对象名,则表示当前对象,一般指窗体。

　　例如,在名称为 frmFirst 的窗体上显示字符串"Visual Basic 程序设计"的语句如下:

　　　frmFrist. Print "Visual Basic 程序设计"

1.3.2　Visual Basic 编程思想

　　在传统的面向过程的应用程序中,应用程序自身控制执行哪一部分和按何种顺序执行代码,即从第一行代码开始执行,并按照应用程序预定的路线执行,用户无法改变程序的执行流程。

　　在事件驱动的应用程序中,代码不是按照预定的路线执行的,而是在出现不同事件时执行不同的代码段。事件可以由用户操作触发,也可以由来自于操作系统或其他应用程序的消息触发,甚至由应用程序本身来触发。这些事件的顺序决定了代码的执行顺序,因此应用程序每次运行时所经过的代码是不确定的,它的执行流程由用户来决定。

　　显然,使用面向过程的程序设计方法编写程序时,其缺点是:程序员始终要关心什么时候发生什么事件,用这种方法编写 Windows 环境下的事件驱动应用程序工作量非常大。使用面向对象、采用事件驱动方式的编程机制时,程序员不需要按精确次序执行每个步骤,而只需要按对象、事件编写响应用户动作的程序即可。

1.4　简单应用程序的创建

1.4.1　应用程序创建步骤

　　Visual Basic 的对象已被抽象为窗体和控件,因而大大简化了程序设计。在用 Visual Basic 开发应用程序时,大致遵循以下主要步骤。

　　1. 分析问题,选择算法

　　这个步骤是非常重要的。在开发一个应用程序之前,必须充分考虑到应用程序有哪些主要功能,分别通过什么方法实现;共使用几个模块、几个窗体、每个窗体上使用什么控件;关键问题使用什么算法,必要时要画出流程图。虽然在做预备工作时,不可能把编程中遇到的问题全部考虑到,但是事先做好详细的筹划绝对有益处。在没准备好之前,不要急于开始上机编程。

2. 建立用户界面

用户界面是由窗体和控件组成,所有的控件都放在窗体上,程序中所有信息都要通过窗体显示出来,它是应用程序的最终用户界面。在应用程序中要用哪些控件,就在窗体上建立相应的控件。程序运行后,将在屏幕上显示由窗体和控件组成的用户界面。所以,要先建立窗体,然后在窗体上创建各种控件。

3. 设置窗体和控件的属性

建立界面后,就可以设置窗体和每个控件的属性。在实际的应用程序设计中,建立界面和设置属性可以同时进行,即画完一个控件,接着就可以设置该控件的属性。当然,也可以在所有对象建立完成后再回来设置每个控件的属性。

4. 编写代码,进行调试

由于 Visual Basic 采用事件驱动编程机制,因此大部分程序都是针对窗口中各个控件所能支持的方法或事件编写的,这样的程序称为事件过程。例如,命令按钮可以接受鼠标事件,如果单击该按钮,鼠标事件就调用相应的事件过程来做出相应的反应。在具体的设计过程中,在创建对象的同时,可以一边设置对象的属性,一边编写事件过程代码。

编写代码是真正实现程序功能的步骤,也是要花费最大精力的步骤,在编写代码的过程中,会不断地进行调试、排错,这样才能保证程序的正确运行。

5. 编译

如果程序调试通过,能够实现预定目的,就可以编译为可执行文件。必要时可以制作成安装盘,方便用户安装使用。

以上只是大致步骤,在执行某一步时,很可能需要返回到其前面的步骤。

1.4.2 Visual Basic 应用程序构成及保存

1. Visual Basic 应用程序的构成

Visual Basic 把用来构成一个应用程序的所有相关文件称为一个工程(Project)。一个工程通常包括以下几类文件。

(1) 工程文件。一个工程只有一个工程文件(.vbp),它管理着该文件的所有部件,其中保存了各部件的名称以及它们在磁盘上的位置。此外,每个工程还会生成一个扩展名为.vbw 的附属工程,它保存了工程在集成环境中各窗口的状态。

(2) 窗体文件。添加到工程中的每个窗体都会单独地保存为一个窗体文件(.frm)。工程中有几个窗体就会产生几个窗体文件。窗体文件中保存了该窗体和所有放置在该窗体中控件的信息,包括对象名、对象类型、对象的属性设置、对象的事件过程代码和通用过程代码。也就是说,一个窗体文件保存了这个窗体所对应的对象窗口和代码窗口所有的内容。

(3) 二进制窗体文件。如果一个窗体中包括了图片等二进制信息(例如在属性窗口中设置了窗体的 Icon 属性、Picture 属性时),则会产生一个与窗体(. frm)文件同文件名的二进制窗体文件(. frx)。

(4) 标准模块文件。标准模块文件(. bas)是用来保存公共变量、常量、数据类型、过程的地方。其他模块可以调用标准模块中的代码。一个工程中可以有多个标准模块,也可以没有。

工程文件、窗体模块文件和标准模块文件都是纯文本文件,有经验的编程者可以使用"记事本"这类文本编辑软件打开查看并进行修改。

(5) 类模块文件。Visual Basic 允许编程者创建新类,新类的定义保存在类模块文件(. cls)中。一个工程中可以有多个类模块,也可以没有。

除了上面列出的以外,Visual Basic 还有很多其他文件种类,需要时可参阅有关资料。

在 Visual Basic 中,模块是相对独立的编程单位。刚建立的工程只有一个窗体模块。如果需要,可以很方便地添加其他模块。在 Visual Basic 开发环境的"工程"菜单中,有多个添加不同模块的菜单项,选择要添加的模块类型时,就会弹出一个添加模块对话框,如图 1.15 所示。从对话框中选择一个具体的类型,然后单击"确定"按钮,一个新的模块就会被添加到工程中。使用"添加模块"菜单项,不但可以往工程中添加新的模块,还可以把磁盘中已有的模块文件添加到当前工程中来。方法是使用"添加模块"对话框中的"现存"选项卡。

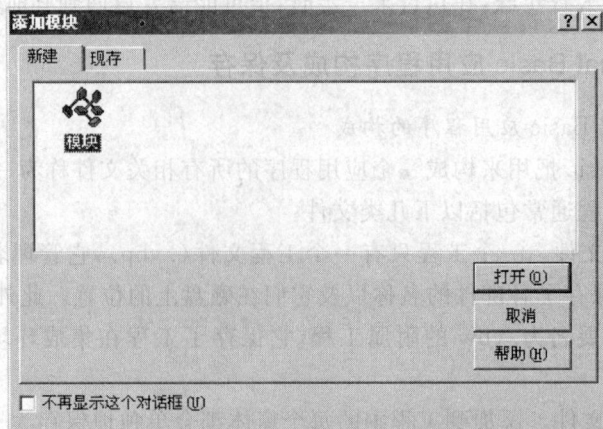

图 1.15 "添加模块"对话框

一个新的模块添加入工程之后,它就会在"工程资源管理器窗口"中出现。系统会根据新模块的类型赋于不同的默认模块名。例如,对于窗体模块,默认模块名为 Form1、Form2、…;对于标准模块,默认模块名为 Module1、Module2、…;对于类模块,默认模块名为 Class1、Class2、…。模块名是模块的 Name 属性值,可以通过属性窗口更改。工程名也可以通过属性窗口进行更改。

每个模块在添加时都会打开相应的对象窗口或代码窗口(标准模块和类模块只有代码窗口)。这些窗口不用时可以关闭,双击工程窗口中的模块名即可打开。

Visual Basic 允许在集成开发环境中同时打开多个工程,这时被打开的几个工程组成一个工程组,"工程窗口"变成"工程组窗口"。

如果当前只打开一个工程,使用"文件"菜单下的"添加工程"命令,可以新建工程或打开已有的工程与当前工程形成工程组。当使用菜单、工具栏或快捷键启动程序时,只有在工程组窗口中以粗体显示的工程被执行。要使某个工程成为启动工程,可以在工程组窗口的工程名称上单击鼠标右键,从快捷菜单中选择"设置为启动"命令。当保存工程时,Visual Basic 会提示保存一个以.vbg 为扩展名的工程组文件,工程组文件与工程文件类似,只是保存了相关工程的名称和路径信息。工程组中的工程仍可以作为单独的工程打开。

2. 工程的保存

新创建的工程和工程中新添加的模块只有被保存之后才能成为磁盘文件,使用"文件"菜单中的"保存工程"菜单项或工具栏上的"保存工程"按钮,可以保存工程中的所有模块。

在保存时,Visual Basic 会逐个针对工程中每个模块分别显示一个对话框,图 1.16 所显示的是窗体保存对话框,其他模块的保存对话框与此类似。在对话框中可以指定保存模块文件的位置和模块文件名。最后提示的是工程文件保存对话框,如图 1.17 所示。

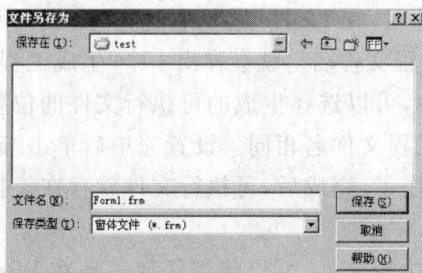

图 1.16　窗体文件保存对话框　　　　图 1.17　工程文件保存对话框

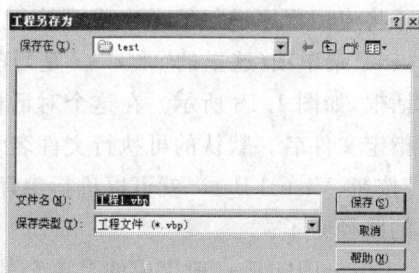

工程文件和工程中各个模块文件可以保存在不同的文件夹中。工程文件中记录了工程中所有文件的保存位置。在 Visual Basic 中打开工程,其实也同时

打开了工程中的各个模块文件。

　　值得注意的是,工程名和工程文件名可以不同,模块名和模块文件名也可以不同,通过属性窗口可以更改模块名,但要改变文件名,则要使用"文件"菜单的"＊＊＊另存为"命令。这里的"＊＊＊"是当前工程名或模块名。

　　工程中的各个模块被保存后,再保存时就不会询问位置和文件名,除非使用"＊＊＊另存为"菜单命令。

　　在更改工程文件名时还应该注意以下两点:

　　(1) 将工程另存只影响工程文件,并不影响已保存的各个模块文件名和位置。如果要把整个工程的所有文件移动位置,应该把所有的模块都另存一遍,最后保存工程文件。

　　(2) 不要在 Visual Basic 集成环境之外更改文件名或移动文件夹。如果使用资源管理器将工程中的某个文件名改变或移动到其他文件夹,则在打开工程时就会出现错误信息。

1.4.3　Visual Basic 应用程序的运行

　　程序设计完成后,可以从"运行"菜单中选择"启动",或者单击工具栏中的"启动"按钮,或者按 F5 键,就可以运行该程序,得到运行结果。

　　如果程序运行时出错,就需要测试、调试应用程序。程序的错误一般分为语法错误、执行错误和逻辑错误。

1.4.4　可执行文件的生成

　　应用程序经过调试,如果没有发现任何错误,就可以建立工程的可执行文件。在生成可执行文件之前,可以使用"工程"菜单中的"属性"菜单项打开"工程属性"对话框,设置一些编译选项。

　　将应用程序进行编译生成可执行文件时,在"文件"菜单中选择"生成＊＊＊.exe"菜单项(这里的"＊＊＊"是当前工程文件名),就会弹出一个"生成工程"对话框,如图 1.18 所示。在这个对话框中,可以选择生成的可执行文件的位置并指定文件名。默认的可执行文件名与工程文件名相同。设置完毕后单击"确定"按钮,Visual Basic 就可以进行编译工作了,完成后,可执行文件就存在于指定的路径中了。

　　Visual Basic 一般生成的是单个的可执行文件,可以使用任何一种在 Windows 下执行常规可执行文件的方法执行它。运行可执行文件时,就不再需要工程文件和各个模块文件了,但是需要有 Visual Basic 运行时动态链接库文件(.dll)的支持。一台安装了 Visual Basic 的计算机中,会提供所需的动态链接库文件。如果要在没有安装过 Visual Basic 的计算机上运行生成的可执行文件时,最好使用 Visual Basic 的安装盘生成程序来制作安装盘。

编译生成可执行文件后,工程中所有的文件(源程序)都要妥善保存,以便于在今后对程序进行升级和扩充时再次使用。

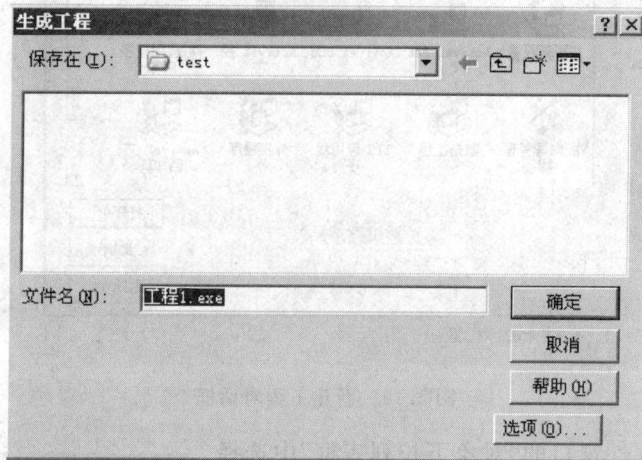

图 1.18　"生成工程"对话框

1.4.5　应用程序开发实例

为了使读者更好地理解 Visual Basic 应用程序开发的一般步骤,下面就以一个简单的应用程序为例,介绍程序开发的一般步骤。

【例 1.1】　编写一个程序,单击界面上的"确定"按钮后在窗体上显示"Visual Basic 从这里起步",同时按钮上的文字由"确定"变为"程序运行完毕"。

1. 预备工作

这是一个很简单的显示程序,程序界面只有一个窗体和一个按钮。程序的实现只需要窗体输出语句完成文字的显示和按钮属性值的修改来完成按钮状态的改变即可。

2. 设计用户界面

(1) 启动 Visual Basic 6.0,从"新建工程"对话框中选择"标准 EXE"项目,单击"确定"按钮,创建一个新的工程,如图 1.19 所示。

(2) 新工程建立后,会自动建立一个窗体"Form1"。

(3) 双击工具箱中的按钮控件(CommandButton)，把它添加到窗体上,如图 1.20 所示。按钮尺寸大小可以使用鼠标拖拽,按钮上的文字"Command1"是默认的,根据应用需要可以在属性中任意修改。

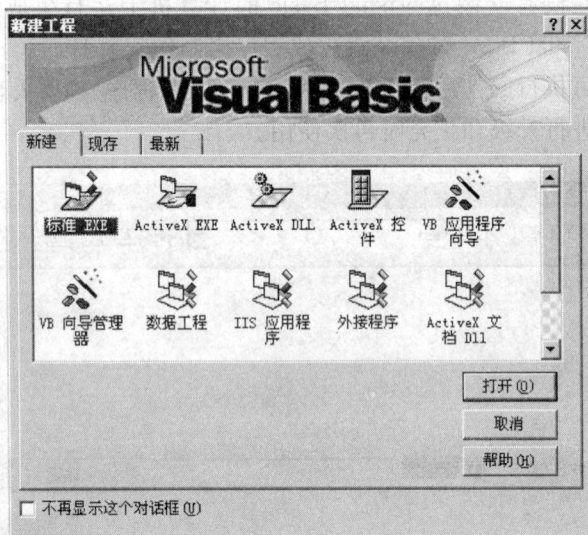

图 1.19　新建工程对话框

（4）在属性窗口的"对象下拉列表框"中选择
Form1 对象，单击"属性"列表框中的 Caption 属
性值文本框，输入"我的第一个 Visual Basic 程
序"文字，如图 1.21 所示。这时就会看到窗体的
标题栏变为"我的第一个 Visual Basic 程序"；同
样操作，在属性窗口的"对象下拉列表框"中选择
Command1 对象，单击"属性"列表框中的 Caption
属性值文本框，输入"确定"文字，如图 1.22 所示。

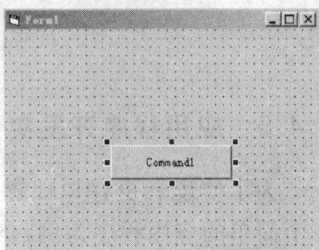

图 1.20　添加按钮

这时，就会看到按钮上的文字从 Command1 变为"确定"，最终的界面如图 1.23
所示。Caption 属性是对象的标题属性，改变它的值可以改变对象的标题，对于
窗体和按钮对象，可以改变其上面的文字，但是这并没有改变对象的名称，它们
的名称依然是 Form1 和 Command1。

（5）属性窗口中的"名称"属性的值是对象的名称，它用于在程序中指示相
应的对象。当对象建立时，系统会自动指定其名称，用户在使用时可以修改。将
窗体 Form1 的名称改为 frmFirst，将命令按钮 Command1 的名称改为 cmdOk。

3. 编写代码

（1）将鼠标移动到窗体内，单击鼠标右键，弹出快捷菜单，选择单击菜单中
的"查看代码"命令，调出相应的代码窗口。

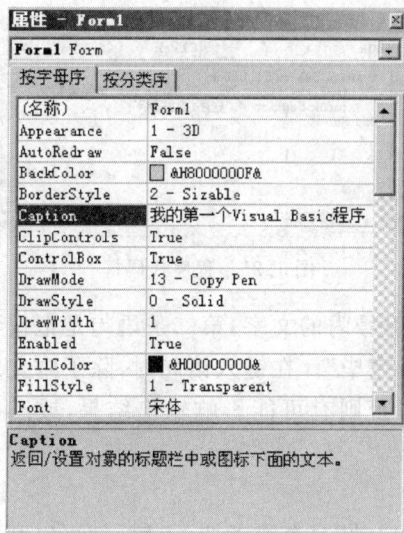

图 1.21　窗体 Caption 属性设置窗口　　　图 1.22　命令按钮 Caption 属性设置窗口

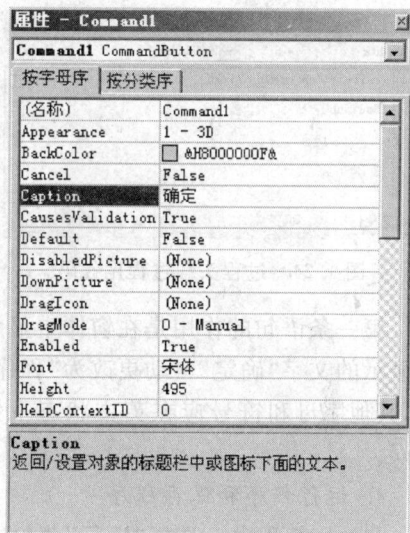

　　(2) 在"代码"窗口内的"对象"下拉列表框中，选择"cmdOk"对象名称；此时的代码窗口内会自动生成一个空的事件过程，它只有两行代码，即过程头和过程尾代码，如图 1.24 所示。过程头是过程声明语句，过程尾是过程结束语句。

　　过程声明语句中，Sub 是关键字，表示过程的开始。cmdOk_Click()是过程名称，过程名称由两部分组成，并遵循如下规则：前一部分与相应对象

图 1.23　程序的界面设计

的"名称"属性取值相同，在本例中 cmdOk 就是所创建按钮的名称；后一部分是事件方法的名字，在本例中 Click()为按钮的默认事件(单击鼠标事件)的名称。过程名称的两部分之间必须用下划线"_"连接。其中，Click 事件的作用是当相应的对象被单击时，执行该事件过程中的语句。

　　除了上述方法外，还可以通过用鼠标双击窗体中的"确定"按钮，来打开代码窗口并在代码窗口内增加 cmdOk_Click()事件过程的过程头和过程尾代码。

　　(3) 单击 Click 事件过程的过程头和过程尾之间的空行，可以使光标在此空行出现，然后输入下面语句：

　　frmFirst. Print "Visual Basic 从这里起步!"

　　cmdOk. Caption = "程序运行完毕"

输入完成后程序代码框如图 1.25 所示。

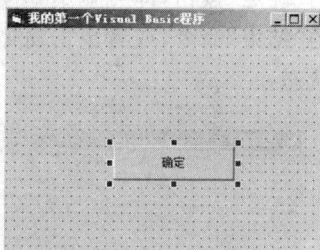

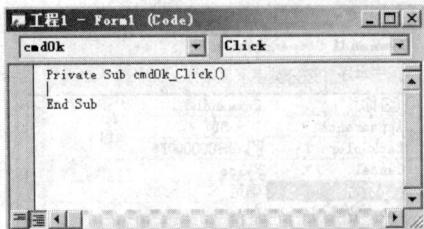

图 1.24　过程头和过程尾代码

图 1.25　程序代码框

第一条语句的作用是在窗体中显示双引号内的文字;第二条语句是把按钮上显示的文字"确定"自动更改为"程序运行完毕"。在键入语句时,除了中文之外,其他字母和符号应在英文状态下键入,否则有可能影响输出结果,或产生错误。

4. 运行程序和保存程序

(1) 运行程序。选择"运行"菜单中的"启动"命令或者按 F5 键,就可以开始运行程序,此时在屏幕中显示图 1.26 所示的程序运行初始界面;再单击窗体中的"确定"按钮,即可显示如图 1.27 所示的运行结果。然后,选择"运行"菜单中的"结束"命令,或者单击窗体右上角的"关闭"按钮,即可关闭程序回到程序编辑状态。

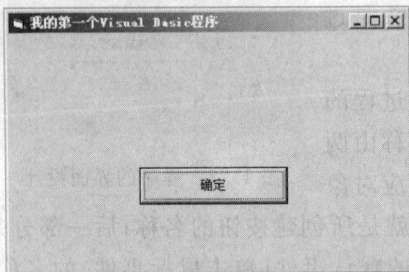

图 1.26　程序运行初始界面

图 1.27　程序运行结果

另外,也可通过标准工具栏内的 ▶ 按钮和 ■ 按钮来启动或结束程序。

(2) 保存程序。单击"文件"菜单中的"保存工程"命令,出现"文件另存为"对话框,如图1.28所示。选择适当的路径,并输入文件名称,单击"保存"按钮,就完成了窗体文件的保存。

接着系统弹出"工程另存为"对话框,如图1.29所示。在"文件名"后的文本框中输入文件名称,单击"保存"按钮,就可以将工程文件保存。

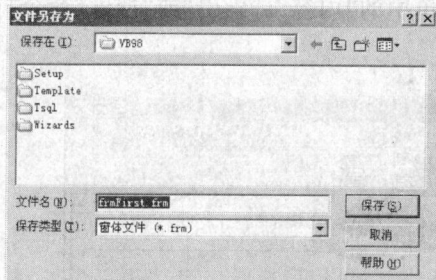

图 1.28 "文件另存为"对话框

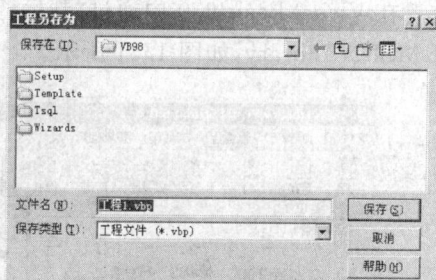

图 1.29 "工程另存为"对话框

如果计算机已安装了 SourceSafe 软件,会弹出一个"Source Code Control"提示框,提示用户是否将工程加入 Source-Safe,如图 1.30 所示。单击"No"按钮,即可完成保存文件的任务。

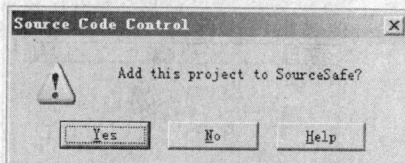

图 1.30 "Source Code Control"提示框

(3) 生成 EXE 文件。在保存文件后,单击"文件"菜单中的"生成工程 1.exe"菜单命令,调出"生成工程"对话框。输入文件名称,单击"确定"按钮,即可生成可执行文件。

1.5 联机帮助系统

Visual Basic 提供了功能强大而全面的联机帮助系统,在编写程序期间遇到的问题,几乎都可以从联机帮助中得到解答。

在安装 Visual Basic 6.0 时,其中有一步安装程序将自动打开"安装 MS-DN"对话框,询问用户是否安装 Microsoft Developer Network(MSDN)Library。

MSDN Library 出两张光盘组成,是 Microsoft Visual Studio 6.0 套件之一,是开发人员的重要参考资料。它包含了大量的编程技术信息,其中包括示例代码、开发人员知识库、Visual Studio 文档、SDK 文档、技术文章、会议及技术讲座的论文以及技术规范等。如果在安装 Visual Basic 6.0 时没有安装 MSDN,用户也可以通过运行第一张盘上的 Setup.exe 程序,通过"用户安装"选项将 MSDN 安装到机器上。用户也可以从 MSDN Web 站点上获得最新版的 MSDN。

1.5.1 MSDN Library 浏览器

在成功安装了 MSDN 后,用户可以在 Windows 的"程序"菜单下选择"Microsoft Developer Network"子菜单,单击"MSDN Library Visual Studio 6.0",

或者在 Visual Basic 6.0 中通过"帮助"菜单中的"内容"、"索引"或"搜索"命令打开 MSDN Library,如图 1.31 所示。

图 1.31　帮助窗口的"搜索"选项卡

　　MSDN 以浏览器的方式显示帮助文档。窗口的顶部是菜单栏、工具栏;窗口的下半部分为左右两个显示区域,其中左显示区的上部为"活动子集",可以通过下拉列表选择要显示的文档类别,中间包含有各种定位方法,如"目录"、"索引"、"搜索"及"书签"选项卡,右侧的显示区域则显示主题内容。单击目录、索引或书签列表中的主题,即可浏览 MSDN Library 中的各种信息。"搜索"选项卡可用于查找出现在任何主题中的所有单词或短语。

1.5.2　上下文相关帮助

　　Visual Basic 的许多部分提供了上下文相关帮助。上下文相关是指不必搜索"帮助"菜单就可以直接获得有关内容的帮助信息。例如,在窗体的属性窗口中选择 BackColor 属性,按 F1 键,即显示与 BackColor 属性有关的帮助信息。

　　在 Visual Basic 界面的任何上下文相关部分上按 F1 键,就可显示有关该部分的帮助信息。上下文相关部分有:

　　(1) Visual Basic 中的每个窗口,如属性窗口、代码窗口等。

　　(2) 工具箱中的控件。

　　(3) 窗体或文档对象内的对象。

　　(4) 属性窗口中的属性。

(5) Visual Basic 关键词(声明、函数、属性、方法、事件和特殊对象)。

(6) 错误信息等。

本章小结

Visual Basic 是 Windows 环境下快速开发应用程序的可视化工具,现在被广泛使用的版本是 Visual Basic 6.0。为适合于不同层次的用户,Visual Basic 6.0 包括三种版本:学习版、专业版和企业版。

Microsoft Visual Basic 6.0 的集成开发环境与 Windows 环境下的许多应用程序相似,同样有标题栏、菜单栏、快捷菜单等;除此之外,它还有工具箱、工程资源管理器窗口、属性窗口、窗体布局窗口、立即窗口、窗体设计器等用于程序开发和管理的工具。

Visual Basic 采用的是面向对象、事件驱动的编程机制,用 Visual Basic 编写程序就是与一组标准对象进行交互的过程。对象是具有特殊属性和行为方式的实体,建立一个对象后,其操作通常用该对象的属性、事件和方法来描述。属性是一个对象的特性;事件是预先定义的可被对象识别的动作;方法是各种可在对象上操作的过程。在事件驱动的应用程序中,代码不是按照预定的路线执行的,应用程序每次运行时所经过的代码是不确定的,它的执行流程由事件的顺序来决定。

Visual Basic 的对象已被抽象为窗体和控件,因而大大简化了程序设计。Visual Basic 把用来构成一个应用程序的所有相关文件称为一个工程。一个工程通常包括以下几类文件:工程文件、窗体文件、二进制窗体文件、标准模块文件和类模块文件。在用 Visual Basic 开发应用程序时,应该大致遵循以下主要步骤:分析问题、选择算法,建立用户界面、设置窗体和控件的属性,编写代码、调试运行,最后进行编译,生成可执行文件。

Visual Basic 提供了功能强大而全面的联机帮助系统(MSDN),在编写程序期间遇到的问题,几乎都可以从 MSDN Library 中得到解答。

习 题 1

1. 填空题

(1) 中文 Visual Basic 6.0 是一种可视化程序设计语言,它有＿＿＿＿、＿＿＿＿和＿＿＿＿三个版本。

(2) 中文 Visual Basic 6.0 有三种工作模式,分别是:＿＿＿＿、＿＿＿＿和＿＿＿＿。

（3）保存一个新建工程时，一般先保存_____文件，然后保存_____文件。

（4）使用"文件"菜单的_____命令，能够生成工程的.exe文件。

2. 判断题

（1）使用 Visual Basic 6.0 集成开发环境开发的应用程序也可以在 DOS 环境下运行。

　　　　　　　　　　　　　　　　　　　　　　　　　　　　　　　（　　）

（2）在 Visual Basic 6.0 的三个版本中，功能最强的是专业版。　　　（　　）

（3）在 Visual Basic 6.0 集成开发环境中，Visual Basic 的工作状态显示在标题栏的方括号内。　　　　　　　　　　　　　　　　　　　　　　　　　　　　（　　）

（4）一个工程中只有一个窗体 Form1。　　　　　　　　　　　　（　　）

（5）在工程设计阶段，只能在属性窗口设置属性值。　　　　　　（　　）

3. 选择题

（1）Visual Basic 6.0 是一种面向_____的程序设计语言。

A. 机器　　　　　B. 对象　　　　　C. 结构　　　　　D. 过程

（2）Visual Basic 6.0 窗体设计器的主要功能是_____。

A. 工程界面设计　　B. 过程代码设计　　C. 图形图像设计　　D. 添加控件

（3）以下不属于 Visual Basic 特点的是_____。

A. 可视化编程　　　B. 面向对象　　　C. 事件驱动　　　D. 算法生成

（4）工程文件的扩展名是_____。

A. .frm　　　　　B. .vbp　　　　　C. .bas　　　　　D. .frx

（5）在设计阶段，当双击窗体上的某个控件时，所打开的窗口是_____。

A. 工程资源管理窗口　　　　　　　　B. 工具箱窗口

C. 代码窗口　　　　　　　　　　　　D. 属性窗口

4. 编程题

编写一个程序，当单击窗体后在窗体上显示个人基本信息。

第 2 章　窗体与常用控件

　　本章主要介绍窗体和几种常用控件的属性、方法和响应事件。通过本章的学习，掌握窗体的使用，窗体上控件的布局，常用属性的使用等；同时理解和掌握常用事件触发的条件以及方法的调用等。

2.1　窗　　体

　　窗口是 Windows 操作系统中应用程序界面的主要组成部分，由窗体和它上面的各种控件组成。窗体对象(Form)作为各种控件对象的容器，是应用程序图形界面的基本组成部分。Visual Basic 中通过窗体编辑器来设计应用程序的界面，用户可以在窗体中添加控件、图形图片和菜单，来创建所期望的程序外观。一个应用程序可以有多个窗体，缺省时命名为 Form1、Form2、Form3 等。

　　在工程中添加窗体的方法：单击"工程"菜单中的"添加窗体"菜单项，调出"添加窗体"对话框，从中选择"新建"选项卡，再选中其中的"窗体"图标，然后单击"打开"按钮，即可以在当前工程中创建一个新的窗体。

　　窗体由标题栏、边框以及编辑区组成，标题栏又由窗体图标、窗体标题、"最小化"按钮、"最大化/还原"按钮与"关闭"按钮组成，如图 2.1(a)所示。

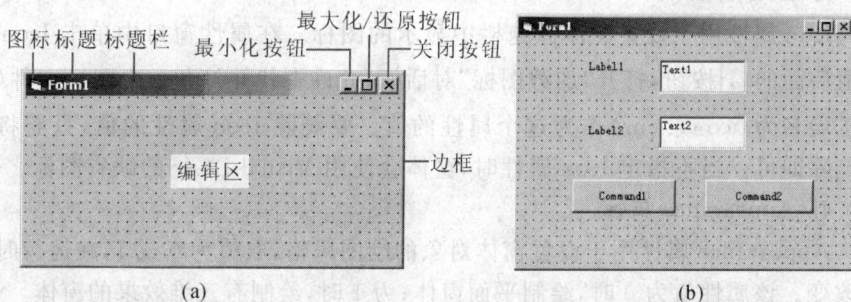

图 2.1　窗体

(a) 窗体组成；(b) 窗体的设计状态

　　在设计应用程序时,窗体就像一块画布,在这块画布上可以"画"出组成应用程序的各个"构件",如图 2.1(b)所示。程序员根据程序界面的要求,从工具箱中选取需要的控件对象,在窗体中画出来,这样就完成了应用程序的第一步。

　　在设计状态下,窗体的编辑区布满了排列整齐的小点,这些小点是供对齐窗体中的控件对象用的。如果要清除小点或者改变点与点之间的距离,可通过执行"工具"菜单中的"选项"命令,在其中的"通用"选项卡中调整。

　　Visual Basic 系统中将可以放置其他控件的控件称为容器类控件。容器内所有的控件将随容器一起移动、显示、消失和屏蔽。例如,窗体就是容器类控件,可以在窗体对象中放置各种其他控件,当删除窗体时,窗体内的所有控件也同时被删除。

　　要全面地控制窗体的外观与行为,就要学习窗体对象的属性、方法与事件。

2.1.1　窗体的属性

　　1. Name 和 Caption 属性

　　Name 属性是窗体的名称。Visual Basic 中的每个对象,无论是窗体还是各种控件,都有一个名称,简称对象名。程序中通过这个对象名来惟一识别对象。

　　Caption 属性的值是显示在窗体标题栏中窗体图标后面的文字,其默认值和 Name 属性的默认值相同,长度限制是 255 个字符。在设计时,通过属性窗口更改标题文字,可以立即在对象窗口中看到窗体标题栏中文字的变化。

　　2. Visible 属性

　　Visible 属性设置窗体是否可见,取值为 True 或 False。该属性值为 True 时窗体可见,为 False 时窗体隐藏。Visible 属性的设置只有在运行时才生效,一个 Visible 属性为 False 的对象,在设计时仍然是可见的。

　　3. Icon 属性

　　Icon 属性用于设置窗体标题栏中显示的图标。在属性窗口中单击 Icon 属性值后面的 ... 按钮,打开"加载图标"对话框,允许查找并打开一个图标文件(文件扩展名为.ico 或.cur)作为这个属性的值。要删除 Icon 属性的值,只需将该项删除即可。当不指定 Icon 属性时,窗体会使用 Visual Basic 的缺省图标。

　　4. Appearance 属性

　　Appearance 属性用于设置窗体对象的绘图风格,取值为 0 或 1,在运行时不可改变。该属性值为 0 时,绘制平面窗体;为 1 时,绘制有三维效果的窗体。

　　5. Enabled 属性

　　Enabled 属性用来确定窗体是否对用户事件做出反应,取值为 True 或

False。该属性值为 True 时，窗体可以响应用户的鼠标或键盘操作；为 False 时，窗体以及窗体上的所有控件都不响应应用户操作。

6. BorderStyle 属性

BorderStyle 属性用于设置 Form 对象的边框类型、标题栏状态及其可缩放性。该属性值共有六个可选值，如表 2.1 所示。

表 2.1　　　　　　　　　　窗体对象 BorderStyle 属性的取值

设　置　值	常　　量	描　　述
0——None	vbBSNone	窗体没有边框和标题
1——FixedSingle	vbFixedSingle	窗体边框是固定的单线，运行时不能改变大小
2——Sizable	vbSizable	窗体大小可以在运行时改变，该项为默认设置
3——Fixed Dialog	vbFixedDialog	对话框风格的窗体，大小不能改变
4——Fixed	vbFixedToolWindow	工具栏风格的窗体，大小不能改变
5——Sizable	vbSizableToolWindow	工具栏风格的窗体，大小可以改变

7. ControlBox 属性

ControlBox 属性决定窗体标题栏的显示状态，取值为 True 或 False。当属性值为 True 时，窗体正常显示；属性值为 False 时，窗体标题栏只显示标题文字，不显示窗口图标及三个控制按钮。

应当注意，当属性值为 True 时，窗体的 BorderStyle 属性应设置为 1(FixedSingle)、2(Sizable)或 3(Fixed Dialog)，窗体中的图标和控制按钮才可正常显示。

8. ForeColor、BackColor 属性

ForeColor 属性描述显示在窗体上的图形和文本的前景颜色，BackColor 属性描述窗体的背景颜色。Visual Basic 6.0 采用 Windows 环境的 RGB(红－绿－蓝)颜色方案。

9. Picture 属性

使用 Picture 属性可以为窗体指定一幅背景图像。设置 Picture 属性的方法与 Icon 属性相同。

10. WindowState 属性

WindowState 属性决定窗体运行时的可视状态，可能的取值如表 2.2 所示。

表 2.2　　　　　　　　　窗体对象 WindowState 属性的取值

设 置 值	常 量	描 述
0——Normal	vbNormal	还原（默认值）
1——Minimized	vbMinimized	最小化
2——Maximized	vbMaximized	最大化

11. 描述窗体位置和尺寸的属性

描述窗体位置和尺寸的属性包括 Height、Width、Left 和 Top 属性。Height 和 Width 属性描述窗体的外部高度和宽度，包括边框和标题栏。Left 返回或设置窗体的左边与桌面左边之间的距离，Top 返回或设置窗体的顶部和桌面顶边之间的距离。通过设置这些属性可完成基于窗体外部尺寸的操作，如移动或改变尺寸。

Visual Basic 中的容器类控件都具有和 Scale 相关的属性，用来实现自定义这些容器的坐标系统。和 Scale 有关的属性有 ScaleTop、ScaleLeft、ScaleWidth 和 ScaleHeight 等。默认的坐标系统是：容器的左上角的坐标为(0,0)，右下角坐标为（Width，Height）。为了程序的需要自定义坐标系统，可以通过设置 ScaleLeft 和 ScaleTop 来设置左上角的坐标，通过 ScaleWidth 和 ScaleHeight 来确定容器右下角的坐标，Scale 相关属性的缺省刻度单位是缇（twip），1 twip＝$\frac{1}{56.7}$ mm。

2.1.2　窗体的方法

1. Show 和 Hide 方法

Show 方法用来显示窗体，并把它的 Visible 属性设置为 True。如果窗体对象已经显示，则 Show 方法什么都不做。窗体 Show 方法的语法是：

　　　　对象名.Show style,ownerform

其中，对象名为窗体对象的名称；参数 style 和 ownerform 均是可选项。style 用以决定窗体是模式的显示还是非模式的显示，0 是非模式的（VbModeless），1 是模式的（VbModel）；ownerform 参数指示所属的窗体，对于标准窗体使用关键字 Me。

Hide 方法将窗体对象隐藏，并把它的 Visible 属性设为 False，但并不卸载窗体。窗体的 Hide 方法无参数，其语法是：

　　　　对象名.Hide

其中，对象名为窗体对象的名称。

2. Print 方法

Print 方法用于在窗体上输出指定的内容。此方法可以有多个参数,一次可以显示多个数据项的内容。一般情况下,每调用一次 Print 方法,会在窗体上产生一个新的输出行。窗体 Print 方法的语法是:

　　　　对象名. Print string

其中,对象名为窗体对象的名称;参数 string 是要在窗体上输出的文字。例如:

　　　Form1. Print "Hello!"　　　'在窗体上显示"Hello"

　　　Form1. Print Form1. Width, Form1. Height　　　'显示窗体的宽度和高度

3. Move 方法

Move 方法用于移动窗体,并可改变其大小。窗体 Move 方法的语法是:

　　　　对象名. Move left, top, width, height

其中,对象名是窗体名;left 参数必须给定;其他三个参数是可选参数,执行时可以不提供。

Move 方法将窗体对象移至 left、top 值所指定的新位置,(left, top)为窗体左上角的坐标。同时可以按照 width、height 值指定的尺寸,改变窗体的大小。例如:

　　　Form1. Move 1000, 1000, 1200, 2000　　'将窗体 Form1 移动到新位置,并改变大小

　　　Form1. Move 1000　　　'对窗体 Form1 进行水平移动

4. Cls 方法

Cls 方法用于清除运行时窗体上所生成的图形和文本,而设计时使用 Picture 属性设置的背景图和放置的控件不受影响。窗体 Cls 方法的语法是:

　　　　对象名. Cls

其中,对象名为窗体对象的名称。

2.1.3　窗体的事件

窗体最常用的事件有 Load、Click、DblClick、GotFocus、LostFocus、Resize 和 Unload 事件。

1. Load 事件

Load 事件在一个窗体被加载到内存时自动发生,它不是由用户的操作引发,而是由操作系统发送的。由于此事件发生在所有因用户操作引发的事件之前,所以常常在 Load 事件过程中进行窗体与控件的初始化工作,如给符号常量、属性变量和一般变量赋初值。

2. Click 事件

Click 事件是当用户用鼠标左键单击窗体空白区域时激发的事件。窗体对

象的 Click 事件过程的语法结构为：

    Private Sub Form_Click()

        程序段

    End Sub

    窗体对象比较特殊,其事件过程名称为 Form_事件名(),不像其他控件对象,由对象名_事件名组成。

    当用鼠标单击窗体时,除了激发 Click 事件,还产生 MouseDown 和 Mouse-Up,这些事件按 MouseDown、MouseUp 和 Click 事件顺序发生。当给这些相关事件添加事件过程时,要确保它们的操作不互相冲突。如要区别鼠标的左、中、右按键,应使用 MouseDown 和 MouseUp 事件。

    3. DblClick 事件

    DblClick 事件是鼠标双击事件,当用户在窗体空白区域上双击鼠标任意键时,触发这个事件。

    应当注意的是,当在窗体上双击鼠标时,首先触发的是窗体的 Click 事件,然后才是 DblClick 事件。所以如果两个事件过程都编写了程序代码,则会被依次执行。

    4. GotFocus、LostFocus 事件

    焦点(Focus)是接收用户鼠标或键盘输入的能力。当一个对象处于焦点状态时,可接收用户的输入。例如,文本框处于焦点状态时,文本框内有闪烁的光标;命令按钮处于焦点状态时,按钮四周有黑色的线条。图 2.2(a)中的文本框 Text1、图 2.2(b)中的命令按钮 Command1 就处于焦点状态。只有当对象具有焦点时,才具有接收单击或键盘输入的能力,一个时刻只能有一个焦点。

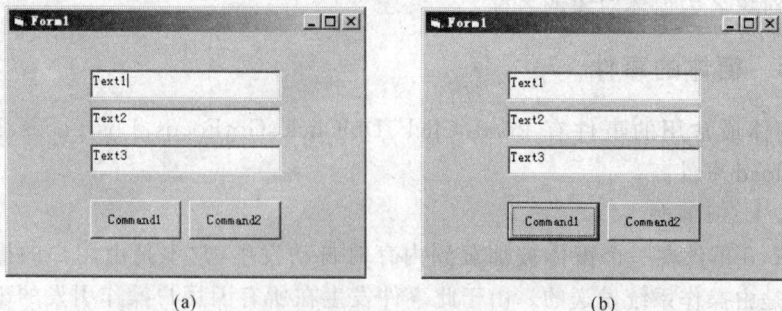

(a)   (b)

图 2.2 焦点

(a) 处于焦点状态的文本框;(b) 处于焦点状态的按钮

    在 Windows 操作系统中,可同时运行多个应用程序,显示多个窗口,但只有具有焦点的应用程序有活动标题栏,能够响应并接受用户的输入。在有多个对

象的应用程序界面中,只有具有焦点的对象才能响应并接受用户的输入。

窗体和一部分控件能够成为焦点,如文本框、命令按钮等。有一部分控件则不具备成为焦点的能力,如标签、图像框、直线、形状、框架、菜单、计时器等。即使对于能够成为焦点的控件,也仅当对象的 Enable 和 Visible 属性都设置为 True 时才能接收焦点。

能够成为焦点的控件都支持 GotFocus 和 LostFocus 事件。当对象得到焦点时,触发 GotFocus 事件;失去焦点时,会产生 LostFocus 事件。

使对象获得焦点的方法如下:

(1) 运行时用鼠标选择对象。

(2) 运行时,通过键盘快捷键选择对象,或连续按"Tab"键使焦点移至该对象。

(3) 在代码中调用对象的 SetFocus 方法。

5. Resize 事件

在程序运行时,当窗体的大小发生改变或窗体刚刚显示时,会引发 Resize 事件。可能引起窗体大小改变的原因如下:

(1) 通过程序重新设置了窗体的 Width 或 Height 属性的值。

(2) 使用 Move 方法改变了窗体的大小。

(3) 用户通过鼠标拖动边框调整了窗体的大小。

(4) 用户使用窗体最大化、最小化或还原按钮。

6. Unload 事件

Unload 事件是从内存中清除一个窗体时触发的事件。

7. Activate 和 DeActivate 事件

在程序运行过程中,一个窗体变成活动窗口时,就会触发 Activate 事件。另一个窗体或应用程序被激活,窗体不再是活动窗口时,触发 DeActivate 事件。

2.1.4　窗体的设计原则

窗体是应用程序与用户交互的接口界面,而程序相对于用户来说是隐藏的。用户只要求程序提供的具体功能,对程序的组织并不关心。因此,一个好的程序,应具有友好的接口界面。

在应用程序设计过程中,应提供类似于 Windows 软件的界面风格,注意控件的位置与间距。选取合适的字体、图片与图标,都可能对程序的界面效果有极大的改善。界面设计最重要的原则是简洁,从美学的角度来讲,应采用整洁、简单明了的设计。

一般而言,用户接口界面的设计应考虑以下三方面的特性。

1. 可使用性

可使用性是指：使用的简单性，接口界面中所用的术语应标准化并相互一致，同时用户界面应具有容错能力和 HELP 联机帮助等。

2. 灵活性

灵活性是指：用户接口界面应当能够满足不同用户的需求，并且用户可以根据需要制定和修改界面。

3. 可靠性

可靠性是指：无故障使用的间隔时间，接口界面应能保证用户正确、可靠使用系统，保证程序和数据的安全性。

2.2　常用控件

控件是 Visual Basic 通过工具箱提供的与用户交互的可视化部件，在窗体中使用控件可以方便地获取用户的输入、显示程序的输出。必须熟练掌握控件的使用，才能游刃有余地开发应用程序。

2.2.1　控件的分类

Visual Basic 6.0 的控件分为三类：内部控件、ActiveX 控件和可插入对象。

1. 内部控件

内部控件也称为标准控件，这类控件是由 Visual Basic 的.exe 文件提供的，表 2.3 列出了常用的标准控件。

表 2.3　　　　　　　　　　　　　常用标准控件

图 标	控 件 名	作 用
	图片框（PictureBox）	显示图像、文本内容，或作为其他控件的容器
	标签（Label）	显示不再修改的文本
	文本框（TextBox）	显示和输入数据，允许编辑其中内容
	框架（Frame）	组合相关的对象，如单选按钮、复选框
	命令按钮（CommandButton）	可接收命令的按钮
	复选框（CheckBox）	又称检查框，一组复选框可用于多重选择
	单选按钮（OptionButton）	一组单选按钮可用于单项选择

图　标	控　件　名	作　　用
	组合框(ComboBox)	提供组合框或下拉列表框对象
	列表框(ListBox)	显示供用户选择的列表项
	水平滚动条(HScrollBar)	用于提供快速的定位或输入数据
	垂直滚动条(VScrollBar)	用于提供快速的定位或输入数据
	计时器(Timer)	引发定时事件,可以有规律地隔一段时间执行一次代码
	驱动器列表框(DriveListBox)	显示或设置用户系统中所有可用的驱动器列表
	目录列表框(DirListBox)	显示或设置分层的目录列表
	文件列表框(FileListBox)	显示或设置当前路径下的文件名列表
	形状(Shape)	用于在窗体上绘制矩形、正方形、圆形、圆角矩形等各种形状
	线条(Line)	用于在窗体上绘制各种类型的线条
	图像框(Image)	用于在窗体的指定位置显示位图、GIF 等图形
	数据(Data)	用于连接数据库
	OLE 容器(OLE Container)	用于将其他应用程序的数据嵌入或链接到 VB 6.0 的应用程序中

启动 Visual Basic 后,内部控件就出现在工具箱中,标准工具箱如图 2.3(a)所示。例如文本框、命令按钮、标签等,它们不能从工具箱中删除。

2. ActiveX 控件

ActiveX 控件保存在.ocx 类型的文件中,在专业版和企业版中提供,也可由第三方提供。选择 Visual Basic"工程"菜单中的"部件"命令,打开"部件"窗口,通过其中的"控件"选项卡即可将 ActiveX 控件添加到工具箱中,图 2.3(b)所示为扩充工具箱。

3. 可插入对象

可插入对象是由其他应用程序创建的对象。利用可插入对象,在 Visual Basic 应用程序中可以使用另一个应用程序的对象,如 Excel、Flash 等。添加可插入对象对工具箱与添加 ActiveX 控件的方法相同,在"部件"窗口中通过"可插入对象"选项卡完成。

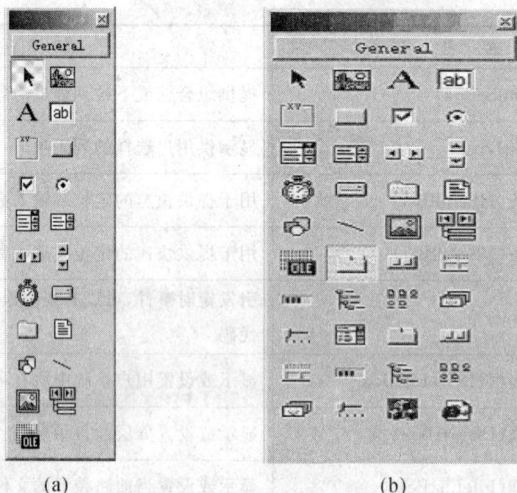

(a)　　　　　　　　　　　　(b)

图 2.3　工具箱
(a) 标准工具箱；(b) 扩展工具箱

2.2.2　控件的基本操作

1. 添加控件

从工具箱向窗体内添加控件的方法有三种。

(1) 单击控件。单击工具箱中的某个控件图标，该控件图标按钮会呈被按下的状态，这时将鼠标指针移到窗体上，可以看到鼠标指针变为"＋"形状。将鼠标指针移到窗体编辑区的适当位置，按下鼠标左键并拖动鼠标，就可在窗体上绘制出对应的控件。添加了三个命令按钮的窗体如图 2.4(a)所示。

在添加控件时，可以随时通过 Visual Basic 工具栏的最右侧，查看正在绘制的对象的左上角位置、对象大小的精确数字。

(2) 双击控件。双击工具箱中某个需要的控件按钮，则可在窗体中央添加该控件。与第一种方法不同的是，用第二种方法所添加的控件大小和位置都是固定的，如图 2.4(b)所示。要向窗体中添加多个同样的控件，需连续双击，之后再逐个将这些对象拖动到合适的位置。

(3) 连续添加多个控件。采用以上两种方法，每次都只能在窗体上添加一个控件，如果要添加多个某种类型的控件，可以按住 Ctrl 键，单击工具箱中的所需控件后，再松开 Ctrl 键，这时在窗体编辑区拖动鼠标，即可绘制出多个对应的控件。当所有需要的控件添加完成后，单击工具箱中的指针图标 ，结束连续绘制状态。

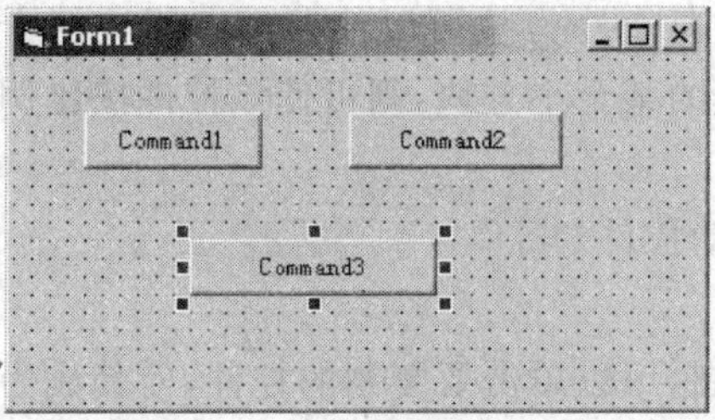

图 2.4　添加控件

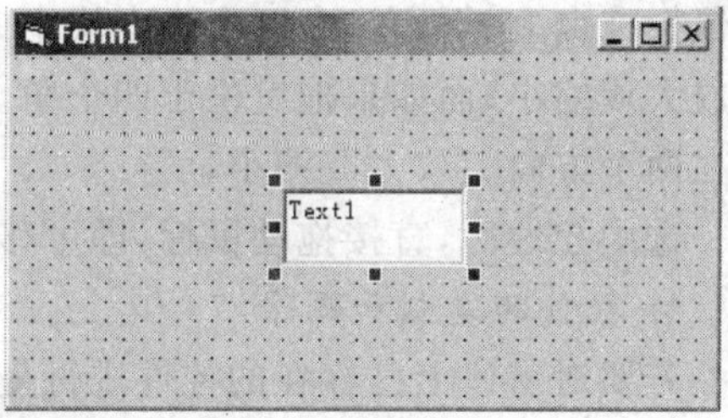

(a) 单击控件；(b) 双击控件

2．控件的选定

当窗体上有多个控件时，必须先选定某个或某些控件，之后才能对其进行属性设置、移动、复制、删除等操作。选定的标志是控件的边框上有八个黑色的小方块，如图 2.4(a)中的命令按钮 Command3、图 2.4(b)中的命令文本框 Text1就处在选定的状态。

(1) 选定单个控件。用鼠标单击窗体中的某个控件，可使该控件变成选定状态。单击窗体上没有控件的地方，窗体就变成了选定状态。也可以通过键盘上的"Tab"键改变选定的控件。

当某个控件刚添加到窗体上时，该控件处于选定状态。

(2) 区域选定。在设置多个控件的共同属性，或移动、复制、删除多个控件等操作前，需要先选定多个控件。

按下鼠标左键后拖动鼠标，在窗体上画出一个包含要选择控件的矩形区域，在此区域中的控件就都被选定了。

(3) 任意选定。同时选择同一窗体中的多个控件，也可按住"Ctrl"键或"Shift"键，依次单击要选择的多个控件，即可任意选定多个对象。此方法在需要同时选定多个不相邻的控件时非常有用。

(4) 全部选定。按"Ctrl＋A"组合键即可选中当前窗体中所有对象。

图 2.5 为同时选定多个控件时的情况。

当一个控件被选定后，其属性值会显示在属性窗口中，用户可以在属性窗口中编辑和更改属性值。如果选定了多个控件，属性窗口中显示的是多个控件的共有属性。

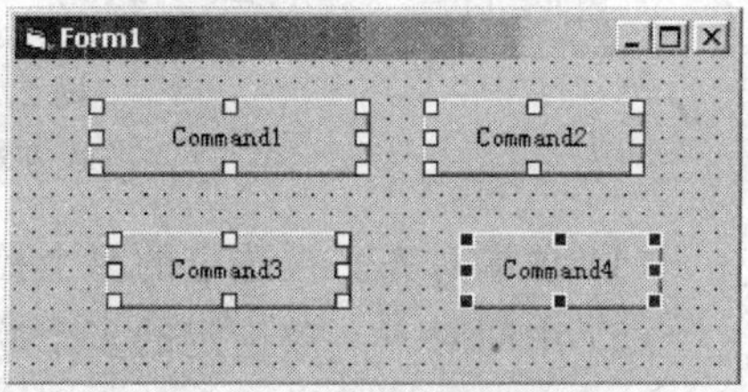

3．控件的缩放和移动

单击控件，使其成为选中的控件后，

图 2.5　选定多个控件

用鼠标拖曳上、下、左、右四个小方块中的某个小方块可以使控件在相应的方向
上放大或缩小；而如果拖曳位于四个角上的某个小方块，则可使该控件按比例同
时在两个方向上放大或缩小。

　　选中控件后，直接拖动鼠标，即可移动控件。

　　4. 控件的复制和删除

　　若要对窗体上已存在的控件进行复制，可以单击要复制的控件，使其成为选
定的控件；先选择"编辑"菜单中的"复制"命令，再选择"编辑"菜单中的"粘贴"命
令，屏幕上将显示一个对话框，询问是否要创建控件数组，如图 2.6 所示。在该对
话框中选择"否"，完成控件的复制。

　　如果要删除控件，则单击该控
件，使其成为选中的控件后，按"Del"
键，或单击鼠标右键，在弹出的菜单
中选择"删除"命令即可。

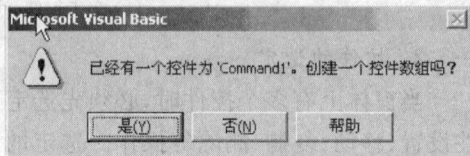

图 2.6　复制控件

　　5. 对齐多个控件

　　当选定多个控件后可以使用"格式"菜单下的"对齐"命令对窗体上的多个被
选定的控件的位置进行调整，共有七种调整方式，它们分别为：

　　（1）左对齐。被选定的多个控件靠左边对齐，如图 2.7(a)所示。

　　（2）居中对齐。被选定的多个控件往垂直的中心对齐。

　　（3）右对齐。被选定的多个控件靠右边对齐，如图 2.7(b)所示。

(a)　　　　　　　　　(b)

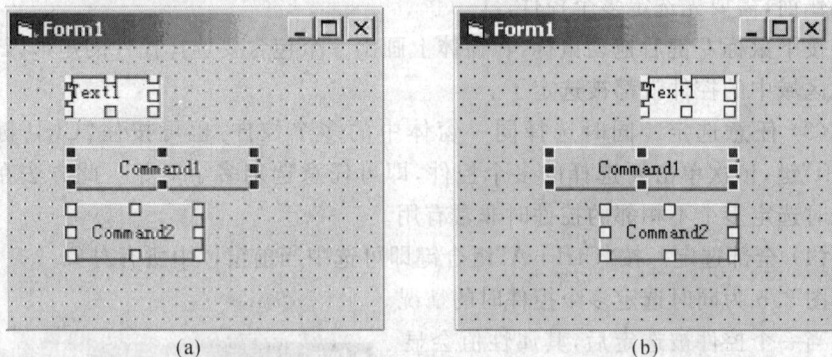

图 2.7　对齐控件

(a) 左对齐；(b) 右对齐

　　（4）顶端对齐。被选定的多个控件靠顶端对齐。

　　（5）中间对齐。被选定的多个控件往水平的中心对齐。

　　（6）底端对齐。被选定的多个控件底端对齐。

（7）对齐到网格。被选定的多个控件按网格对齐。

6．将多个控件调整为一样大小

当选定多个控件后，可以使用"格式"菜单下的"统一尺寸"命令，将多个被选定的控件调整为统一的尺寸，如图 2.8 所示。

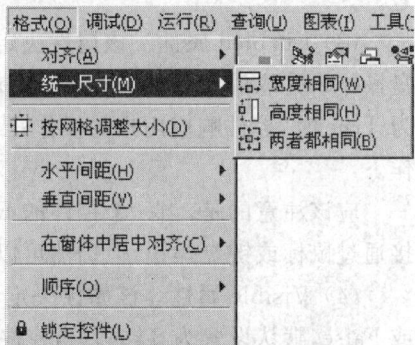

（1）宽度相同。被选定的多个控件设置相同的宽度。

（2）高度相同。被选定的多个控件设置相同的高度。

（3）两者都相同。被选定的多个控件设置相同的大小。

图 2.8　"统一尺寸"命令

7．锁定控件

如果不希望通过上述方式移动控件或改变控件的大小，可以选择"格式"菜单中的"锁定控件"命令。当这个命令被执行后，菜单上的"锁"图标就会凹下，窗体上的所有控件的位置、大小就被锁定，无法通过键盘、鼠标及各种菜单项改变。

设置锁定功能可以防止已精心安排的控件位置或大小由于某种操作失误而被改变。锁定功能只锁定当前窗体的所有控件，不会影响工程中其他窗体。

锁定控件只是不再允许使用鼠标等改变控件的位置及大小，但仍可以通过属性窗口、组合键等进行调整。

再次单击"格式"菜单的"锁定控件"命令，即可解除锁定。

2.2.3　控件的基本属性

1．控件的基本属性

每一个对象都有自已的属性，例如名称（Name）、标题（Caption）、是否可见（Visible）等。在属性窗口可以看到所选对象的属性设置。不同的对象有许多相同的属性，大多数对象都具有以下基本属性。

（1）Name 属性。Name 属性是所有控件都具有的属性，此属性值作为 Visual Basic 识别对象的标识，在程序中被引用。Name 属性只能通过属性窗口更改，且在运行时是只读的，即在程序运行时不能通过程序改变该属性值。

Name 属性必须以字母开头，不能多于 40 个字符，可以包含字母、数字和下划线，但不能包含标点符号和空格，对象名必须是惟一的，不能与其他公共对象重名，并且应避免和关键字相同，以免发生冲突。

（2）Caption 属性。Captoin 是字符串类型的属性，属性的值决定了控件上显示的内容。在属性窗口中给 Caption 属性赋值时，在字符串的两边不必加引号。

（3）Enabled 属性。该属性决定程序运行时，控件是否响应用户的鼠标或键盘操作。其取值为 True 或 False，默认设置为 True。当控件的 Enabled 属性值为 True 时，控件响应用户的操作；当其属性值为 False 时，控件不响应用户的操作。

应该注意的是，当一个控件的 Enabled 属性为 False 时，只是用户不能再直接通过鼠标或键盘操作，但仍然可以通过程序控制该控件。

（4）Visible 属性。该属性决定程序运行时控件是否可见。其取值为 True 或 False，默认设置为 True。当控件的 Visible 属性值为 True 时，程序运行时控件可见；否则程序运行时控件隐藏。

该属性的设置只有在程序运行时才生效，一个 Visible 属性设置为 False 的控件，在设计时仍然是可见的。

（5）Left、Top 属性和 Width、Height 属性。Left 属性和 Top 属性决定了控件左上角在容器中的位置，Width 属性和 Height 属性表示控件的大小。

（6）Font 属性。Font 属性用来改变文本的外观，Font 属性对话框如图 2.9 所示。

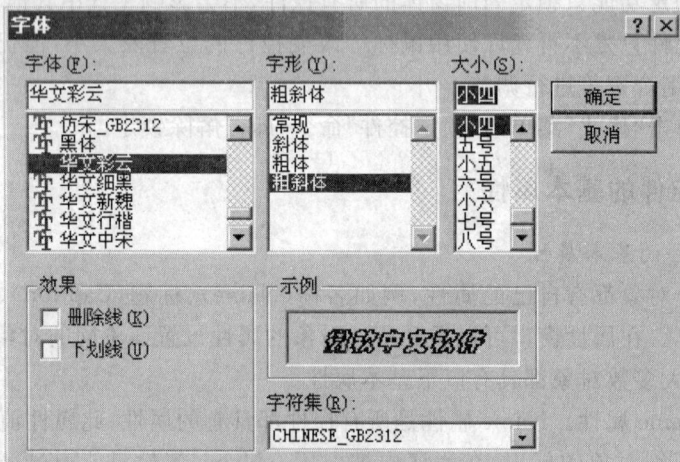

图 2.9　设置字体

（7）ForeColor 属性和 BackColor 属性。ForeColor 属性用来设置或返回控件的前景颜色（即正文颜色），其值是一个十六进制常数，用户也可以在调色板中直接选择所需的颜色。

BackColor 属性用来设置控件上正文以外的显示区域的颜色。

　　Visual Basic 提供了调色板和系统颜色两种方案供用户选择,也可直接在属性窗口中输入代表颜色值的十六进制数字,如图 2.10 所示。

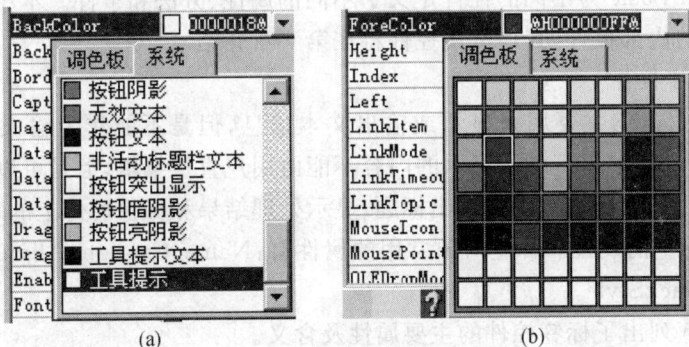

图 2.10　颜色设置

(a) 使用系统颜色;(b) 在调色板中选择颜色

　　(8) TabIndex 属性。可获得焦点的控件都具有一个 TabIndex 属性,反之,不具有成为焦点能力的控件也不会有 TabIndex 属性。TabIndex 是一个整数型数字,它用来决定按"Tab"键时,焦点在各个控件间移动的顺序。通常,这个顺序与控件建立的顺序相同。默认第一个建立的控件的 TabIndex 属性值为 0,第二个为 1,依此类推。用户也可以通过改变控件的 TabIndex 属性值来设置自己需要的 Tab 顺序。

　　2. 控件的默认属性

　　Visual Basic 中把反映某个控件最重要的属性称为该控件的默认属性。在使用默认属性时,可以只用控件名称,而不必指定该控件的哪个属性。表 2.4 列出了常用控件的默认属性。

表 2.4　　　　　　　　　　常用控件的默认属性

控　件	值	控　件	值
文本框	Text	图形、图像框	Picture
单选框	Value	复选框	Value
标　签	Caption		

　　控件的默认属性也称为控件的值。例如,以下两条语句的效果是相同的:

Text1 = "amy"

Text1. Text = "amy"

2.2.4　标签控件、文本框控件和命令按钮控件

Visual Basic 为不同的控件定义了不同的属性、方法和事件。本小节只介绍几个基本的内部控件,其他常用控件将在第 6 章介绍。

1. 标签控件

标签(Label)主要用来显示或输出文本信息,但是不能作为输入信息的界面,也就是说程序运行时所显示的内容不能由用户直接编辑,但是可以通过程序代码修改。所以标签常用来输出标题、显示处理结果和标识窗体上的对象。

(1) 标签的属性。标签对象常用的属性有:Name、Caption、Alignment、AutoSize 和 BackStyle。

表 2.5 列出了标签控件的主要属性及含义。

表 2.5　　　　　　　　　　　　标签控件的主要属性

属　性	含　　义
Name	用于设置标签控件的名称,系统的隐含名称为 Label1、Label2 等,在程序中对该对象的操作,都是通过名称来识别对象
Caption	用于设置该对象的标题,其属性值就是标签对象上显示的内容,它可以在属性窗口中设定,也可在程序中用代码改变控件显示的内容
Alignment	设置文本的对齐方式:0——左对齐(默认值),1——右对齐,2——中间对齐
AutoSize	设置控件的大小是否随标题内容的大小自动调整,取值为 True/False,默认值为 False
BorderStyle	设置边框风格:0——无边界线(默认值),1——固定单线框
Enabled	是否允许操作:True——允许操作(默认值),False——标签无效,此时标签为灰色
TabIndex	设置标签在窗体中的对象编号
ToolTipText	字符串类型,设置对象的提示信息,运行程序过程中鼠标停留在对象时显示该字符串

(2) 标签的方法与事件。标签具有 Move 方法,也能够响应 Click 或 DbClick 事件,但由于标签的主要功能是输出显示,所以一般没有必要编写事件过程。

2. 文本框控件

文本框(Text)是一个文本编辑区域,用户可以在该区域输入、编辑、修改和显示正文内容。常用文本框控件来接收用户输入的信息。

(1) 文本框的属性。文本框控件常用的属性有 Name、Text、Alignment、Enabled、Locked、MaxLength、MultiLine 和 PasswordChar。表 2.6 列出了文本框控件的主要属性及含义。

表 2.6　　　　　　　　　　　　　文本框控件的主要属性

属　性	含　　义
Name	用于设置文本框控件的名称,系统的隐含名称为 Text1、Text2 等,在程序中对该对象的操作,都是通过名称来识别对象
Locked	设置是否锁住文本框的 Text 属性的内容,取值为 True/False,默认为 False
MaxLength	设置文本框输入的最大字符数,该属性值为 0 时,不限制输入的字符数
MultiLine	设置是否可以输入多行文本,取值为 Ture/False,为 True 时,具有自动换行功能
PasswordChar	字符串类型,允许设置一个字符,运行程序时,将输入到文本框中内容全部显示为该属性值
ScrollBars	设置滚动条模式,0——无,1——水平,2——垂直,3——水平和垂直,MultiLine 为 True 时,该属性有效且此时不能自动换行
SelLength	选中的字符数,只能在代码中使用,值为 0 时,表示未选中任何字符
SelStart	选择文本的起始位置,只能在代码中使用,第一个字符的位置为 0,第二个字符的位置为 1
SelText	选中文本框的字符串,只能在文本中使用
Text	文本框的内容,当程序执行时,用户在文本框中输入的内容会自动保存在该属性中

（2）文本框的事件和方法。

① Change 事件：在文本框中输入新信息或在程序中改变 Text 属性值时,都会触发该事件。

② KeyPress 事件：当文本框具有焦点时,按下任意键,都会产生该事件。通常可用该事件检查输入的字符（通过 KeyPress 事件过程可以检测按键的 ASCII 码值）。

③ GotFocus 事件：按下 Tab 键或用鼠标单击该对象使它获得焦点时,触发该事件。

④ LostFocus 事件：按下 Tab 键或用鼠标单击其他对象使焦点离开该文本框时,触发该事件,通常可用该事件检查文本框的内容。

⑤ SetFocus 方法：SetFocus 方法使控件得到焦点,一般格式为：

　　对象名.SetFocus

3．命令按钮控件

命令按钮（CommandButton）用来接收用户的操作信息,触发相应的事件过程,它是用户与程序进行交互的最直接的手段。

（1）命令按钮的属性。命令按钮常用的属性有 Name、Caption、Default、Cancel 和 Enabled 等。表 2.7 列出了命令按钮的主要属性及其含义。

表 2.7　　　　　　　　　　　命令按钮控件的主要属性

属　性	含　　义
Name	用于设置文本框控件的名称,系统的隐含名称为 Text1、Text2 等,在程序中对该对象的操作,都是通过名称来识别对象
Cancel	取值为 True/False。设置该命令按钮是否为 Cancel Button,即在运行时按 ESC 键与单击该按钮效果相同。在一个窗体内,只允许有一个命令按钮的 Cancel 属性设置为 True
Default	取值为 True/False。设置该命令按钮是否为窗体的默认按钮,即在运行时按回车键与单击该按钮效果相同。在一个窗体内,只允许有一个命令按钮的 Default 属性设置为 True
DisabledPicture	设置被禁止操作时显示的图标,当 Style=1 时有效
DownPicture	设置被按下状态时显示的图标,当 Style=1 时有效
Picture	设置此对象的图标,当 Style=1 时有效
Style	设置对象的外观格式:0——标准(只能显示文字),1——图形(既能显示文字,也能显示图标)

(2) 命令按钮的方法。

① Move 方法:用于移动控件,基本语法为:

　　对象名. Move left, top, width, height

其中,对象名是对象的名称;left、top 指对象移动到的坐标位置;width、height 指对象移动后新的宽度和高度。

② SetFoucus 方法:用于将焦点移动到命令按钮上。

(3) 命令按钮的事件。

① 鼠标事件:主要的鼠标事件有 Click、DbClick、MouseDown、MouseUp 和 MouseMove 事件。

② 键盘事件:控件的很多事件是由键盘触发的,常用的键盘事件有 KeyDown、KeyPress 和 KeyUp 事件。按下一个键时,依次发生 KeyDown 和 KeyPress 事件;松开时发生 KeyUp 事件。

③ 与焦点有关的事件:GotFocus 事件在对象获得焦点时产生,LostFocus 事件在对象失去焦点时发生。

2.3　窗体及基本控件应用实例

【例 2.1】　设计一个应用程序,由用户输入正方形的边长,计算并输出正方形的面积。程序的运行结果如图 2.11 所示。

（1）界面设计。新建工程，创建窗体 frmSquare，根据图 2.11 所示的运行界面在窗体上放置两个标签控件 Label1 和 Label2，两个命令按钮控件 cmdCompute 和 cmdExit，以及两个文本框控件 txtLength 和 txtArea。窗体及各个控件的属性设置如表 2.8 所示。

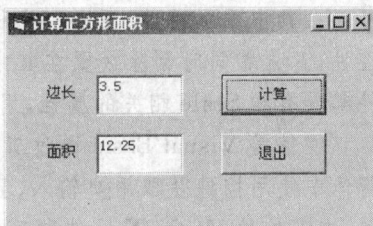

图 2.11　计算正方形面积

表 2.8　　　　　　　　　　　　对象属性设置

对 象 名	属　　　性	值
frmSquare	Caption	"计算正方形面积"
Label1	Caption	"边长"
Label2	Caption	"面积"
txtLength	Text	清空
txtArea	Text	清空
cmdCompute	Caption	"计算"
cmdExit	Caption	"退出"

（2）编写程序代码。分别在 cmdCompute_Click 和 cmdExit_Click 事件中添加程序代码：

```
'"计算"命令按钮 cmdCompute 的 Click 事件
Private Sub cmdCompute_Click()
    txtArea = txtLength * txtLength      '文本框控件的默认属性为 Text
End Sub
'"退出"命令按钮 cmdExit 的 Click 事件
Private Sub cmdExit_Click()
    End      '结束程序
End Sub
```

本章小结

窗体对象作为各种控件对象的容器，是应用程序图形界面的基本组成部分。Visual Basic 中通过窗体编辑器来设计应用程序的界面。

Visual Basic 系统中将可以放置其他控件的控件称为容器类控件。容器内所有的控件将随容器一起移动、显示、消失和屏蔽。窗体作为容器类控件，用户可以在其中添加控件、图形图片和菜单,来创建所期望的程序外观。删除容器类控件,意味着同时删除放置在其中的所有控件对象。Visual Basic 中的容器类控件都具有和 Scale 相关的属性,用来实现自定义这些容器的坐标系统。

控件是 Visual Basic 通过工具箱提供的与用户交互的可视化部件,通过在窗体中使用控件获取用户输入、显示程序输出。Visual Basic 6.0 的控件分为三类:内部控件、ActiveX 控件和可插入对象。最常用的内部控件有标签控件、文本框控件和命令按钮控件等,Visual Basic 为不同的控件定义了不同的属性、方法和事件。

焦点是接收用户鼠标或键盘输入的能力,只有具有焦点的对象才能响应并接受用户的输入。

习　题　2

1. 填空题

(1) Visual Basic 6.0 识别对象是通过对象的_____属性。

(2) 当程序运行后用鼠标双击对象时触发的事件是_____事件。

(3) 通过使用_____键,可以在窗体上一次建立多个同样类型的控件。

(4) 要使文本框能显示多行文本,需将其_____属性设置为 True。

2. 判断题

(1) 标签控件显示的文本只能在设计时设置,运行时不能改变。　　　　　　(　　)

(2) 调用窗体对象的 Hide 方法可以隐藏该窗体,但这不会改变它的 Visible 属性值。

　　　　　　　　　　　　　　　　　　　　　　　　　　　　　　　(　　)

(3) 控件的属性只能在属性窗口中设置。　　　　　　　　　　　　　　(　　)

(4) 当一个控件被选定时,无法在属性窗口中设置窗体属性。　　　　　　(　　)

(5) Caption 属性值可以为空,但 Name 属性不可以。　　　　　　　　　(　　)

(6) 不同控件的 TabIndex 属性可以相同。　　　　　　　　　　　　　(　　)

3. 选择题

(1) Visual Basic 6.0 中,ActiveX 控件的文件扩展名是_____。

(A). cls　　　　　(B). ocx　　　　　(C). frm　　　　　(D). bas

(2) 文本框的默认属性是_____。

(A) Caption　　　(B) Text　　　　(C) Name　　　　(D) Top

(3) 下面选项中,不是窗体事件的是_____。

(A) Load　　　　(B) Unload　　　(C) Enabled　　　(D) DbClick

(4) Load 事件是在窗体被装入工作区时_____触发的事件。

(A) 用户　　　　(B) 程序员　　　(C) 手工　　　　(D) 自动

(5) 以下事件中,哪个发生顺序是正确的_____。

（A）KeyDown/KeyPress/KeyUp　　　　（B）KeyDown/KeyUp/KeyPress

（C）KeyPress/KeyDown/KeyUp　　　　（D）顺序不固定

（6）以下叙述正确的是_____。

（A）窗体的 Name 属性指定窗体的名称，用来标识一个窗体

（B）窗体的 Name 属性的值是显示在窗体标题栏中的文本

（C）可以在运行期间改变控件的 Name 属性的值

（D）控件的 Name 属性的值可以为空

（7）以下能够触发文本框 Change 事件的操作是_____。

（A）文本框失去焦点　　　　　　　　（B）文本框获得焦点

（C）设置文本框的焦点　　　　　　　（D）改变文本框的内容

4. 问答题

（1）标签控件和文本框控件的主要区别是什么？

（2）如何添加或删除 Visual Basic 的控件？

5. 编程题

（1）输入三角形的三条边长，求三角形的面积。

（2）通过程序演示 KeyPress、KeyDown 和 KeyUp 三个键盘事件的发生顺序。

（3）设计一个如图 2.12 所示的计算器界面。

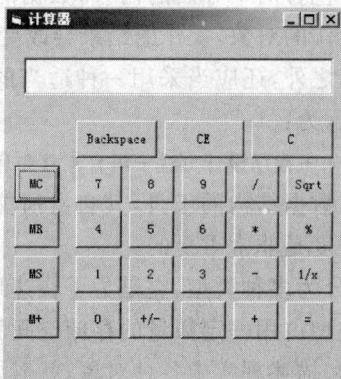

图 2.12　计算器界面

第3章　数据类型、常量、变量及表达式

本章首先介绍 Visual Basic 语言的字符集及编码规则；然后重点介绍标准数据类型、常量、变量和表达式；最后介绍了数组和内部函数的使用。通过本章的学习，可以掌握 Visual Basic 语言的基本数据元素，为 Visual Basic 应用程序的开发打下坚实的基础。

3.1　Visual Basic 语言的字符集及编码规则

一个应用程序总体上包含两个方面的内容：数据的描述（数据结构）和操作（算法）的描述。数据是操作的对象，操作的结果会改变数据的状况。实际上，程序除了以上两个主要因素之外，还应当采用一种适当的程序设计方法和程序设计语言，因此程序可以表示为：

程序＝算法＋数据结构＋程序设计方法＋语言工具和环境

语言作为描述算法与数据结构的工具，其自身所能表达数据类型的丰富性以及语句的简洁和准确程度是非常重要的。

Visual Basic 把数据分为多种类型，它是为了快速地对数据进行运算并有效地利用存储空间。每种类型占用一定数量的存储空间和表示一定值域范围。同时，为了编写复杂的程序和描述现实中各种对象，就需要用到各类不同类型的常量和变量数据，以及由这些数据组成的各种表达式。数据类型、常量、变量及表达式都是程序设计的语言基础。

3.1.1　Visual Basic 的字符集

Visual Basic 字符集就是指用 Visual Basic 语言进行程序设计时所能使用的所有符号的集合。若在编程过程中使用了超出字符集的符号，系统就会提示错误信息。因此，区分清楚字符集是必要的。Visual Basic 语言的字符集包含字母、数字和专用字符三类，共 89 个字符。

（1）字母。大小写英文字母 a～z，A～Z。

（2）数字。0～9。

（3）专用字符。共 27 个，包括％,＆,!,♯,＄,@,＋,－,＊,/,\,ˆ,＞,＜,
＝,(,),',",逗号,;,:,.,?,_,空格,回车键。

3.1.2　Visual Basic 中的标识符

标识符由字母、数字及下划线组成，且以字母打头。在 Visual Basic 中作为
标识符的字母可不区分大小写，是表达式的元素，看作一个常量或变量。Visual
Basic 中标识符的命名规则如下：

（1）标识符必须以字母（A～Z,a～z）打头，后跟字母（A～Z,a～z）、数字（0
～9）或下划线（_）。

（2）标识符的长度不超过 255 个字符。

（3）自定义的标识符不能和 Visual Basic 中的运算符、语句、函数和过程等
关键字同名，同时不能与系统中已有的方法和属性同名。

例如：

Dim Sum As Integer　　'Sum 为变量标识符

Const PI＝3.1415926　　'PI 为常量表达式

3.1.3　Visual Basic 中的关键字

关键字是语言中保留下来的作为程序中固有含义的标识符，它不能被重新
定义。Visual Basic 中有自己的关键字。这些关键字完成特定的功能，是 Visual
Basic 中规定了特殊意义的标识符。如 As、Binary、Date、Else、Empty、Friend、
Get、Len、Let、Me、Lock、New、Null、Option、Print、Private、Public、Resume、
Seek、Time、True 或 False 等都是 Visual Basic 中的关键字。

3.1.4　Visual Basic 中的编码规则与约定

为了提高代码的可读性并便于调试，需要养成一个良好的程序设计风格。

1. 编码规则

（1）Visual Basic 语言不区分字母的大小写。

（2）同一行上可以书写多条语句，但语句之间需要冒号隔开。

（3）一个语句可以写在多行，换行时需要加入续行符，即一个空格加下划
线。

（4）一行不允许超过 255 个字符。

（5）注释以 Rem 开头，也可以使用半个单引号，可独居一行，也可跟在语句
的后面。Rem 注释在语句之后要用冒号隔开。

（6）跳转时需要用到标号，标号是以字母开始以冒号结束的字符串。

2. 约定

（1）为了提高程序的可读性，对于 Visual Basic 中的关键字首字母大写，其余字母小写。对于用户自定义的标识符，Visual Basic 以第一次定义的形式为准，以后输入的自动向首次定义的形式转换。

（2）注释有利于程序的维护和调试，需要养成必要的注释习惯。在 Visual Basic 中，有专门的设置/取消块注释的功能，使得将若干语句或文字设置为注释和取消注释都很方便。

（3）标识符的命名约定。首先是由三个小写字母构成的前缀指明对象的类型，接着使用说明该对象功能的缩写字母组成。例如，命令按钮 CommandButton 的前缀为 cmd；窗体 Form 的前缀为 frm 等。

关于代码风格的更多约定，可以参考附录 1 的有关内容。

3.2 数据类型

数据有类型之分，比如整型数、实型数、字符串、日期型数据等。不同类型的数据取值的范围、所能进行的运算也不同，在内存中所分配的存储单元数目也不同。因此，正确地区分和使用不同的数据类型，可使程序运行时占用较少的内存，确保程序运行的正确性和可靠性。

3.2.1 标准数据类型

标准数据类型是 Visual Basic 系统定义的数据类型，Visual Basic 中的标准数据类型如表 3.1 所示。

表 3.1   Visual Basic 的标准数据类型

	数据类型	关键字	类型符	占字节数	取值范围
数值类	整型	Integer	%	2	$-32\ 768 \sim 32\ 767$
	长整型	Long	&	4	$-2\ 147\ 483\ 648 \sim 2\ 147\ 483\ 647$
	字节型	Byte	无	1	$0 \sim 255$
	单精度浮点型	Single	!	4	$-3.402823E38 \sim 3.402823E38$
	双精度浮点型	Double	#	8	$-1.79769313486232E308$ $\sim 1.79769313486232E308$
	货币型	Currency	@	8	$-922,337,203,685,477.5808$ $\sim 922,337,203,685,477.5807$

续表 3.1

数据类型		关键字	类型符	占字节数	取值范围
字符串类	定长字符串型	String	无	串长	1～大约 65 400
	变长字符串型	String	$	10＋串长	0～大约 20 亿
布尔型		Boolean	无	2	True 或 False
日期型		Date	无	8	1/1/100～12/31/9999
对象型		Object	无	4	任何 Object 引用
变体型		Variant	无	根据实际情况分配	上述有效范围

下面详细介绍 Visual Basic 所提供的标准数据类型。

1. 数值型

数值型(Numeric)是数据类型中的一个类型集,用于存放各种精度的数值。但它本身并不是 Visual Basic 中的一个标准数据类型,它是进行数值运算必不可少的。主要包括以下几个具体类型:

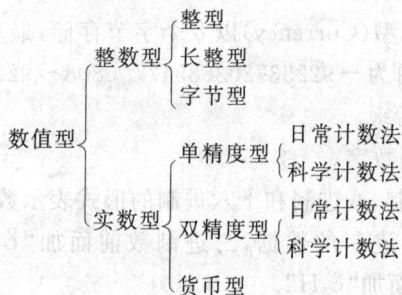

数值型
- 整数型
  - 整型
  - 长整型
  - 字节型
- 实数型
  - 单精度型
    - 日常计数法
    - 科学计数法
  - 双精度型
    - 日常计数法
    - 科学计数法
  - 货币型

(1) 整数型数据。整数型是指不含小数点和指数符号的数,整数型数据由 0～9 的数字序列组成,可以带正号或者负号。

① 整型:整型(Integer)在内存中占 2 个字节(16 位),取值范围为 −32768～+32767。整型数据以"％"作为后缀。例如,368％、−56％、3785％。

② 长整型:长整型(Long)在内存中占 4 个字节,取值范围为 −2147483648～+2147483647。长整型数据以"＆"作为后缀。例如,368＆、−12＆、1234567890＆。

③ 字节型:字节型(Byte)在内存中占 1 个字节,取值范围为 0～255。可以看出,字节型数据只能表示无符号整数,不能表达负数,常用来存放二进制信息。

整数型运算速度快、精确,但表示数的范围小。

(2) 实数型。Visual Basic 实数有单精度(Single)和双精度(Double)实数,它们在计算机内存中是以浮点数形式存放的,故又称浮点数。

① 单精度浮点型:单精度浮点型以 4 个字节存储,最多可达 7 位有效数。负数的取值范围为 $-3.402823E+38 \sim -1.401298E-45$;正数的取值范围为 $1.401298E-45 \sim 3.402823E+38$。

单精度浮点数以"!"作为后缀(系统默认类型)。例如,357.4、-0.00498056、$3.574E+2$、$-4.98056E-3$。

② 双精度浮点型:双精度浮点型以 8 个字节存储,最多可达 15 位或者 16 位有效数。负数的取值范围为 $-1.797693134862316E+308 \sim -4.94065645841247E-324$,正数的取值范围为 $4.94065645841247E-324 \sim 1.797693134862316E+308$。

双精度浮点数以"#"作为后缀,由于它是 Visual Basic 系统默认的实数类型,因此"#"也可以省略。例如,357.4#、-0.00498056#、123456789012、$3.574D+2$、$-4.98056D-3$ 均表示双精度实数。

浮点型表示数的范围大,但有误差,这一点必须引起注意。在做浮点数的运算时,应尽量使每一次运算的结果都在有效位数范围内,尽量不要使两个相差很大的数值直接相加相减。

(3) 货币型。货币型(Currency)以 8 个字节存储,最多可以表示 15 位整数和 4 位小数,取值范围为 $-922337203685477.5808 \sim 922337203685477.5807$。货币型数据以"@"为后缀。

(4) 使用非十进制数字。

① 可以使用二进制、八进制和十六进制的形式表示数据。

② 若要表示其他进制的数据,二进制数前面加"&B";八进制数前面加"&O";十六进制数前面加"&H"。

③ 系统输出时会自动把其他进制的数据转换成十进制形式。

使用数据类型的原则是:类型的取值范围能够满足实际使用要求,并且适当留一些扩充的余地。

2. 字符串型

字符串(String)是由若干字符组成的字符序列。可包括 ASCII 字符、汉字及其他可打印字符。字符串数据类型是专门用来存放文字信息的。

字符串通常要用双引号括起来,例如,"Visual Basic 6.0"。双引号用 Chr(34) 表示;回车符用 Chr(13) 表示。例如,Print Chr(34) + Chr(13) + Chr(34)。

Visual Basic 字符串型又分为定长字符串型和变长字符串型两大类。顾名思义,定长字符串数据能够包含字符的个数是可以指定的一定数目的字符,但不能多于 64K(2^{16})个字符。而变长字符串可以包含的字符数是可变的,但最多可含约 21 亿(2^{31})个字符。在字符串中每个字符占一个字节,变长字符串所占的空间大小为 10 个字节加字符串；定长字符串所占字节就是字符串的长度。

3. 布尔型

布尔型(Boolean)数据也称逻辑型，主要用来进行逻辑判断，在内存中占用 2 个字节，取值为 True(真)或 False(假)。布尔型可与整型或长整型相互转换。

(1) 整型(长整型)数赋给布尔型变量。"0"值转换成 False，非"0"值转换成 True。

(2) 布尔型数据赋给整型(长整型)变量。False 转换为"0"，True 转换为 "−1"。

4. 日期型

日期型(Date)用来表示和存储日期和时间数据，一个日期型数据存储为 8 个字节。可以表示日期、时间以及日期时间。日期范围为公元 100 年 1 月 1 日 ～公元 9999 年 12 月 31 日；时间范围为 0:00:00～23:59:59。

注意：日期型数据两端必须用♯括起来。例如，♯5/3/00♯、♯2000−5−3 12:30:00 PM♯、♯May 3,2000♯。

5. 对象型

对象型(Object)数据可用来引用应用程序中或某些其他应用程序中的对象。例如：

```
Dim objDb As Object        '声明对象 objDb
Set objDb = OpenDatabase("C:\Vb6\Biblio. mdb")        '打开数据库
```

可以用 Set 语句指定一个被声明为 Object 的变量去引用应用程序所识别的任何实际对象。

6. 变体型

变体型(Variant)数据能够表示所有系统定义类型的数据，也称为万用数据类型。在没有说明数据类型时，变量为变体型。它是一种特殊的类型，它对数据的处理根据上下文的变化而变化，除了定长的 String 数据以及用户自定义的类型之外，当把数据赋予 Variant 型时，不必在这些数据的类型间进行转换，Visual Basic 会自动完成必要的转换。例如：

```
Dim a        '默认为 Variant 类型
a="20"        'a 包含"20"(双字符的串)
a=a−15        '现在 a 包含数值 5
a="C" & a        '现在 a 包含"C5"(双字符的串)
```

3.2.2　自定义数据类型

除标准数据类型外，若用户还需要增加新的数据类型，可以通过 Visual

Basic 的标准类型的数据组合成一个新的数据类型,即用户自定义数据类型(User—Defined Data Type)。例如,一个学生的信息由"学号"、"姓名"、"性别"、"年龄"、"入学成绩"等数据组成,为了处理数据的方便,常常需要把这些数据定义成一个新的数据类型(如 Student 类型),这种结构称为"记录"。Visual Basic 提供了 Type 语句让用户自己定义数据类型,形式如下:

```
Type 自定义数据类型名
    成员名 1 As 已有的数据类型名
    成员名 2 As 已有的数据类型名
    成员名 3 As 已有的数据类型名
End Type
```

例如,一个学生的信息自定义数据类型为:

```
Type Student
    number As String
    name As String
    sex As String
    score As single
End Type
```

3.3　变量和常量

变量和常量的概念与数据类型密切相关。常量是指在程序运行过程中其值保持不变的量。变量是指在程序运行的过程中其值可以改变的量,用于存储程序运行时的临时数据。每个变量都属于某种数据类型,在内存中占有相应的空间。

变量和常量的选择需要根据实际需求而定。例如,要在程序中经常使用圆周率,而且它在整个应用程序中一直保持不变,那么就应该定义 PI 常量来表示;如果要根据半径计算一个圆的周长和面积,而半径可以取不同的值,那么就应该把这些量定义为变量。

3.3.1　变量

存储可变的数据时就要用到变量。变量由变量名和数据类型两部分组成。变量名是变量的标识,而变量的数据类型就是确定变量取值范围及其所能参加的运算。变量在程序执行的过程中其值可以改变。

1．变量的命名规则

变量的命名就是给变量加一个标识。变量的命名遵循标识符的命名规则。

2．变量的声明

变量声明是指将变量的名称、数据类型等信息事先通知解释程序。变量声明分为"显式声明"和"隐式声明"。

（1）变量的显式声明。显式声明是在变量使用之前，用 Dim、Static、Public、Private 语句声明变量。Dim 语句可以声明一个变量或多个变量。

用 Dim 语句声明变量的格式为：

　　Dim 变量名 As 类型，变量名 As 类型…

说明：如果变量声明时，没有指定数据类型，那么 Visual Basic 将默认设为 Variant 类型。但是，为了提高存储效率和程序的运行效率，若事先已经确定该变量所存储的数据类型，就应当在声明时指出。例如：

　　Dim a As Integer, b As Integer

　　Dim n1 As Double

　　Dim S As String

注意，如果有如下语句：

　　Dim a , b As Integer

等价于：

　　Dim a

　　Dim b As Integer

上述在声明变量 a 时，省略了 As 子句，系统默认变量为 Variant 类型。

此外，也可以把类型说明符放在变量名的尾部来标识不同类型的变量。如语句：

　　Dim a As Integer，b As Integer

可以写为：

　　Dim a％，b％，s＄

但是，如果要说明定长字符串，必须使用 Dim 语句。例如，声明字符串变量 S 的长度为 20，语句为：

　　Dim S As String ＊ 20

使用 Dim 语句声明一个变量后，Visual Basic 自动将变量初始化。将数值型变量赋初值为 0，字符串型变量赋初值为空字符串，日期型变量赋初值为 ♯0:00:00♯，布尔型变量赋初值为 False，对象型变量赋初值为 Nothing，变体型变量赋初值为空。

还可以用 Static、Public、Private 等关键字声明变量，它们所声明的变量的作用域和生存期是不同的,将在第 5 章详细介绍。

(2) 变量的隐式声明。Visual Basic 允许用户在编写应用程序时,不声明变量而直接使用,这就是隐式声明。所有隐式声明的变量都是 Variant 数据类型。Visual Basic 根据程序中赋予变量的值来自动调整变量的类型。例如:

　　R=15.36

　　ScoreEnglish=89

(3) 变量的强制显式声明。使用隐式声明虽然很方便,但是如果把变量名拼错了的话,会导致一个难以查找的错误。用户可以对系统规定,只要遇到一个未经明确声明的变量,Visual Basic 都给出错误警告。

强制显式声明变量可以利用以下方法。

① 窗体模块或者标准模块的声明段中加入语句:

　　Option Explicit

② 选择"工具"菜单中的"选项",在"编辑器"选项卡中选中"要求变量声明"复选框。

需要注意,方法①的作用范围仅限于语句所在模块;方法②会在任何新建的模块中自动插入 Option Explicit 语句。但是,方法②对已经建立起来的模块不起作用。

3.3.2　常量

在 Visual Basic 中有三类常量:直接常量、用户自定义常量和系统内部常量。后两种统称为符号常量。直接常量可以直接区分其数据类型,故主要研究各种数据类型直接常量的表示法;用户自定义常量就是用一个标识符(称为常量名)代替程序中的某个常数;系统内部常量是 Visual Basic 系统定义的常量,它存在于 Visual Basic 系统的对象库中。

1. 直接常量

直接常量——以数值或字符等形式直接出现的常量。直接常量可以分为数值型、字符型、日期和布尔型。例如,-5、0、10 等整型常量;3.14、-10.6 等为实型常量;"a"、"Hello"等为字符串常量;♯1/5/2006♯ 为日期常量。

数值型常量又可以分为整型、长整型、单精度浮点型、双精度浮点型、货币型和字节型。

这里需要注意:Visual Basic 的基本数据类型包括数值型、字符串型、日期型、布尔型、对象型与可变型六大类,但没有对象型与变体型常量。例如,234%,234,3.14,3345.02334,345♯,345.90@。

注意:10 是整型常量,10& 是长整型常量,两者数值相同,占用内存不同。

（1）数值型常量。在 Visual Basic 中，数字通常称为数值常量。大部分的数值常量表示为整型、长整型、单精度或者双精度。它们所占字节数、取值范围等详见表 3.1。要注意的是：数值常量中不能出现逗号；数值常量前可以有"＋"号或者"－"号，如果一个数值常量前没有"＋"号或者"－"号，这个数值常量默认是正数。另外，Visual Basic 也支持八进制和十六进制的数值常量。

下面是几个 Visual Basic 的数值常量，其中每一个数都可以用几种不同的方式来表示。

0	＋0	－0	
1	＋1	0.1E＋1	10E－1
－2046	－2.046E＋3	－.2046E4	－20.46E2
1492	0.1492D＋4	1.492D＋3	＋14.92D2
－.0000613	－6.13E－5	－613E－7	－0.613E－4
8000000	8D6	8D＋6	0.8D7

（2）字符串常量。字符串常量是用双引号括起来的一串字符。这些字符可以是除双引号和回车、换行符以外的所有字符。例如，"＄12,345.00"、"Visual Basic"、"98765"。

字符串常量通常用来代表非数值的信息，如名字、地址等。在一个字符串常量中，对于字符的数目是没有限制的。因此，一个字符串常量的最大长度可以认为是无限的。下面是几个字符串常量：

"欢迎来到 Visual Basic 世界"　　　　"x＝"　　　　"He is a student."　　　　"1234567"
"a&b"　　　"＄20.8"

（3）布尔常量。布尔常量只有两个值 True 和 False。将布尔型数据转换成整数型时 True 为－1，False 为 0；其他数据转换成布尔型数据时，非 0 为 True，0 为 False。即 True、False 为布尔型常量。

（4）日期常量。一种字面上可以被认为是日期和时间的字符，并用号码符"♯"括起来，都可以作为日期型常量。例如，♯3/21/2006♯，♯03/09/06♯，♯January 4、2006♯，♯2006－3－12 14：30：30 PM♯都是合法的日期型常量。

说明：当以数值表示日期数据时，整数部分代表日期，而小数部分代表时间。例如，1 表示 1899 年 12 月 31 日，则大于 1 的整数表示该日期以后的日期；0 和小于 0 的整数表示该日期以前的日期。但是，Visual Basic 中的时间值只能精确到秒。

2. 符号常量

在程序中，某个常量多次被使用，则可以用一个符号来代替该常量。符号常量是以标识符的形式出现的常量。

在 Visual Basic 中,符号常量有两种:系统内部常量和用户自定义常量。

(1) 系统内部常量。系统内部常量是指由系统提供的应用程序和控件的系统定义常量。例如:

Form1. BackColor = vbRed

(2) 用户自定义常量。用户自定义常量是指由用户使用 Const 语句声明。

用 Const 语句给常量分配名字、值和类型,由 Const 声明的常量在程序运行过程中不能被重新赋值。其语法为:

Const 常量名 As 数据类型= 表达式

说明:

① Const 为必选项,是定义符号常量的关键字。

② 常量名为必选项,通常用大写字母串命名。

③ As 数据类型为可选项,用来说明常量的数据类型。默认时由系统根据表达式的结果,确定最合适的数据类型。

④ 表达式为必选项,其值是符号常量所要代表的值,必须在常量声明的同时赋值。但在表达式中不能使用函数。

例如:

Private Const PI As Double= 3.1415926

Const Today As Date = #02/25/2001#

另外,在声明时,可以在常量名后加上类型说明符。例如:

Const Score% = 15

Const Price@ = 25.68

3.4 运算符和表达式

运算符(Operator)是表示某种运算的符号,被运算的对象称为操作数。表达式是由运算符和操作数相互作用组成的式子,它描述对什么数据、按什么顺序进行什么运算。表达式的运算结果称为表达式的值,表达式的值也有相应的数据类型。在求值时,务必要考虑运算的优先级。

3.4.1 运算符

Visual Basic 提供了五种类型的运算符:算术运算符、字符串运算符、日期运算符、关系运算符和布尔运算符。

1. 算术运算符

Visual Basic 提供了八种基本的算术运算符。算术运算要求参加运算的对象和运算的结果都是数值型数据。其中整除运算和取模运算规律如下所述。

（1）整除运算。整除的操作数一般为整型数，当操作数含有小数时，先四舍五入取整，然后再进行运算。运算结果取商的整数部分，例如：

10\3　　　　　'结果为 3

11\3　　　　　'结果为 3

11.5\3　　　　'结果为 4

11.5\3.6　　　'结果为 3

（2）取模运算。取模运算的操作数一般也为整型数，当操作数含有小数时，先四舍五入取整，然后再进行运算。运算结果取商的余数部分，例如：

4 Mod 3　　　　　　'结果为 1

7.3 Mod 3　　　　　'结果为 1

7.3 Mod 3.7　　　　'结果为 3

当操作数中有负数时，运算结果的符号取决于左操作数的符号。例如：

−14 Mod 3　　　　　'结果为−2

14 Mod −3　　　　　'结果为 2

2. 字符串运算符

（1）字符串连接运算符。字符串连接运算有"＋"和"&"，它们都可以将两个字符串连接生成一个新字符串。"＋"运算符与"&"运算符的区别如下：

① ＋：如果两个表达式都为字符串，则将两个字符串连接；如果一个是字符串而另一个是数值型数据，则进行相加操作。

② &：强制两个表达式作字符串连接。

例如：

"66" & "88"　　　　　'结果为 "6688"

"66" ＋ "88"　　　　　'结果为 "6688"

66 & 88　　　　　　'结果为 "6688"

66 ＋ 88　　　　　　'结果为 154

"66" & 88　　　　　'结果为 "6688"

"66" ＋ 88　　　　　'结果为 154

注意：使用运算符"&"时，变量与运算符"&"之间应加一个空格。这是因为符号"&"还是长整型的类型定义符，如果与符号"&"接在一起，Visual Basic 系统先把它作为类型定义符处理，因而就会出现语法错误。

（2）字符串比较运算符。字符串的比较是按照字符串的对应字符从左到右逐个进行比较。结果为真返回 True;否则返回 False。

字符的大小按计算机的机内码进行比较。英文、数字和半角符号按 ASCII 码的大小进行比较,汉字和中文符号按汉字国际码的顺序进行比较。例如:

"ABCDE">"ABCDD"　　'结果为 True

(3) 字符串匹配运算符。通过使用字符串匹配运算符 Like,可以比较两个字符串,判断它们是否匹配。语法为:

结果 = 字符串 Like 模式

其中,"字符串"可以是任何字符串表达式,将它与"模式"进行比较,判断它们是否匹配,结果返回 True 或 False。

Like 运算支持通配符。例如,"＊"代表一个或者多个字符,"?"代表单个字符,而"♯"代表单个数字等。模式匹配约定如表 3.2 所示。

表 3.2　　　　　　　　　　　字符串模式匹配约定

模　　式	约　　　定
?	任何单一字符
*	零个或多个字符
♯	任何一个数字（0—9）
［字符串序列］	字符串序列中的任何单一字符
［! 字符串序列］	不在字符串序列中的任何单一字符
［字符 1—字符 2］	字符 1 和字符 2 范围内的任意一个字符
［! 字符 1—字符 2］	不在字符 1 和字符 2 范围内的任意一个字符

例如:

"abc" Like "? bc"　　'结果为 True

3. 日期时间运算符

日期型数据可以进行"＋"、"－"运算:

① 两个日期型数据相减,结果为两个日期相差的天数,例如:

♯03/15/2001♯ － ♯03/10/2001♯　　　'结果为数值型数据:5

② 日期型数据加数值型数据,结果为日期型数据(向后推算日期),例如:

♯03/15/2001♯ ＋ 10　　'结果为日期型数据:♯03/25/2001♯

③ 日期型数据减数值型数据,结果为日期型数据(向前推算日期),例如:

♯03/15/2001♯ －10　　'结果为日期型数据:♯03/05/2001♯

4. 关系运算符

关系运算符也称比较运算符,对两个值进行比较,反映两个数值或字符串表达式之间的关系,结果是一个布尔值 True 或 False。两个表达式中若有一个为空,则返回空值。

关系运算符包括:<(小于)、<=(小于或等于)、>(大于)、>=(大于或等于)、<>(不等于)和 =(等于)。

5. 布尔运算符

布尔运算也称为逻辑运算,运算符两边的操作数要求为布尔值,运算的结果仍然是布尔值 True 或 False。

布尔运算符如表 3.3 所示。

表 3.3　　　　　　　　　　　　　布尔运算符

运算符	功　　能
Not(非)	逻辑否定运算,操作数为 True 时,结果为 False;操作数为 False 时,结果为 True
And(与)	只有当两个操作数均为 True 时,结果为 True;否则结果为 False
Or(或)	只有当两个操作数均为 False 时,结果为 False;否则结果为 True
Xor (异或)	当两个操作数的布尔值不相同时,结果为 True;否则为 False
Eqv(等价)	当两个操作数的布尔值相同时,结果为 True;否则为 False
Imp(蕴含)	仅当左边操作数为 True,右边操作数为 False 时,结果为 False;其余均为 True

例如:

Not (5>7)　　　'结果为 True

(5>2) Eqv (5>7)　　　'结果为 False

3.4.2　表达式及运算优先级

1. 表达式

表达式(Expression)是运算符连接运算量形成的式子。复杂的表达式可能同时用到多种运算符。表达式由变量、常量、运算符、函数和圆括号按一定的规则组成,表达式的运算结果的类型由参与运算的数据类型和运算符共同决定。根据表达式值的类型,可把表达式分为不同的类型,如算术表达式、字符串表达式、布尔表达式、关系表达式等。

2. 运算优先级

通常,表达式的运算是从左到右进行的,前一个运算的结果作为后一个运算的运算对象进行计算。例如,表达式 9+8-7+6-5 的计算顺序为:

9+8-7+6-5 → 17-7+6-5 → 10+6-5 → 16-5 → 11

但是,并不是所有的表达式都是按照自左向右的顺序来进行计算的。运算符有不同的优先级,在一个表达式中,优先级最高的运算符先进行计算,然后才是优先级低的运算符。

一个表达式中同时有几个运算符时，会出现运算顺序的问题。例如，算术表达式 a/b∗c 是对应于 a/(bc)，还是对应于(a/b)c? 这些问题的解决由运算符的优先级来决定。

当在表达式中运算符不止一种时，系统会按预先确定的顺序进行计算，这个顺序称为运算符的优先顺序，如表 3.4 所示。

表 3.4　　　　　　　　　　　运算符的优先级

算术运算符	关系运算符	布尔运算符
幂运算(^)	相等(=)	非(Not)
取负(—)	不等(<>)	与(And)
乘除运算(∗、/)	小于(<)	或(Or)
整除运算(\)	大于(>)	异或(Xor)
求模运算(Mod)	小于等于(<=)	等价(Eqv)
加减运算(+、—)	大于等于(>=)	蕴含(Imp)
字符串连接(&)	字符串匹配(Like)	
	对象型比较(Is)	

在表达式中，多种运算符参加运算时，先进行算术运算，接着进行关系运算，最后才是布尔运算。

所有关系运算符的优先级相同，按出现的顺序从左到右进行计算。而算术运算符和布尔运算符则按表中列出的从上到下的优先顺序进行计算，同一格中的运算符优先级相同。

字符串匹配运算符 Like 和对象运算符 Is 的优先级与所有比较运算符相同。字符串连接运算符"&"虽不是算术运算符，就其优先级顺序而言，应在所有算术运算符之后，而在所有比较运算符之前。

具有相同优先顺序的运算符将按照在表达式中出现的顺序从左至右进行计算。

【例 3.1】 判断以下算术表达式的运算顺序。

　　　　b/5∗a　　　　b^3/6

b/5∗a 的运算顺序与数学表达式(b/5)a 一样，执行顺序是从左至右。

b^3/6 的运算顺序与数学表达式 $b^3/6$ 一样。

要在表达式中改变其正常的运算符优先级是很容易实现的，只要在表达式的适当位置上插入成对的括号。最里层括号中的运算符，优先级最高，然后是靠近里层的第二层括号内的运算符,依此类推。在给定的一对括号中,使用自然的运算符优先级。

【例 3.2】　求以下代数式的值。

$$[2(a+b)^2+(3c)^2]^{m/(n+1)}$$

对于这个代数式 Visual Basic 表达式如下:

　　(2 * (a+b)^2+(3 * c)^2)^(m/(n+1))

如果需要按照某种特定的顺序来执行运算,可以引入额外的括号对。例如:

　　((2 * ((a+b)^2))+((3 * c)^2))^(m/(n+1))

两个表达式都是正确的。不过,第一个更好一些,因为它的括号较少,便于阅读。

在书写表达式时应注意以下几点:

(1) 每个符号占 1 格,所有符号都必须一个一个并排写在同一基准上,不能出现上标和下标。

(2) 不能按常规习惯省略乘号 * ,如 2x 要写成 2 * x。

(3) 只能使用小括号(),且必须配对。

(4) 不能出现非法的字符,如 π。

3.5　类型转换

Visual Basic 允许给一个特定类型的变量赋一个其他类型的值。因为不同类型的数据在计算机中的表示方法不同,所以在赋值过程中要进行必要的转换。这里,赋值不但指给变量赋值,也包括了给属性赋值。属性与变量相似,也具有数据类型。例如,窗体对象的 Caption 属性为字符串类型;Width 是数值类型;Visible 是布尔型。除了赋值时进行转换之外,在方法、过程的调用以及表达式的计算过程中,也可能进行类型的转换。类型的转换分为“隐式转换”和“显式转换”两种。

3.5.1　隐式转换

若直接使用赋值号“＝”把一种类型的数据赋给另一种类型的变量,或者不同类型数据进行运算,Visual Basic 会在程序运行时自动进行必要的类型转换。这种转换就是隐式转换,也称为“默认转换”。

1. 数值类型之间的转换

数值类型之间可以相互赋值。把整数赋给浮点类型的变量时,格式进行转换,但是数值的大小一般不变。当把浮点数转换为整型数时,小数部分要"四舍五入"为整数,如果小数部分恰好是 0.5,则要向最近的偶数靠拢。例如:

```
Dim sngNum As Single
Dim intNum As Integer
sngNum=123.45
intNum=sngNum        'intNum 的值是 123
```

2. 字符串型的转换

如果字符串表示的内容全部是数值信息,则可以将其赋予数值型变量。反过来,所有数值型变量的值都可以赋予字符串变量。例如:

```
Dim strFirst As String,intFirst As Integer
Dim strSecond As String,sngSecond As Single
strFirst = "1234"
intFirst = strFirst        'intFirst 的值为 1234
sngSecond = 32.12
strSecond = sgnSecond       'strSecond 的值为"32.12"
```

如果 Visual Basic 无法进行转换,如字符串中有非数字字符。则显示"类型不匹配"的错误。

3. 布尔型值的转换

由布尔型转换为数值型的规则是:False 转换为 0;True 转换为 −1。布尔型转换为字节型时,False 转换为 0,True 转换为 255。由数值型转换为布尔型时:0 转换为 False,其他非 0 转换为 True。

4. 日期时间型的转换

日期时间型数值转换为字符串时,会按日期的短格式(可以在 Windows 控制面板的"区域设置"中设置)转换为相应的字符串,结果因每个计算机的设置不同而不同。例如:

```
Dim dtmStart As Date,str As String
dtmStart = #2/1/99 8:20:00#
str=dtmStart       'dtmStart 的值为"99−2−1 8:20:00"
```

3.5.2　显式转换

Visual Basic 除了在赋值、运算过程中对类型进行自动的转换外,还提供了一些数据类型转换函数,每个函数都可强制一个表达式转换成某种特定的数据类型。常用的数据类型转换函数如表 3.5 所示。

表 3.5　　　　　　　　　　　常用数据类型转换函数

转换函数	转换结果类型	示　　例	结　　果
CBool()	Boolean	CBool(0)	False
CDate()	Date	CDate("February 12,1969")	1969－2－12
CLng()	Long	CLng(12345.45)	12345
CVar()	Variant	CVar(5432&"000")	5432000
CByte()	Byte	CByte(125.5678)	126
CSng()	Single	CSng(75.3421115)	75.34211
CVErr()	Error	CVErr(2001)	自定义错误码
CCur()	Currency	CCur(234.5678)	Currency 型数值
CInt()	Integer	CInt(1234.5678)	1235
CStr()	String	CStr(567.987)	"567.987"

通常,在编码时可以使用数据类型转换函数,用来体现某些操作的结果应该表示为特定的数据类型,而不是缺省的数据类型。例如,当单精度、双精度或整数运算发生的情况下,使用 CCur 来强制执行货币运算。

3.6　常用内部函数

数学上的函数,是指对一个或多个自变量进行特定的计算,获得一个因变量的值。在程序设计语言中,扩充了函数的定义,使用起来更为灵活。Visual Basic 既为用户预定义了一批内部函数,供用户随时调用,同时也允许用户自定义函数过程。

Visual Basic 的内部函数大体上可以分为五类:数学函数、字符串函数、随机函数、转换函数、日期和时间函数。这些函数都带有一个或几个自变量,在程序设计语言中称之为"参数"。函数对这些参数运算,返回一个结果值,即函数值。

函数可以在表达式中被调用,函数的一般调用格式为:

函数名(参数表)

其中,函数的参数可以是常量、变量或表达式。若有多个参数,参数之间以逗号分隔。

3.6.1　数学函数

数学函数用于各种数学运算,包括三角函数、求平方根、绝对值、对数、指数函数等,它们与数学中的定义相同。常用的数学函数如表 3.6 所示。

表 3.6   常用数学函数

函 数	说 明	实 例	结 果
Sin	返回弧度的正弦	Sin(1)	.841470984807897
Cos	返回弧度的余弦	Cos(1)	.54030230586814
Atn	返回用弧度表示的反正切值	Atn(1)	.785398163397448
Tan	返回弧度的正切	Tan(1)	1.5574077246549
Abs	返回数的绝对值	Abs(-2.4)	2.4
Exp	返回 e 的指定次幂	Exp(1)	2.71828182845905
Log	返回一个数值的自然对数	Log(1)	0
Rnd	返回小于 1 且大于或等于 0 的随机数	Rnd	0~1 之间的随机数
Sgn	返回数的符号值	Sgn(-100)	-1
Sqr	返回数的平方根	Sqr(16)	4
Int	返回不大于给定数的最大整数	Int(3.6)	3
Fix	返回数的整数部分	Fix(-3.6)	-3

说明:

(1) 三角函数中的自变量是以弧度为单位的。例如,Sin30° 应写为:

    Sin(3.14159/180 * 30)

(2) Rnd 函数返回[0,1)之间的双精度随机数。若希望产生 1~100 的随机整数,则可通过下面的表达式来实现:

    Int(Rnd * 100)+1   '包括 1 和 100

    Int(Rnd * 99)+1   '包括 1,但不包括 100

Visual Basic 系统用于产生随机数的公式取决于称为种子(Seed)的初始值。在默认情况下,每次运行一个应用程序,Visual Basic 提供相同的种子,即用 Rnd 产生相同序列的随机数。Visual Basic 系统提供了一个重新设置随机数生成器的种子值的语句,即 Randomize 语句。每次运行程序时,要产生不同序列的随机数,可先执行 Randomize 语句。Randomize 语句的语法格式为:

    Randomize Seed

其中,Seed 是随机数生成器的种子值,如果省略,系统将计时器返回值作为新的种子值。

3.6.2 字符串函数

Visual Basic 提供了丰富的字符串处理函数,给编程中的字符处理带来了极大的方便。表 3.7 列出了常用的字符串函数。

表 3.7 常用字符串函数

函 数	说 明	实 例	结 果
Ltrim $ (C)	删除字符串 C 左端的空格	LTrim $ ("MyName")	"MyName"
Rtrim $ (C)	删除字符串 C 右端的空格	RTrim $ ("MyName ")	"MyName"
Trim(C)	删除字符串 C 左边和右边的空格	Trim (" MyName ")	"MyName"
Left $ (C,N)	取出字符串 C 左边开始的 N 个字符	Left $ ("MyName",2)	"My"
Right $ (C,N)	取出字符串 C 右边开始的 N 个字符	Right $ ("MyName",4)	"Name"
Mid $ (C, N1 [, N2])	从字符串 C 中第 N1 个字符开始向右取 N2 个字符	Mid $ ("MyName",2,3)	"yNa"
Len(C)	求字符串 C 的长度	Len("MyName=王青")	9
LenB(C)	求返回字符串所占字节数	LenB("MyName=王青")	18
InStr([N,]C1,C2[,M])	在字符串 C1 中从第 N 个字符开始找 C2,省略 N 时从头开始找,返回 C2 开始的位置,找不到返回 0	InStr(7,"ASDFDFDFSDSF","DF")	7
InStrRev (C1,C2 [, N][,M])	与 InStr 函数不同的是从字符串的尾部开始查找	InStrRev("ASDFDFDFSDSF","DF", 7)	5
Space $ (N)	产生由 N 个空格组成的字符串	Space $ (5)	" "
String $ (N,C)	产生由 C 中首字符重复 N 遍的字符串	String $ (2, "ABCD")	"AA"
Lcase(C)	产生和 C 对应的以小写字母组成的字符串	LCase("ABCabc")	"abcabc"
Ucase(C)	产生和 C 对应的以大写字母组成的字符串	LCase("ABCabc")	"ABCABC"

说明:

(1) Visual Basic 中字符串长度是以字(即字符)为单位的,也就是每个西文字符和每个汉字都作为一个字,占两个字节。例如:

　　Print Len("西安科技大学")　　'结果为 6

　　Print Len("xust")　　'结果为 4

　　Print LenB("西安科技大学")　　'结果为 12

　　Print LenB("xust")　　'结果为 8

(2) 表中的 M 是可选项,表示是否区分大小写,M=0 时区分,M=1 时不区分。省略 M 时表示区分大小写。例如:

```
Print InStr(1,"www. xust. edu. cn","XUST")        '结果为 0
Print InStr(1,"www. xust. edu. cn","XUST",1)      '结果为 5
```

3.6.3　日期和时间函数

日期和时间函数用于显示系统的日期和时间,提供某个事件何时发生及持续时间长短等信息。常用的日期和时间函数如表 3.8 所示,假设系统当前日期为 2007－2－7,时间为 08:30:15。

表 3.8　　　　　　　　　　　　日期和时间函数

函 数	说 明	返回值类型	实 例	结 果
Now	返回系统日期和时间	Date	Now	2007－2－7 08:30:15
Date[$][()]	返回系统日期	Date	Date	2007－2－7
DateSerial(年,月,日)	返回指定的日期	Date	DateSerial(7,2,3)	2007－2－3
DateValue(C)	同上,但自变量为字符串	Date	DateValue("7,2,3")	2007－2－3
Day(C|N)	返回月中第几天(1~31)	Integer	Day(Date)	7
WeekDay(C|N)	返回是本周中的第几天	Integer	WeekDay(Date)	4(星期三)
Month(C|N)	返回一年中的某月(1~12)	Integer	Month(Date)	2
Year(C|N)	返回年份	Integer	Year(Date)	2007
Hour(D)	返回小时(0~23)	Integer	Hour(Now)	8
Minute(D)	返回分钟(0~59)	Integer	Minute(Now)	30
Second(D)	返回秒(0~59)	Integer	Second(Now)	15
Timer [()]	返回从午夜算起已过的秒数	Integer	Timer	30615.66
Time[$][()]	返回当前时间(hh:mm:ss)	Date	Time	08:30:15
TimeSerial(时,分,秒)	返回指定的时间	Date	TimeSerial(1,2,3)	1:02:03
TimeValue(C)	同上,自变量为字符串	Date	TimeValue("1:2:3")	1:02:03

说明:WeekDay(C\|N)函数返回给定日期在本周中是第几天,因此星期日为1,星期一为2,……依次类推。

3.6.4　格式输出函数

使用格式输出函数 Format()可以使数值、日期或字符型数据按指定的格式输出。Format 函数一般用于 Print 方法中,其语法格式为:

　　　　Format(表达式,格式字符串)

其中,"格式字符串"部分可省略。

常用的数值型格式说明字符如表 3.9 所示。

表 3.9　　　　　　　　常用的数值型格式说明字符

字　符	说　明
♯	数字占位符。显示一位数字或什么都不显示。如果表达式在格式字符串中♯的位置上有数字存在,那么就显示出来;否则,该位置什么都不显示
0	数字占位符。显示一位数字或是零。如果表达式在格式字符串中 0 的位置上有一位数字存在,那么就显示出来;否则就以零显示
.	小数点占位符
,	千分位符号占位符
%	百分比符号占位符。表达式乘以 100。而百分比字符(%)会插入到格式字符串中出现的位置上
$	在数字前强加 $
+	在数字前强加+
-	在数字前强加-
E+	用指数表示
E-	用指数表示

例如:

Print Format(123.45,"0000.000")　　'结果为 0123.450

Print Format(123.45,"0.0")　　'结果为 123.5

Print Format(123.45,"♯♯♯♯.♯♯♯")　　'结果为 123.45

Print Format(123.45,"♯.♯")　　'结果为 123.5

本章小结

标准数据类型是 Visual Basic 系统定义的数据类型,主要包括数值型、字符串型、日期型、布尔型。除标准数据类型外,用户还可以通过标准类型来组合用户自定义数据类型。Visual Basic 允许给一个特定类型的变量赋一个其他类型的值。类型的转换分为隐式转换和显式转换两种。

常量是指在程序运行过程中其值保持不变的量。变量是指在程序运行的过程中其值可以改变的量,用于存储程序运行时的临时数据。每个变量都属于某种数据类型,在内存中占有相应的空间。

Visual Basic 提供了五种类型的运算符:算术运算符、字符串运算符、日期运算符、关系运算符和布尔运算符。

Visual Basic 的内部函数大体上可以分为五类:数学函数、字符串函数、随机函数、转换函数、日期和时间函数。

习　题　3

1. 选择题

(1) 下列属于 Visual Basic 中合法的标识符的是_____。

(A) Sum　　　　　(B) Single　　　　(C) _Count　　　　(D) 123abc

(2) Integer 类型的变量可存的最大整数为_____。

(A) 255　　　　　(B) 256　　　　　(C) 32 768　　　　(D) 32 767

(3) 下列哪种数据类型的变量不能存放负值_____。

(A) Integer　　　(B) Single　　　　(C) Byte　　　　　(D) Long

(4) 下列哪一个是日期型常量_____。

(A) "2/1/99"　　　(B) 2/1/99　　　　(C) ♯2/1/99♯　　　(D) {2/1/99}

(5) 使用 Public Const 语句来声明一个全局常量,该语句可以放在下列什么地方_____。

(A) 过程中　　　　　　　　　(B) 窗体模块的声明段

(C) 标准模块的声明段　　　　　(D) 窗体模块或标准模块的声明段

(6) 下列哪一组语句会产生错误_____。

(A) Dim int1 As Integer : int1＝True

(B) Dim str1 As string * 10 : str1＝"3. 1415"

(C) Dim int1 As Integer : int1＝"3. 1415"

(D) Dim bln1 As Boolean : bln1＝"No"

(7) 下面声明数组的语句中错误的是_____。

(A) Private Array(－10 To 10)　　　　(B) Dim Array(10,－10 To 10) As Integer

(C) Dim Array()As Integer　　　　　　(D) Dim Array(n) 'n 是变量

2. 填空题

(1) 在 Visual Basic 中的 1235％、123456&、12345E＋5! 和 12345D＋5♯四个常数分别表示_____、_____、_____、_____类型。

(2) 默认情况下,所有未经显式声明的变量均被视为_____类型。如果要强制变量的声明,应在模块的声明段使用 _____语句。

(3) 刚被声明尚未赋值的日期型变量的值为_____;布尔型变量的值为_____;对象型变量的值为_____;变体型变量的值为_____。

(4) 把整数 1 赋给一个布尔型变量,则布尔变量的值为_____。

(5) 如果在模块的声明段中有 Option Base 0 语句,则在该模块中使用 Dim Array(5,3 To 5)声明的数组有_____个元素。

3. 判断题

(1) 声明常量时给常量赋值可以使用表达式,但不能包含函数调用。　　　　　　(　　)

(2) 使用 Dim 语句声明了一个变量后,还可以使用 ReDim 语句把此变量重新声明为其他的类型。　　　　　　　　　　　　　　　　　　　　　　　　　　　　　　　(　　)

(3) 在声明常量的语句中可以先不赋值,在以后赋值;但是,一旦被赋值就不能再赋新值。　　　　　　　　　　　　　　　　　　　　　　　　　　　　　　　　　　(　　)

(4) Single 类型的值域大于 Long 类型,所以 Single 类型占用内存大于 Long 类型。
　　　　　　　　　　　　　　　　　　　　　　　　　　　　　　　　　　　(　　)

(5) 控件数组是具有相同名称、类型以及事件过程的一组控件。　　　　　　　　(　　)

4. 简答题

(1) Visual Basic 提供了哪些标准的数据类型?声明类型时,其类型关键字分别是什么?其类型符又是什么?

(2) 静态数组和动态数组的区别是什么?

(3) 计算下列表达式的值。

① ♯03/15/2001♯＋10　　　　　　② "ABE">"ABF"

③ 10 Mod 3　　　　　　　　　　　④ "1000" & 88

⑤ "ab90" Like "ab? *"　　　　　　⑥ 2 And －1 Or 0

(4) 请写出产生[N,M]区间的随机数的 Visual Basic 表达式。

第4章 基本控制结构

Visual Basic 采用了事件驱动调用子过程的方式,仍然要用到结构化程序方法,用控制结构来控制程序执行的流程。本章介绍结构化程序设计的三种基本结构:顺序结构、选择结构和循环结构。

顺序结构中,重点说明了赋值语句和输入输出语句的实现;选择结构中重点说明了 If 语句和 Swith 语句的实现;循环结构中重点说明了 For...Next 语句、Do...Loop 语句和 While...Wend 语句的实现;最后介绍了选择和循环结构的嵌套问题。通过本章学习,可以完成各种常见程序的设计。

4.1 结构化程序设计概述

在一些高级语言中设置了无条件转移语句。当程序执行到此语句时,就会无条件地转移到某条语句上去执行。对于编制一些小程序来说,无条件转移语句使用起来很方便,可以转到程序的任意位置去执行。但是当设计的程序较大,转移较多时,任意地转移会使程序设计思路显得非常没有条理且难以理解。为了解决这个难题,人们设想使用一些基本结构来设计程序,无论多么复杂的程序,都可以使用这些基本结构按一定的顺序组合起来。这些基本结构的特点都是只有一个入口、一个出口,避免了任意转移、阅读起来需要来回寻找的问题。这就是结构化程序设计的基本思想。

4.1.1 三种基本结构

结构化程序有三种基本结构:顺序结构、选择结构和循环结构。各种复杂的程序都是由这三种基本结构组成的。

1. 顺序结构

顺序结构是一种最简单的基本结构,计算机在执行顺序结构的程序时,按语句出现的先后次序执行。图 4.1(a)、(b)是分别用流程图和 N-S 图表示的顺序结构,其中 A 和 B 表示要操作的内容,计算机先执行 A 操作,再执行 B 操作。

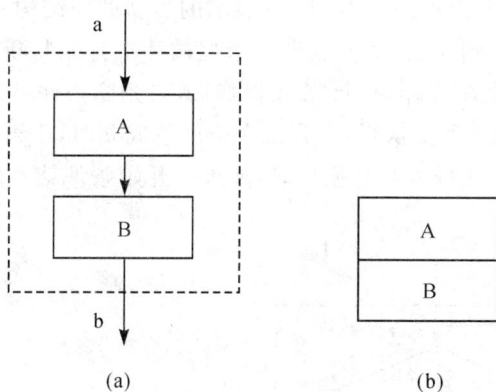

图 4.1　顺序结构
（a）流程图；（b）N−S 图

2. 选择结构

在程序执行过程中,当根据某种条件的成立与否有选择地执行一些操作时,就需要使用选择结构。图 4.2 是分别用流程图和 N−S 图表示的选择结构。从图 4.2(a)可以看出,无论执行哪一个分支都需要通过汇合点 b,b 点是选择结构的出口点。

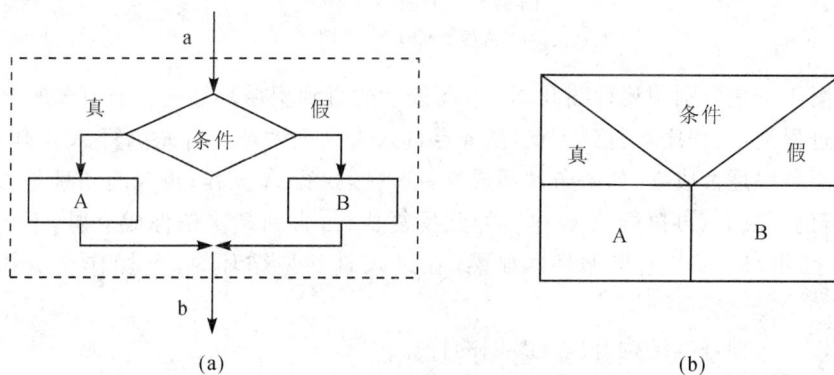

图 4.2　选择结构
（a）流程图；（b）N−S 图

3. 循环结构

循环结构用于规定重复执行一些相同或相似的操作。要使计算机能够正确地完成循环操作,就必须使循环能够在执行有限次数后退出。因此,循环的执行要在一定的条件下进行,根据对条件的判断位置不同,可以有两类循环结构:当型循环和直到型循环。

图 4.3 是分别用流程图和 N－S 图表示的当型循环结构。当型循环的执行过程是：当程序运行到 a 点，从 a 点进入当型循环。首先判断条件是否成立，如果条件成立，则执行 A 操作；执行完 A 操作后，再判断条件是否成立，若仍成立，再执行 A 操作。如此反复执行，直到某次条件不成立时，不再执行 A 操作，从 b 点退出循环。显然，在进入当型循环时，如果一开始条件就不成立，则 A 操作一次都不执行。

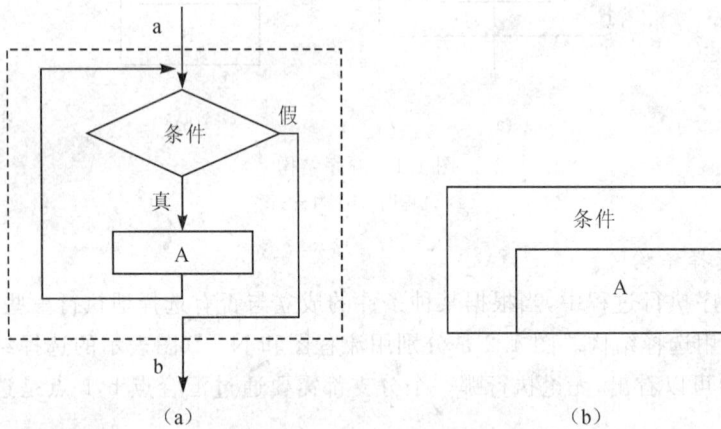

图 4.3　当型循环结构

(a) 流程图；(b) N－S 图

图 4.4 是分别用流程图和 N－S 图表示的直到型循环结构。直到型循环的执行过程是：当程序运行到 a 点，从 a 点进入直到型循环。首先执行 A 操作，然后判断条件是否成立，如果条件不成立，则继续执行 A 操作；再判断条件是否成立，若仍不成立，再执行 A 操作。如此反复执行，直到某次条件成立时，不再执行 A 操作，从 b 点退出循环。显然，在进入直到型循环时，A 操作至少执行一次。

以上三种基本结构有以下共同的特点：

(1) 只有一个入口。

(2) 只有一个出口。

(3) 每一个基本结构中的每一部分都有机会被执行到。也就是说，对每一个框来说，都应当有一条从入口到出口的路径通过它。

(4) 结构内不存在"死循环"。

由以上三种基本结构构成的算法属于"结构化"的算法，不存在无规律的转移。已经证明由这三种基本结构组成的算法，可以解决任何复杂的问题。

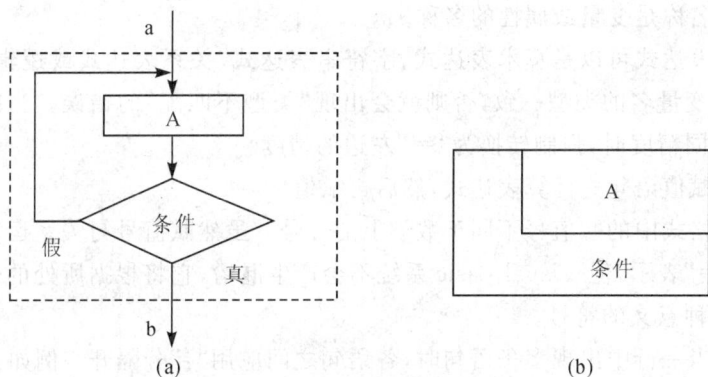

图 4.4 直到型循环结构

(a) 流程图;(b) N—S 图

4.1.2 结构化程序设计方法

结构化程序设计方法要求把程序的结构规定为顺序、选择和循环三种基本结构。它将模块分割方法作为对大型系统进行分析的手段,使其最终化为三种基本结构,高效地完成系统开发,使程序具有良好的可读性和可维护性。

具体的说,结构化程序设计方法就是自顶向下、逐步细化、模块化设计和结构化编码。

4.2 顺序结构

如果没有使用控制流程语句,程序便从左至右,自上向下地顺序执行这些语句,程序为顺序结构。顺序结构是一种线性结构,也是程序设计中最简单、最常用的基本结构。其特点是:在该结构中,各语句按照出现的先后顺序,依次逐块执行。一个程序通常分为三个部分:输入、处理和输出。以下介绍构成顺序结构的几个基本语句。

4.2.1 赋值语句

赋值语句是任何程序设计中最基本的语句。它的作用是将指定的值赋给某个变量或对象的某个属性。赋值语句的语法格式为:

名称＝表达式

说明:

（1）名称是变量或属性的名称。

（2）表达式可以是算术表达式、字符串表达式、关系表达式或逻辑表达式，其类型与变量名的类型一致，否则就会出现"类型不匹配"的错误。当同为数值型但有不同精度时，强制转换为"＝"左边的精度。

（3）赋值语句先计算表达式，然后再赋值。

（4）格式中的赋值号不同于数学上的等号。虽然赋值号与关系运算符的等号都用"＝"表示，但 Visual Basic 系统不会产生混淆，它将根据所处的位置自动判断是何种意义的符号。

（5）当一行中出现多条语句时，各语句之间应用"："分隔开。例如：

```
a＝2        ′将数值 2 赋给变量 a
t＝a:a＝b:b＝t    ′将变量 a,b 中的数值交换
```

【例 4.1】　设计一个程序，实现交换两个变量的值。

分析：如果将两个不同的变量看做两个瓶子 A 和 B，其中分别装着不同颜色的液体，交换变量的值就是交换瓶子中的液体。实际可以这样完成：另取一个瓶子 C，先将瓶 A 中的液体倒入 C 中，再将 B 瓶中的液体倒入 A 中，最后将瓶 C 中的倒入 B 中。

（1）建立用户界面。新建一个工程，建立窗体 frmSwap，并根据图 4.5 所示，在窗体 frmSwap 上添加两个命令按钮 cmdSwap、cmdExit，四个标签 Label1、Label2、lblNum1、lblNum2，然后按表 4.1 设置窗体和控件的属性。

表 4.1　　　　　　　　　　　　　　　对象属性设置

对　象　名	属　　性	值
frmSwap	Caption	"交换两个变量的值"
cmdSwap	Caption	"交换"
cmdExit	Caption	"退出"
Label1	Caption	"A 的值是："
Label2	Caption	"B 的值是："
lblNum1	Caption	"2"
	BorderStyle	1－Fixed Single
lblNum2	Caption	"3"
	BorderStyle	1－Fixed Single

（2）编写代码。双击命令按钮 cmdSwap，进入代码窗口，然后在 cmdSwap_Click 事件过程中添加如下代码：

```
'交换变量
Private Sub cmdSwap_Click()
    c = lblNum1.Caption
    lblNum1.Caption = lblNum2.Caption
    lblNum2.Caption = c
End Sub
'退出程序
Private Sub cmdExit_Click()
    End
End Sub
```

（3）运行程序。程序运行初始界面如图 4.5(a)所示,单击"交换"按钮,即可交换两个变量的值,运行结果如图 4.5(b)所示。单击"退出"按钮可结束程序的执行。

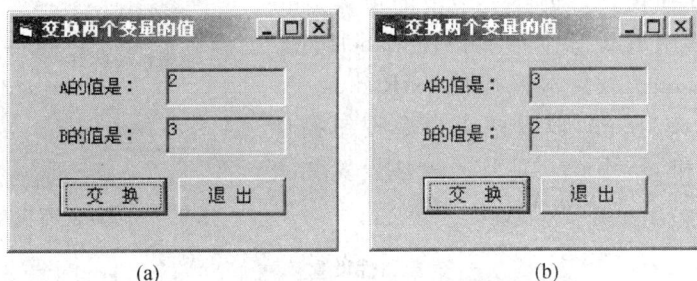

图 4.5　程序运行界面

(a) 初始界面；(b) 运行结果

4.2.2　数据输入

数据输入是程序设计语言应具备的基本功能,是指把要加工处理的原始数据从某种外部设备(例如键盘)输入到计算机中去,以备计算机处理。

在 Visual Basic 中,数据输入的功能可以用输入框(InputBox)和文本框来完成。文本框的使用已经介绍,这里主要介绍输入框函数 InputBox 的使用。

InputBox 常用来输入数据,函数的返回值是字符串类型。在执行 InputBox 函数时,将产生一个对话框作为输入数据的界面,等待用户输入数据,如图 4.6 所示。

InputBox 函数格式如下：

InputBox(prompt,title,default,xpos,ypos)

该语句中,除第一个参数外,其余参数都是可选的,各参数的含义如下:

（1）prompt 是一个字符串,用来描述"提示信息",提示用户输入数据。

图 4.6　输入框窗口

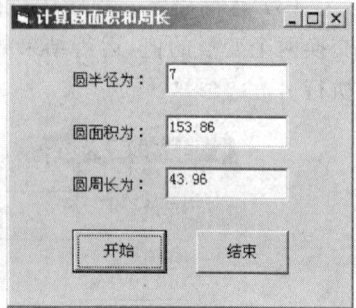

（2）title 是一个字符串,用来设置对话框的标题,显示在对话框顶部的标题区。

（3）default 是一个字符串,用来显示输入缓冲区的默认信息。如果省略该参数,则对话框的输入区为空白,等待用户输入信息。

（4）xpos 与 ypos 是两个整数值,分别用来确定对话框与屏幕左边的距离（xpos）和上边的距离（ypos）,这两个参数必须同时提供或者同时缺省。

【例 4.2】　编写一个程序,计算圆的面积和周长,程序界面设计如图 4.7 所示。要求半径用 InputBox()函数输入。

（1）界面设计。创建一个新的窗体 frm-Circle,在其中放置三个标签控件 Label1、Label2、Label3,三个文本框控件 txtRadius、txtArea 和 txtCircum,以及两个命令按钮控件 cmdBegin 和 cmdExit。对象的属性设置如表 4.2 所示。

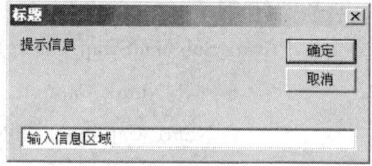

图 4.7　计算圆面积和周长

表 4.2　　　　　　　　　　　对象属性设置

对 象 名	属　性	值
frmCircle	Caption	"计算圆面积和周长"
Label1	Caption	"圆半径为:"
Label2	Caption	"圆面积为:"
Label3	Caption	"圆周长为:"
cmdBegin	Caption	"开始"
cmdExit	Caption	"结束"
txtRadius	Locked	True
	Text	清空
txtArea	Locked	True
	Text	清空
txtCircum	Locked	True
	Text	清空

因为文本框 txtRadius、txtArea 和 txtCircum 只用来输出计算结果,所以将它们的 Locked 属性都设置为 True。

(2) 为命令按钮编写事件代码如下:

```
Private Sub cmdBegin_Click()
        Dim r As Single，l As Single，s As Single
        r = InputBox("请输入圆的半径")
        s = 3.14 * r * r        '计算面积
        l = 2 * 3.14 * r        '计算周长
        txtRadius. Text = r
        txtArea. Text = s
        txtCircum. Text = l
End Sub


Private Sub cmdExit_Click()
        End        '退出程序
    End Sub
```

(3) 程序运行。程序运行后,单击"开始"按钮,弹出一个对话框,如图 4.8 所示。

在对话框中输入半径的值(如输入数值 7),再单击"确定"按钮,即可得到如图 4.7 所示的运行结果。

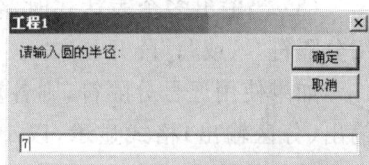

图 4.8　运行时的输入框

4.2.3　数据输出

在程序设计中,对输入的数据进行加工后,往往需要将数据输出,在 Visual Basic 中,可以使用 Print 方法、文本框控件、标签控件以及消息框(MsgBox)函数或语句实现输出。文本框和标签控件的使用在第 2 章已经介绍,这里重点介绍 Print 方法和消息框函数的使用。

1. Print 方法

Print 方法可以在窗体、图片框、打印机和立即窗口等对象上输出数据。Print 方法的语法格式为:

    对象名. Print 表达式列表

说明:

(1) 对象名:可选项,可以是窗体、图片框、打印机或立即窗口。如果省略了"对象名",则在当前窗体上输出。例如:

```
Form1. Print "Visual Basic"       '在窗体 Form1 上显示字符串"Visual Basic"
Picture1. Print "Visual Basic"     '在图片框 Picture1 上显示字符串"Visual Basic"
Debug. Print "Visual Basic"        '在立即窗口中显示字符串"Visual Basic"
Printer. Print "Visual Basic"      '在打印机上显示字符串"Visual Basic"
```

（2）表达式列表：可选项，可以是一个或者多个表达式，可以是算术表达式、字符串表达式、关系表达式或者布尔表达式。Print 方法具有计算和输出双重功能，对于表达式，先计算表达式的值，然后输出。输出时，数值型数据的前面有一个符号位（若是正号不显示），后面留一个空格位；字符串原样输出，前后无空格。如果 Print 方法中无"表达式列表"，则输出一个空行。例如：

```
x = 5：y = 8
Print "abcdefghijk"
Print        '输出一个空行
Print x + y
Print z = x + y      '关系表达式，值为 False
```

在窗体上的输出结果如图 4.9 所示。

（3）当输出多个表达式时，各表达式之间用分隔符","或";"隔开。

如果使用逗号分隔符，则各输出项按标准输出（分区输出）格式显示，以 14 个字符的宽度为单位将输出行分为若干输出段，逗号后面

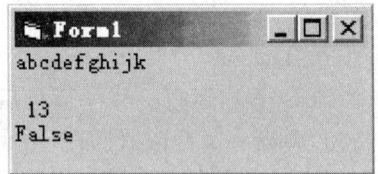

图 4.9 运行结果

的表达式在下一个区段输出；如果使用分号分隔符，则按紧凑格式输出，即数据型数据后多一个空格，字符串后没有空格。例如：

```
a = 2：b = 4：c = 6
Print a，b，c，"stud"，"ent"
Print -a；-b；"stud"；"ent"；-c
```

在窗体上的输出结果如图 4.10 所示。

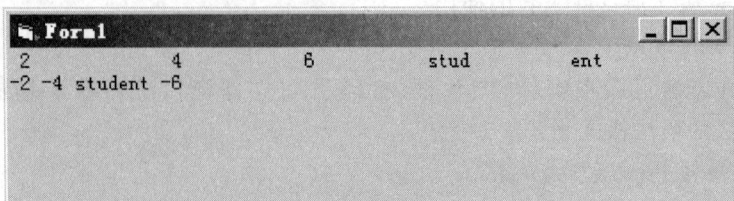

图 4.10　运行结果

（4）如果在语句行的末尾使用逗号分隔符，则下一个 Print 输出的内容将在

当前信息的下一个分区显示；如果在语句的末尾使用分号分隔符，则下一个
Print 输出的内容将紧跟在当前 Print 所输出的信息后面；如果省略了末尾的分
隔符，则 Print 方法将自动换行。

（5）Print 方法在 Form_Load 事件过程中不起作用。

2. 与 Print 方法有关的函数

为了使数据按指定格式的输出，Visual Basic 提供了几个与 Print 配合使用
的函数，其中包括 Tab 函数、Spc 函数。

（1）Tab 函数。Tab 函数的功能是在指定的第 n 个位置上输出数据。格式
如下：

　　　Tab（n）

说明：

① n 为数值表达式，其值为一个整数。要输出的内容放在 Tab 函数后面，
并用分号隔开。

② 若 n 小于当前位置，则自动下移到下一个输出区的第 n 列上；若 n 小于
1，则打印位置在第一列；若 n 大于行的宽度时，显示位置为：n MOD ＜行宽＞；
若省略此参数，则将插入点移到下一个打印区的起点。

③ 当在 Print 方法中有多个 Tab 函数时，每个 Tab 函数对应一个输出项，
各输出项之间用分号分隔。

例如，在窗体 Form1 的 Form_Click（）事件中添加代码：

```
Private Sub Form_Load()
    Form1. Show
    Print "abcdefghijk"
    Print "Visual"; Tab(10); "Basic"      '第二个输出项在第 10 列输出
    Print "Visual"; Tab; "Basic"          'Tab 函数无参数,第二项在第二个打印区输出
    Print "Visual"; Tab(4); "Basic"       'n 小于当前打印位置,第二项在下一行输出
    Print Tab(-5); "Visual"               'n 小于 1,在第一列输出
End Sub
```

输出结果如图 4.11 所示。

（2）Spc 函数。Spc 函数的功能是跳
过 n 个空格。

格式：

　　　Spc（n）

说明：

① n 为数值表达式，其值为一个整数，

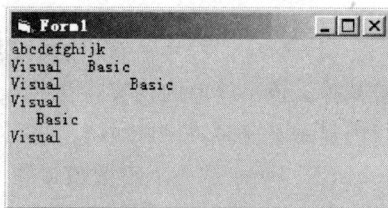

图 4.11　使用 Tab 函数示例

表示在显示或打印下一表达式之间插入的空格数。

② Spc 函数与输出项之间用分号分隔。例如：

    Print "Visual"；Spc(3)；"Basic"

输出结果是：

    Visual　　　　　Basic

在"Visual"和"Basic"之间有三个空格。

③ Spc 函数与 Tab 函数的作用类似，可以互相代替。但应注意，Spc 函数表示两个输出项之间的间隔，Tab 函数总是从对象的左端开始计数。

3. Cls 方法

使用 Cls 方法可以清除窗体或图片框中由 Print 方法在运行时所产生的文本或图形，清除后区域以背景色填充。Cls 方法的语法格式为：

    对象名.Cls

说明：

① 对象名可以是 Form 或 PictureBox。如果省略"对象名"，则默认为窗体。

② 在设计阶段由 Picture 属性设置的背景位图不受 Cls 方法影响。

4. 消息框

在使用 Windows 及 Windows 应用程序时，如果操作有误，屏幕上一般会弹出一个对话框，指出操作错误或告诉用户正确的操作方法。在 Visual Basic 中，可以通过 MsgBox 函数很容易的实现这一功能。

MsgBox 有语句格式和函数格式两种用法。

MsgBox 语句格式：

    MsgBox msg,type,title

MsgBox 函数格式：

    MsgBox(msg,type,title)

函数格式的参数要用括号全部括起来，并在语句的最前面用一个变量保存用户的选择结果，即函数返回值。

MsgBox 的参数中，除第一个参数外，其余参数都是可选的。各参数的含义如下：

（1）Msg 是一个字符串，其长度不超过 1024 个字节，如果超过，则多余的字符被截掉。该字符串的内容将在 MsgBox 函数产生的对话框中显示。当字符串在一行内显示不完时，将自动换行，也可以用"Chr＄(13)＋Chr＄(10)"强行换行。

（2）Type 是一个整数值或符号常量，用来控制在对话框内显示的按钮、图标的种类及数量。Type 的取值范围及作用如表 4.3 所示。

表 4.3　　　　　　　　　　　　　　MsgBox 的 type 参数的取值

符号常量	值	作　　用
vbOKOnly	0	只显示"确定"按钮
vbOKCancel	1	"确定"及"取消"
vbAbortRetryIgnore	2	显示"终止"、"重试"及"忽略"按钮
vbYesNoCancel	3	显示"是"、"否"及"取消"按钮
vbYesNo	4	显示"是"、"否"按钮
vbRetryCancel	5	显示"重试"及"取消"按钮
vbCritical	16	显示 Critical Message 图标
vbQuestion	32	显示 Warning Query 图标
vbExclamation	48	显示 Warning Message 图标
vbInformation	64	显示 Information Message 图标
vbDefaultButton1	0	第一个按钮的默认值
vbDefaultButton2	256	第二个按钮的默认值
vbDefaultButton3	512	第三个按钮的默认值
vbDefaultButton4	768	第四个按钮的默认值
vbApplicationModal	0	应用程序强制返回,应用程序一直被挂起,直到用户对消息框作出响应才继续工作
vbSystemModal	4096	系统强制返回,全部应用程序都被挂起,直到用户对消息框作出响应才继续工作
vbMsgBoxHelpButton	16384	将 Help 按钮添加到消息框
vbMsgBoxSetForeground	65536	指定消息框窗口作为前景窗口
vbMsgBoxRight	524288	文本为右对齐
vbMsgBoxRtlReading	1048576	指定文本应为希伯来和阿拉伯语系统中从右到左显示

（3）title 是一个字符串,用来显示对话框的标题。

MsgBox 函数的返回值是一个整数,这个整数与选择的按钮有关。MsgBox 函数的返回值如表 4.4 所示。

表 4.4　　　　　　　　　　　　　MsgBox 函数的返回值

返　回　值	操　　作	符号常量
1	选"确定"按钮	vbOK
2	选"取消"按钮	vbCancel

返　回　值	操　作	符号常量
3	选"终止"按钮	vbAbort
4	选"重试"按钮	vbRetry
5	选"忽略"按钮	vbIgnore
6	选"是"按钮	vbYes
7	选"否"按钮	vbNo

【例 4.3】　几个使用 MsgBox 函数的示例。

```
Private Sub Form_Load()
        MsgBox "两次输入的密码不一致!", vbCritical, "错误"
        MsgBox "密码修改完毕!", vbInformation + vbOKOnly
        Dim YN As Integer, Result As Integer
        YN = MsgBox("真的要删除吗?", vbYesNo + vbQuestion + vbDefaultButton2)
        Result = MsgBox("退出前保存录入的数据吗?" & Chr(13) & "(取消:不退出)", —
             _vbYesNoCancel + vbExclamation + vbDefaultButton3, "退出程序")
    End Sub
```

程序运行后依次弹出四个消息框如图 4.12 所示。

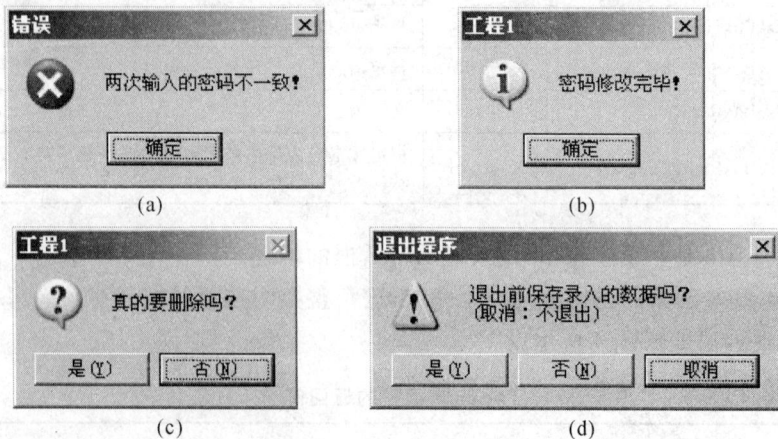

(a)　　　　　　　　　　　　　　　　(b)

(c)　　　　　　　　　　　　　　　　(d)

图 4.12　MsgBox 程序实例

通过上例可以看到,如果不声明对话框有几个按钮,则默认值为 vbOKOnly。
对于后面两个消息框,为了知道用户最终单击的是消息框中的哪个按钮,

MsgBox 使用的不再是语句形式,而改用了函数形式。

【例 4.4】　编写程序验证 MsgBox 函数的返回值。

在窗体的单击事件中,编写代码如下:

```
Private Sub Form_Click()
    Dim msg1, msg2 As String
    Dim r As Integer
    msg1 = "是否继续工作"
    msg2 = "打开对话框"
    r = MsgBox(msg1, 34, msg2)
    Print r
End Sub
```

执行该程序后,单击窗体,出现的对话框如图 4.13(a)所示。当在对话框中单击"终止"按钮时输出"3",这是 MsgBox 函数的返回值,运行效果如图4.13(b)所示。如果单击"重试",则输出的值为 4;如果单击"忽略",输出的值为 5。

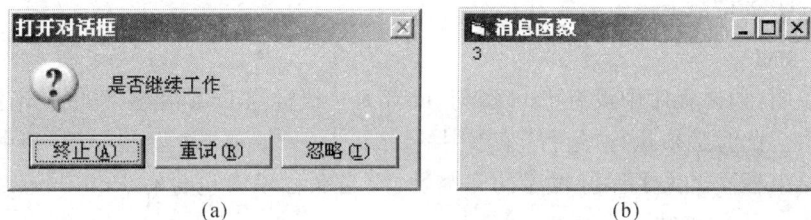

图 4.13　MsgBox 程序实例

(a) MsgBox 运行时对话框;(b) 选择"终止"时的输出结果

4.2.4　其他语句

1. 注释语句

注释语句的功能是给程序中的语句或程序段加上注释文字,以提高程序的可读性。语法格式为:

'注释内容

或

Rem 注释内容

说明:

(1) 注释语句是非执行语句,仅对程序的有关内容起说明作用,它不被解释和编译,但在程序清单中,注释被完整地列出。

(2) 任何字符、汉字都可以被放在注释行中作为注释内容。注释语句通常

放在过程、模块的开头作标题用,也可以放在执行语句的后面,在这种情况下,注释语句必须是语句行中最后一条语句。例如:

```
t = m: m = n: n = t        '交换 m 和 n 两个变量的值
Text1. Text = "Visual Basic 程序设计"      '设置文本框的内容
```

(3) 注释语句不能放在续行符的后面。

2. 暂停语句

暂停语句的功能是暂停程序的执行。其语法格式为:

```
Stop
```

说明:

(1) Stop 语句可以放置在程序代码中的任何地方,它相当于在程序代码中设置断点。使用 Stop 语句系统将自动打开立即窗口,方便用户调试跟踪程序。

(2) 程序调试完毕之后,生成可执行文件(. exe)之前,应删除所有的 Stop 语句。

3. 结束语句

结束语句用来结束程序的运行。其语法格式为:

```
End
```

说明:如果程序中没有 End 语句,或者无法执行到 End 语句,程序就不能正常结束。此时必须执行"运行"菜单中的"结束"命令或单击工具栏中的"结束"按钮来结束程序。为了保持程序的完整性,应当在程序中包含有 End 语句,并且通过 End 语句来结束程序的运行。

4. With 语句

通过 With 语句可以对某个对象执行一系列的语句,而不用重复指出对象的名称。其语法格式为:

```
With 对象
    语句块
End With
```

例如,要改变名称为 lblMy 的标签对象的多个属性,可以在 lblMy 控制结构中加上属性的赋值语句,这时只是引用对象一次,而不是在每个属性赋值时都要引用它。其语句为:

```
With lblMy
    . Height = 2000
    . Width = 2000
    . Caption = "This is MyLabel"
End With
```

4.3 选择结构

计算机在处理实际问题时,往往需要根据条件是否成立,决定程序的执行方向,在不同的条件下,进行不同的处理,这时就需要使用选择结构。选择结构对条件进行判断,并根据判断结果选择执行不同的分支。

Visual Basic 提供了多种形式的条件语句来实现选择结构。

4.3.1 if 语句

if 语句是条件语句,可以实现选择结构,有四种形式。

1. If ... Then 语句

(1) 单行形式的 If ... Then 语句。单行形式的 If ... Then 语句要求写在一个语句行上。其格式为:

　　If 条件 Then 语句块

说明:

① 条件:逻辑表达式或者是结果可以转换成逻辑值的表达式。

② 语句块:一条或多条连续的语句(也允许没有任何语句)。在单行形式中,语句块中的多条语句必须写在一行上,使用":"分隔。

③ 程序执行到这条语句时,首先检查"条件"表达式,若为 True,则执行"Then"后的"语句块",然后接着执行下面的语句;若为 False,则不执行"语句块"中的任何语句,直接转到下一条语句执行。其功能如图4.14所示。例如:

　　If m > n Then t = m:m = n:n = t

(2) 块形式的 If ... Then 语句。块形式的 If ... Then 语句不要求写在一行上。其语法格式为:

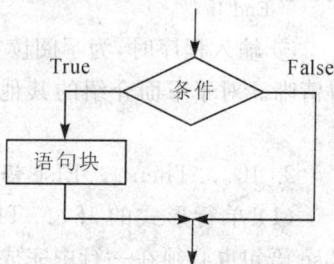

图 4.14 If ... Then 语句

　　If 条件 Then
　　　　语句块
　　End If

说明:

① 块形式的 If ... Then 语句的功能与单行形式相同,如图 4.14 所示,如果"语句块"中的语句比较多时,适合使用块形式。

②"语句块"中的所有语句可各自写在单独的行上,也可以几个语句写在同一行上。

③ 块形式的 If ... Then 语句必须使用 End If 关键字作为语句的结束。例如:

```
If m > n Then
    t = m
    m = n
    n = t
End If
```

也可以改写为:

```
If m > n Then
    t = m: m = n
    n = t
End If
```

④ 在块形式中,Then 关键字后的同一行上不能有任何语句。例如,若出现以下语句,则会产生编译错误。

```
If m > n Then t = m
    m = n
    n = t
End If
```

⑤ 输入程序时,为了阅读方便,应该把"语句块"缩进一些,使程序的结构变得清晰。对于下面介绍的其他选择结构和循环结构语句也应该采取这样的方法。

2. If ... Then ... Else 语句

(1) 单行形式的 If ... Then ... Else 语句。单行形式的 If ... Then ... Else 语句也必须在一行中完成。其语法格式为:

　　If 条件 Then 语句块 1 Else 语句块 2

说明:

① 程序执行到这条语句时,首先检查"条件"表达式,若为 True,则执行"Then"后的"语句块 1",然后继续执行 If 语句下面的语句;若是 False,执行"语句块 2"中的语句,然后继续执行 If 语句下面的语句,其功能如图 4.15 所示。

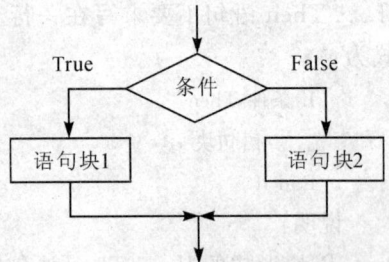

图 4.15　If ... Then ... Else 语句

② 当程序执行到这条语句时,"语句块 1"和"语句块 2"中必有一个被执行到。例如:

　　If m > n Then t = m Else t = n

(2) 块形式的 If ... Then ... Else 语句。当单行形式中的两个语句块中的语句太多时,写在单行上就不太合适。这时,应该使用块形式的 If ... Then ... Else 语句。其语法格式为:

　　If 条件 Then
　　　　语句块 1
　　Else
　　　　语句块 2
　　End If

块形式与单行形式的 If ... Then ... Else 语句的功能相同,但是块形式更便于阅读和理解。最后的 End If 关键字不能省略,它是块形式的标志。例如:

　　If m > n Then
　　　　t = m
　　　　Label1. Caption = "第一个数大于第二个数"
　　Else
　　　　t = n
　　　　Label1. Caption = "第二个数大于等于第一个数"
　　End If

3. If …Then …ElseIf 语句

If …Then ... ElseIf 语句可以看做是 If ... Then ... Else 语句的变体。它的语句格式为:

　　If 条件 1 Then
　　　　语句块 1
　　ElseIf 条件 2 Then
　　　　语句块 2
　　ElseIf 条件 3 Then
　　　　语句块 3
　　　　……
　　ElseIf 条件 n Then
　　　　语句块 n
　　Else 条件 n+1 Then
　　　　语句块 n+1

     End If

说明：

（1）在 If…Then…ElseIf 语句中，Else 和 ElseIf 子句都是可选的，可以放置任意多个 ElseIf 子句，但是都必须在 Else 子句之前。

（2）当程序运行到 If 块时，首先测试条件 1，如果为 True，执行 Then 之后的语句；如果为 False，则依次计算每个 ElseIf 部分的条件式，并加以测试。如果找到某个条件为真时，则相关的 Then 之后的语句块被执行。如果没有一个 ElseIf 条件为真（或是根本就没有 ElseIf 子句），则程序会执行 Else 部分的语句块 $n+1$。在执行完 Then 或 Else 之后的语句列后，会从 End If 之后的语句继续执行。

【例 4.5】 制作一个"符号函数"计算程序。要求输入一个数值，可输出相应的数值，其对应关系符合符号函数的特点：输入大于零的数时输出 1，输入等于零的数时输出 0，输入小于零的数时输出 −1。

（1）建立用户界面。建立一个新工程，新建窗体 frmSign，并在其上添加两个命令按钮 cmdCompute、cmdExit 和两个文本框 txtInput、txtResult。按表 4.5 所示设置各控件对象属性。

表 4.5   对象属性设置

对 象 名	属 性	值
frmSign	Caption	"符号函数"
cmdCompute	Caption	"求符号函数的值"
cmdExit	Caption	"退出"
txtInput	Text	清空
txtResult	Text	清空

（2）编写程序代码。在 cmdCompute 和 cmdExit 两个命令按钮的单击事件中分别编写如下代码：

```
Private Sub cmdCompute_Click()
    Dim x As Integer
    x = Val(txtInput. Text)
    If x > 0 Then
        txtResult. Text = "1"
    ElseIf x = 0 Then
        txtResult. Text = "0"
    Else
```

```
            txtResult. Text = "-1"
        End If
    End Sub
    Private Sub cmdExit_Click()
        End
    End Sub
```

（3）运行程序。程序运行界面如图 4.16
所示，在左边的文本框内输入一个数值，单击
"求符号函数的值"按钮，即可在右边的文本
框内显示出相应的符号函数数值。

4. If 语句的嵌套

如果一个 If 语句的"语句块"中包括了
另一个 If 语句，这种现象称为"If 语句的嵌
套"。在 Visual Basic 中允许 If 语句嵌套多
层，其语句格式为：

图 4.16　程序运行界面

```
    If 条件1 Then        '第1层 If 语句
        …(1)
        If 条件2 Then        '第2层 If 语句
            …(2)
        Else
            If 条件4 Then …(3) Else …(4)     '第3层 If 语句
        End If
        …(5)
    Else
        …(6)
        If 条件3 Then        '第2层 If 语句
            …(7)
        End If
        …(8)
    End If
```

其中，"…（数字）"表示一般语句块。

例 4.5 中的"符号函数"程序采用选择结构的嵌套方式可以写为：

```
    Private Sub cmdCompute_Click()
        Dim x As Integer
```

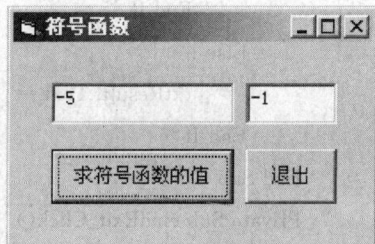

```
        x = Val(txtInput. Text)
        If x >= 0 Then
            If x > 0 Then
                txtResult. Text = "1"
            Else
                txtResult. Text = "0"
            End If
        Else
            txtResult. Text = "-1"
        End If
    End Sub
    Private Sub cmdExit_Click()
        End
    End Sub
```

4.3.2　Select Case 语句

Select Case 语句用来实现多分支条件选择结构,它根据一个表达式的值来执行多个语句块中的一个。其语法格式为:

```
Select Case 测试表达式
    Case 表达式 1
        语句块 1
    Case 表达式 2
        语句块 2
    ……
    Case 表达式 n
        语句块 n
    Case Else
        语句块 n+1
End Select
```

说明:当程序运行到 Select Case 语句时,根据测试表达式的值,按顺序匹配各个 Case 后面的表达式,如果匹配成功,则执行该 Case 后面的语句块,然后转到 End Select 语句之后继续执行;如果测试表达式的值与各表达式都不匹配,则执行 Case Else 之后的语句块,再转到 End Select 语句之后继续执行。

这里,匹配与 Case 后的表达式的书写有关。测试表达式可以是任何数值表达式或字符表达式,有如下形式。

(1) 表达式 1,表达式 2。例如:

　　Case 1,3,5

表示测试表达式的值为 1 或 3 或 5 时,将执行该语句之后的语句块。

(2) 表达式 1 To 表达式 2。例如:

　　Case 10 To 30

表示测试表达式的值在 10 到 30 之间(包括 10 和 30)时,将执行该 Case 语句之后的语句块。例如:

　　Case "A" To "Z"

表示测试表达式的值在"A"到"Z"之间(包括"A"和"Z")时,将执行该 Case 语句之后的语句块。

(3) Is<关系运算符>表达式。例如:

　　Case Is>=10

表示测试表达式的值大于或等于 10 时,将执行该 Case 语句之后的语句块。

以上三种方式可以同时出现在同一个 Case 语句之后,各项之间用逗号隔开。例如:

　　Case 1,3,10 To 20,Is<0

表示测试表达式的值为 1 或 3,或在 10 到 20 之间(包括 10 和 20),或小于 0 时,将执行该 Case 语句之后的语句块。

【例 4.6】　任给定一年,判断该年是否为闰年,并根据给出的月份来判断是什么季节和该月有多少天。闰年的条件是:年能被 4 整除,但不能被 100 整除;或者能被 400 整除。

题目分析:根据闰年的条件可得出闰年的逻辑表达式

　　(Year mod 4=0 And Year mod 100<>0) Or (Year mod 400=0)

每月的天数可根据月份来判定。

(1) 建立用户界面。在窗体 frmYear 上添加五个标签控件 Label1、Label2、lblYear、lblQuarter、lblDay,两个文本框控件 txtYear、txtMonth 和两个命令按钮控件 cmdBegin、cmdCls,并按表 4.6 设置各控件属性。

表 4.6　　　　　　　　　　　　　　　对象属性设置

对　象　名	属　　性	值
frmYear	Caption	"判断闰年"
cmdBegin	Caption	"开始"
	Default	True

续表 4.6

对 象 名	属 性	值
cmdCls	Caption	"清除"
txtYear	Text	清空
txtMonth	Text	清空
Label1	Caption	"年份:"
Label2	Caption	"月份:"
lblYear	Caption	清空
	BorderStyle	1—Fixed Single
lblQuarter	Caption	清空
	BorderStyle	1—Fixed Single
lblDay	Caption	清空
	BorderStyle	1—Fixed Single

(2) 编写程序代码。在命令按钮 cmdBegin 的 Click 事件过程中添加如下代码：

```
Private Sub cmdBegin_Click()
    Dim Year As Integer, Month As Integer, Days As Integer
    Dim LeapYear As Boolean     '闰年标记
    '判断闰年
    Year = Val(txtYear. Text)     '年
    Month = Val(txtMonth. Text)     '月
    If (Year Mod 4 = 0 And Year Mod 100 <> 0) Or (Year Mod 400 = 0) Then
        LeapYear = True     '闰年
        lblYear. Caption = "闰年"
    Else
        LeapYear = False     '非闰年
        lblYear. Caption = "不是闰年"
    End If
    '判断季节
    Select Case Month
        Case 3 To 5
            lblQuarter. Caption = "春季(spring)"
        Case 6 To 8
```

```
          lblQuarter. Caption = "夏季(summer)"
      Case 9 To 11
          lblQuarter. Caption = "秋季(autumn)"
      Case 12，1，2
          lblQuarter. Caption = "冬季(winter)"
  End Select
  '判断月中天数
  Select Case Month
      Case 1，3，5，7，8，10，12
          lblDay. Caption = "31 天!"      '大月为 31 天
      Case 4，6，9，11
          lblDay. Caption = "30 天!"      '小月为 30 天
      Case 2    '判断 2 月份天数
          If LeapYear Then
              Days = 29      '闰年为 29 天
          Else
              Days = 28      '非闰年为 28 天
          End If
          lblDay. Caption = Str(Days) + "天!"
  End Select
  txtYear. SetFocus
End Sub
```

编写"清除"命令按钮 cmdCls 的 Click 事件代码：

```
'清空文本框和标签控件的内容
Private Sub cmdCls_Click()
    txtYear. Text = ""
    txtMonth. Text = ""
    lblYear. Caption = ""
    lblQuarter. Caption = ""
    lblDay. Caption = ""
End Sub
```

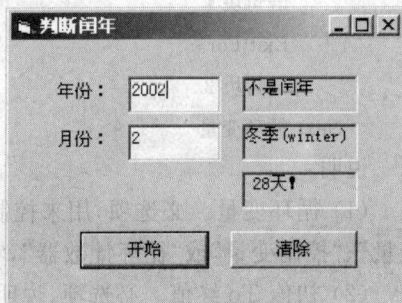

（3）运行程序。输入年份和月份后，单击"开始"按钮，输出结果如图 4.17 所示。单击"清除"按钮，则清除文本框中输入的内容。

图 4.17　运行结果

4.4　循环结构

在编程中常常遇到这样的情况:某一类问题的计算和处理方法完全一样,只是要求重复计算多次,而每次使用的数据都按照一定的规律进行改变。例如,需要对一个班 30 名学生的成绩进行检查,将不及格者打印出来。类似这样的问题,就要用到循环结构。

循环是一组重复执行的指令,重复次数由条件决定。如果是无条件循环,循环体代码将永无休止地执行下去(即死循环),这种情况当然应该避免。指定循环的方法有两种,一种是指定一个条件式,一旦表达式的值为假,就退出循环;另一种是指定循环次数。

在 Visual Basic 中可采用多种语句实现循环。本章将介绍 For…Next 循环结构、Do…Loop 循环结构和 While…Wend 循环结构。其中 For…Next 循环结构常用于设计循环次数已知的程序,而 Do…Loop 循环结构、While…Wend 循环结构更适合于设计循环次数未知,而只知道循环结束条件的程序。

4.4.1　For…Next 循环结构

在已知循环的执行次数时,最好使用 For…Next 循环。在 For…Next 循环中使用一个起计数器作用的循环变量,每重复一次循环之后,循环变量的值就会按一定的步长增加或者减少,直到超过某规定的终值时退出循环。

1. For…Next 语句的格式

```
For 循环变量＝初值 To 终值 Step 步长
    语句块 1
    Exit For
    语句块 2
Next 循环变量
```

说明:

(1) 循环变量。必选项,用来控制循环的次数。"循环变量"也称"循环控制变量"、"控制变量"或"循环计数器",它只能是一个数值型变量。

(2) 初值 To 终值。必选项,说明循环变量的初始值和终值。

(3) 步长。可选项,可以是正数或负数。"步长"决定循环的执行情况,如果"步长"的值为正数,则"初值"必须小于或等于"终值";否则"初值"必须大于或等于"终值"。若缺省,默认为 1。

（4）可以在循环体中的任何位置放置任意多个 Exit For 语句,随时退出循环体。

（5）For 与 Next 语句中的循环变量必须是同一个变量,Next 中的循环变量可以省去。

2. For...Next 语句的功能

For...Next 语句的功能就是控制"循环体"有限次的重复执行。在已知执行的循环次数时,最好使用 For...Next 语句。可由图 4.18 说明 For...Next 语句的功能。

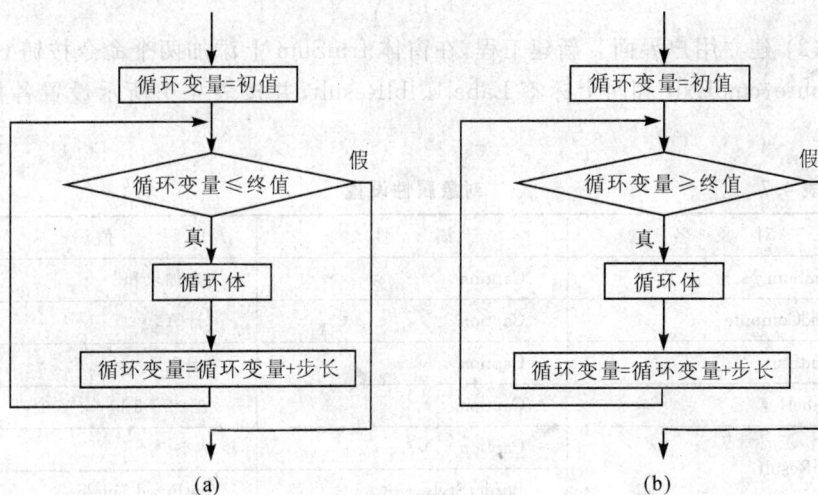

图 4.18　For...Next 语句执行功能
(a) 步长为正数;(b) 步长为负数

当执行 For 语句时,系统对循环变量置初值,同时记下终值和步长。若循环变量不超越终值,则执行一次循环体,否则跳过循环体执行 Next 语句下面的语句;当执行到 Next 语句时,循环变量增加一个步长,然后与终值比较,若还不超越终值,则再返回执行一次循环体。如此往复,直到循环变量的值超过终值,则结束循环,执行 Next 语句下面的语句。

3. 循环次数

For...Next 循环遵循"先检查,后执行"的原则,即先检查循环变量是否超过终值,然后决定是否执行循环体。在下列两种情况下,循环体不被执行。

（1）当步长为正数时,初值大于终值。

（2）当步长为负数时,初值小于终值。

当初值等于终值时,无论步长是正数还是负数,均执行一次循环体。

循环次数由初值、终值和步长三个因素决定,可以通过下式计算:

循环次数＝INT((终值－初值)/步长＋1)

因此,循环的最少执行次数为 0 次。如果计算出的循环次数小于或者等于 0,系统将不执行循环体。

4. For ... Next 语句的示例

【例 4.7】 编写程序,用 For... Next 语句求 1＋2＋3＋…＋100 的值。

(1)题目分析。采用累加的方法,用变量 sum(累加器)来存放累加的和,用变量 n 来存放加数(加到 s 中的数)。这里 n 又称为计数器,从 1 开始到 100 为止。

(2)建立用户界面。新建工程,在窗体 frmSum 上添加两个命令按钮 cmd-Compute、cmdExit 和两个标签 Label1、lblResult,并按表 4.7 所示设置各控件属性。

表 4.7　　　　　　　　　　　　　　　对象属性设置

对 象 名	属 性	值
frmSum	Caption	"累加求和"
cmdCompute	Caption	"计算"
cmdExit	Caption	"退出"
Label1	Caption	"1＋2＋3＋…＋100＝"
lblResult	Caption	清空
	BorderStyle	1－Fixed Single

(3)编写程序代码。命令按钮 cmdCompute 和 cmdExit 的 Click 事件代码如下:

```
Private Sub cmdCompute_Click()
    Dim sum As Integer, n As Integer
    sum = 0        '累加器赋值 0
    For n = 1 To 100     '计数器初值为 1,终值为 100,步长为 1
        sum = sum + n     '进行累加
    Next n    '输出累加结果
    lblResult. Caption = sum
End Sub

Private Sub cmdExit_Click()
    End
```

End Sub

运行程序,单击"计算按钮",运行结果如图 4.19 所示。

【例 4.8】　输出 1000 以内所有能被 37 整除的自然数。

(1) 建立用户界面。新建的窗体 frm-Sum,在其中添加一个文本框 txtResult、两个命令按钮 cmdBegin、cmdExit 和两个标签 Label1、Label2。并按表 4.8 设置窗体和各控件的属性。

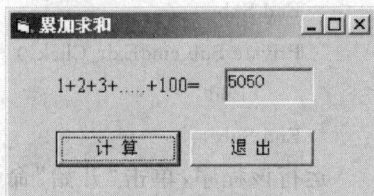

图 4.19　程序运行结果

表 4.8　　　　　　　　　　　　　对象属性设置

对象名	属性	值
frmSum	Caption	"循环举例"
txtResult	MultiLine	True
	ScrollBar	2—Vertical
	Text	清空
Label1	Caption	"提示:"
Label2	Caption	按"开始"按钮,可以在文本框内显示所有 1000 以内能被 37 整除的数
cmdBegin	Caption	"开始"
cmdExit	Caption	"退出"

(2) 编写程序代码。命令按钮 cmdBegin 和 cmdExit 的 Click 事件代码如下:

```
Private Sub cmdBegin_Click()
    Dim strResult As String
    Dim n As Integer
    strResult = ""
    For n = 1 To 1000
        If n Mod 37 = 0 Then
            '将符合条件的数字加入结果字符串,每行显示一个数字
            strResult = strResult & Str(n) & Chr(13) & Chr(10)
        End If
    Next n
    txtResult. Text = strResult
```

```
        End Sub
        Private Sub cmdExit_Click()
                End
        End Sub
```

运行该程序,单击"开始"命令按钮,结果如
图 4.20 所示。

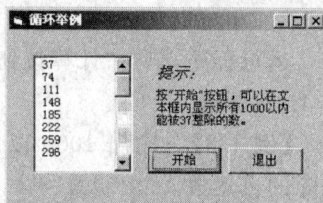

图 4.20 程序运行结果

4.4.2 Do...Loop 循环结构

在许多情况下,程序段需要重复处理的次数事先并不知道,而是由在程序执行过程中某种条件是否已被满足来决定重复执行与否,Do...Loop 语句就是为适应这种需要而提供的循环控制结构。在 Visual Basic 中,有多种不同形式的 Do...Loop 语句。

1. Do...Loop 语句的格式

Do...Loop 语句有四种格式。

格式 1:

```
        Do While 循环条件
                语句块
                Exit Do
                语句块
        Loop
```

格式 2:

```
        Do
                语句块
                Exit Do
                语句块
        Loop While 循环条件
```

格式 3:

```
        Do Until 循环条件
                语句块
                Exit Do
                语句块
        Loop
```

格式 4:

```
        Do
```

语句块

Exit Do

语句块

  Loop Until 循环条件

说明：

（1）以上四种格式的区别在于"循环条件"的书写位置不同，可以写在 Do 语句之后，也可以写在 Loop 语句之后。另外，"循环条件"之前的关键字可以是 While，也可以是 Until。

（2）使用"While 条件"时，当指定的条件为 True，则执行循环体中的语句组；而当条件为 False，则退出循环，执行循环终止语句 Loop 之后的语句。

（3）使用"Until 条件"时，当指定的条件为 False，则执行循环体中的语句组；而当条件为 True，则退出循环，执行循环终止语句 Loop 之后的语句。

（4）使用 While 和使用 Until 的区别是："While 条件"表示当条件成立时执行循环体，"Until 条件"则是在条件不成立时执行循环体。

（5）以上四种格式中，格式 1 和格式 3 在循环的起始语句 Do 之后判断条件，属于当型循环；格式 2 和格式 4 在循环的终止语句 Loop 处判断条件，属于直到型循环。

（6）Exit Do 为可选项，该语句用于退出循环体，执行 Loop 语句之后的语句。必要时，循环体中可以放置多条 Exit Do 语句。该语句一般放在某条件语句中，用于表示当某种条件成立时，强行退出循环。当然，循环体中也可以没有 Exit Do 语句。

（7）也可以在 Do 语句和 Loop 语句之后都没有条件判断，这时循环将无条件地重复。在这种情况下，在循环体内必须有强行退出循环的语句，如 Exit Do 语句，以保证循环在执行有限次数后退出。

（8）当型循环先判断条件，后决定是否执行循环体，因此循环可能一次都不执行；而直到型循环至少要先执行一次循环体，然后再判断循环条件。因此，对于在循环开始时循环条件就可能不满足要求的情况，应该使用当型循环。在多数情况下，这两类循环是可以互相代替的。

2．Do...Loop 语句使用示例

【例 4.9】 用 Do...Loop 语句，求 $1+2+3+\cdots+100$ 的值。

（1）建立用户界面并设置对象属性，同例 4.7。

（2）编写事件代码。采用 Do...Loop 语法格式 1 编写"计算"命令按钮 cmdCompute 的 Click 事件代码：

```
Private Sub cmdCompute_Click()
```

```
    Dim sum As Integer，n As Integer
    sum = 0：n = 1
    Do While n <= 100
        sum = sum + n
        n = n + 1
    Loop
    lblResult. Caption = sum
End Sub
```

也可以采用 Do...Loop 语法格式 3 实现：

```
Private Sub cmdCompute_Click()
    Dim sum As Integer，n As Integer
    sum = 0：n = 1
    Do Until n > 100
        sum = sum + n
        n = n + 1
    Loop
    lblResult. Caption = sum
End Sub
```

该事件代码还可以写成 Do...Loop 语句的其他格式，请读者自己思考完成。

【例 4.10】 已知下列公式，计算 π 的近似值，直至最后一项的值 $\leqslant 10^{-6}$ 为止。

$$\frac{\pi}{2} = 1 + \frac{1}{3} + \frac{1\times 2}{3\times 5} + \frac{1\times 2\times 3}{3\times 5\times 7} + \cdots$$

(1) 题目分析。用 n 表示 1,2,3,4…，用 Term 表示每一项的值，用 Sum 表示累加和。

循环初始条件：n=1,Sum=1,Term=1。

循环终止条件：Term<=0.000001。

(2) 编写程序代码。在窗体的 Click 事件过程中添加如下代码：

```
Private Sub Form_Click()
    Dim Sum As Double，Term As Double，n As Integer
    Sum = 1
    Term = 1
    n = 1
```

```
Do
    Term = Term * n / (2 * n + 1)
    Sum = Sum + Term
    n = n + 1
Loop Until Term < 0.000001
Print "运算结果为:"; Sum * 2
Print "最后一项的值为:"; Term
```
　　End Sub

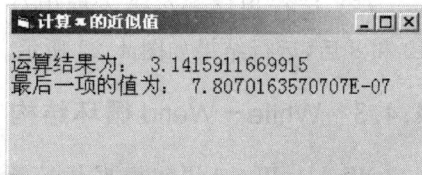

图 4.21　程序运行结果

运行程序后单击窗体,计算结果如图 4.21 所示。

【例 4.11】　给出两个正整数,求它们的最大公约数。

(1) 题目分析。求最大公约数可以用"辗转相除法"。解此题的算法如下:

① 以大数 m 作为被除数,小数 n 作为除数,相除后的余数为 r,即 $r=m \bmod n$。

② 如果 $r \neq 0$,则将 $n \rightarrow m, r \rightarrow n$,再进行一次相除,得到新的 r。如果 r 仍然不等于 0,则重复上面过程,直到 $r=0$ 为止。

③ 最后的 n 就是最大公约数。

(2) 编写程序代码。根据以上算法,下面程序可以完成求最大公约数的计算:

```
Private Sub Form_Click()
    Dim Input1 As Integer, Input2 As Integer
    Dim m As Integer, n As Integer
    Dim temp As Integer, r As Integer
    Input1 = InputBox("输入第一个正数:", "输入")
    Input2 = InputBox("输入第二个正数:", "输入")
    m = Input1
    n = Input2
    If m < n Then
        temp = m: m = n: n = temp
    End If
    r = m Mod n
    Do While r <> 0
        m = n
        n = r
```

```
        r = m Mod n
    Loop
    Print Input1;"和";Input2;"的最大公约数是:",n
End Sub
```

（3）运行程序。在输入框中分别输入
12 和 8 后,运行结果如图 4.22 所示。

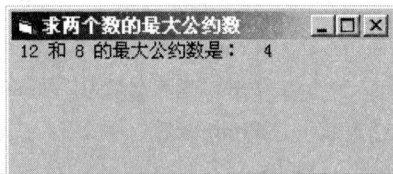

图 4.22　程序运行结果

4.4.3　While－Wend 循环结构

While－Wend 语句根据某一条件的判
断,决定是否执行循环体。

1. While－Wend 语句的格式

```
While 条件
    循环体
Wend
```

说明:

（1）首先计算"条件"的值,如果"条件"为"真",则执行"循环体",当遇到
Wend 语句时,控制返回到 While 语句并对"条件"重新进行测试,如果仍为
"真",则重复上述过程;如果"条件"为"假",则不再执行"循环体",而执行 Wend
后面的语句。

（2）使用 While－Wend 语句时要特别注意的是,"循环体"中一定要有使
"条件"由"真"变为"假"的语句,否则就有可能出现死循环。

2. While－Wend 语句的使用示例

【例 4.12】　从键盘上输入一串字符,以"?"结束,并对输入字符中的字母个
数和数字个数进行统计。

（1）题目分析。由于输入的字符个数没有指定,无法用 For 循环语句来编
写程序。停止计数的条件是输入的字符为"?",可以用当循环语句来实现。在程
序中,用变量 str 接收键盘输入的字符,变量 charNum、digNum 分别用于统计字
母、数字的个数。

（2）编写程序代码。在窗体的 Form_Click()事件过程中添加代码:

```
Private Sub Form_Click()
    Dim Str As String
    Dim iCharNum As Integer
    Dim iDigNum As Integer
    iCharNum = 0
```

```
        iDigNum = 0
        str = InputBox("请输入一个字符:","输入")
        Print "输入的字符串为:";
        While Str <> "?"
            Print Str;
            If Str >= "a" And Str <= "z" Or Str >= "A" And Str <= "Z" Then
                iCharNum = iCharNum + 1
            ElseIf Str >= "0" And Str <= "9" Then
                iDigNum = iDigNum + 1
            End If
            Str = InputBox("请输入一个字符:","输入")
        Wend
        Print
        Print
        Print "字母的总数为:"; iCharNum
        Print "数字的总数为:"; iDigNum
    End Sub
```

（3）运行程序。单击窗体,在输入框中逐个输入字符或数字并按确定按钮,并以"?"结束(注意,每输一个数字或字符都要按"确定"按钮),运行结果如图 4.23 所示。

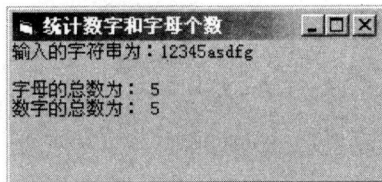

图 4.23　程序运行结果

4.4.4　循环的嵌套

如果循环体内不再包含其他循环,这种循环结构称为单层循环。本章前面的例题都是单层循环。在处理一些问题时,常常要在循环体内再进行循环操作,而在内嵌的循环中还可以再包含循环,这种情况叫多重循环,又称为循环的嵌套。如二层循环、三层循环、四层循环等。Visual Basic 对循环的嵌套层数没有限制,但是当循环的层数太多时,程序的可读性会下降。按一般习惯,为了使循环结构更具可读性,总是用缩排的方式书写循环体部分。

在多层循环中,外层循环每执行一次,内层循环就要从头开始执行一轮。

同类循环可以嵌套,For...Next 循环、Do...Loop 循环和 While-Wend 循环也可以互相嵌套。嵌套时,内层循环必须完全嵌套在外层循环之内。

【例 4.13】　打印输出"乘法九九表"。

"乘法九九表"是一个 9 行 9 列的二维表,行和列都要变化,而且在变化中互相约束。这是一个二重循环的应用问题,可用两个 For 循环来实现。

在窗体的 Form_Click()事件过程中添加代码:

```
Private Sub Form_Click()
    Dim i As Integer, j As Integer, k As Integer
    Print Tab(30);"乘法九九表"
    Print
    Print
    Print " * |";
    Print "      1      2      3      4      5      6      7      8      9"
    Print "———|———————————————————————————————————"
    For j=1 To 9
        Print j; "|";
        For k = 1 To j
            temp = j * k
            Print Tab(k * 6); temp; " ";
        Next k
        Print
    Next j
    Print "      |"
End Sub
```

该题的运行结果如图 4.24 所示。

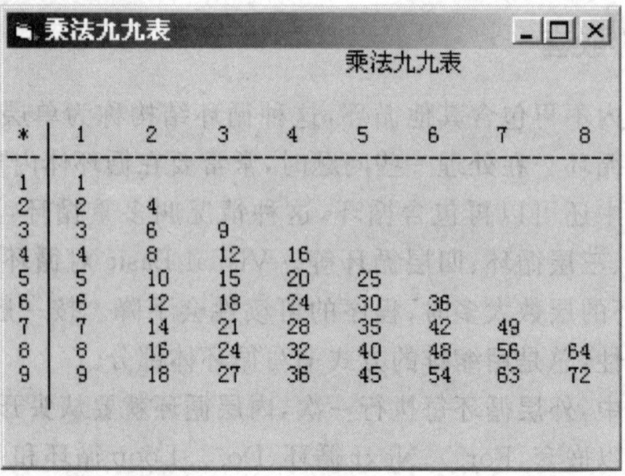

```
乘法九九表                                    _□×
                                      乘法九九表

*   1     2     3     4     5     6     7     8
———————————————————————————————————————————————
1   1
2   2     4
3   3     6     9
4   4     8     12    16
5   5     10    15    20    25
6   6     12    18    24    30    36
7   7     14    21    28    35    42    49
8   8     16    24    32    40    48    56    64
9   9     18    27    36    45    54    63    72
```

图 4.24 乘法九九表

【例 4.14】 编制程序,输出 1000 以内的所有完数。

"完数"是指一个数恰好等于它的所有因数之和,如 6 的因数为 1、2、3,而 6 =1+2+3,因而 6 就是完数。

(1) 题目分析。根据所提问题,可以得知,要想知道一个自然数是否为完数,首先必须找出其所有因数。而一个数的所有因数可以利用计算机速度快的特点,从 2 开始到这个数的最大因数为止(偶数不大于其值的二分之一,奇数不大于其值的三分之一),进行整除判断,凡是可以被整除的数均为这个数的因数。

(2) 建立程序界面。在窗体 frmMain 上添加一个标签 Label1、一个文本框 txtResult 和两个命令按钮控件 cmdBegin、cmdExit,并按表 4.9 所示设置各控件属性。

表 4.9　　　　　　　　　　对象属性设置

对 象 名	属 性	值
frmMain	Caption	"1000 以内完数查找"
Label1	Caption	"结果显示:"
	MultiLine	True
txtResult	ScrollBar	2—Vertical
	Text	清空
cmdBegin	Caption	"开始"
cmdExit	Caption	"退出"

(3) 编写程序代码。在 Form_Load()、cmdBegin_Click()和 cmdExit_Click 事件过程中添加如下代码:

```
Private Sub cmdBegin_Click()
    Dim n As Integer, i As Integer
    Dim c As Integer      '最大因数上限
    Dim q As Integer      '因数之和
    n = 2
    Do While n <= 1000
        i = 2
        q = 1
        If Int(n) / 2 = n / 2 Then
            c = Int(n / 2)
        Else
            c = Int(n / 3)
        End If
```

```
        Do While i <= c
            If Int(n / i) = n / i Then
                q = q + i
            End If
            i = i + 1
        Loop
        If q = n Then
        txtResult. Text = txtResult. Text & Str(n) & Chr(13) & Chr(10)
        End If
        n = n + 1
    Loop
    txtResult. BackColor = RGB(0, 0, 225)
    txtResult. ForeColor = RGB(225, 225, 225)
End Sub


Private Sub cmdExit_Click()
    End
End Sub
```

（4）运行程序。程序运行界面如图 4.25 所示，单击"开始"按钮后，结果显示在文本框中。

图 4.25　程序运行结果

本章小结

结构化程序有三种基本结构：顺序结构、选择结构和循环结构，各种复杂的程序都是由这样三种基本结构组成的。

　　顺序结构是一种最简单的基本结构,计算机执行顺序结构的程序时,按语句出现的先后次序执行。赋值语句的作用是将指定的值赋给某个变量或对象的某个属性。数据输入是程序设计语言应具备的基本功能,可以用输入框和文本框来完成。在执行 InputBox 函数时,将产生一个对话框作为输入数据的界面,等待用户输入数据。在程序设计中,对输入数据进行加工后,往往需要将数据输出,可以使用 Print 方法、文本框控件、标签控件以及消息框(MsgBox)函数或语句实现输出。Print 方法可以在窗体、图片框、打印机和立即窗口等对象上输出数据。通过 MsgBox 语句和函数可以在屏幕上弹出一个对话框,对用户的操作进行提示。

　　在程序执行过程中,需要根据某种条件的成立与否有选择地执行一些操作时,就需要使用选择结构。Visual Basic 提供了多种形式的 If 语句来实现选择结构,也可以通过 Select Case 语句用来实现多分支条件选择结构。

　　循环结构用于重复执行一些相同或相似的操作。为避免"死循环"的产生,循环的执行要在一定的条件下进行。根据对条件判断的位置不同,可以有两类循环结构:当型循环和直到型循环。当已知循环的执行次数时,最好使用 For...Next 循环;当事先并不能确定程序段需要重复处理的次数时,可以使用 Do...Loop 语句或 While—Wend 语句实现循环。

习　题　4

1.填空题(在横线上方填入答案)

　　(1) 下面程序段是一个 Select Case 选择结构。当 num 的值为 1,3,5,7,9 时,显示"输入的整数是小于 10 的奇数";当 num 的值为 2,4,6,8 时,显示"输入的整数是小于 10 的偶数";当 num 的值为 10 到 20 时,显示"输入的整数在 10 到 20 之间";否则显示"输入的整数出界"。

```
Private Sub Form_Load()
    Dim x As Integer
    CurrentX = 1000
    CurrentY = 2000
    x = InputBox("请输入 x 的值")
    Select Case x
    Case _____
        Print "输入的整数是小于 10 的奇数"
    Case 2, 4, 6, 8
        Print "输入的整数是小于 10 的偶数"
```

```
        Case _____
            Print "输入的整数在 10 到 20 之间"
        Case Else
            Print "输入的整数出界"
    End Sub
```

（2）如果一个正整数的所有因子（除自身外）之和等于其本身，则称此数为"完数"。根据欧几里德完数定理：若 $2^{n+1}-1$ 是一个质数，那么 $2^n(2^{n+1}-1)$ 必定是一个完数。本程序根据该定义求 $1\sim1000$ 之间的完数。

```
    Dim n As Integer, q As Integer
    Dim a As Integer, m As Integer
    Dim i As Integer, t As Integer
    n = 1
    Do While a <= 1000
        a = _____
        m = 2 ^ (n + 1) - 1
        i = 2
        q = Int(m / 2)
        t = 1
        Do While _____
            If m Mod i <> 0 Then
                i = i + 1
            Else
                t = 0
            End If
        Loop
            If t = 1 Then Print a
            n = n + 1
    Loop
```

（3）下列命令按钮事件过程执行后，输出结果是_____。

```
    Private Sub Command1_Click()
        For m = 1 To 10 Step 2
            a = 10
            For n = 1 To 10 Step 2
                a = a + 2
```

```
                Next n
            Next m
        Print a
    End Sub
```

（4）下面的程序段执行后，x 的值为_____。

```
    x = 0
        For i = 1 To 5
            For j = i To 5
                x = x = 1
            Next j
        Next i
```

（5）下列程序段运行后，输出结果为_____。

```
    b = 1
        Do While b < 40
            b = b * (b + 1)
        Loop
        Print b
```

2. 选择题

（1）设有语句 x＝InputBox（"输入数值"，"0"，"示例"），程序运行后，如果从键盘上输入数值 10 并按回车键，则下列叙述中正确的是_____。

A. 变量 x 的值是数值 10

B. 在 InputBox 对话框标题栏中显示的是"实例"

C. 0 是默认值　　　　　　　　　D. 变量 x 的值是字符串"10"

（2）选择和循环结构的作用是_____。

A. 提高程序运行速度　　　　　　B. 控制程序的流程

C. 便于程序的阅读　　　　　　　D. 方便程序的调试

（3）在单行结构条件语句 If－Then－Else 中，_____。

A. If 后的条件只能是关系表达式或逻辑表达式

B. Else 子句不是可选项

C. Then 后面和 Else 后面只能是一个 Visual Basic 语句

D. Then 后面和 Else 后面可以是多个 Visual Basic 语句

（4）关于循环结构的使用说明，正确的是_____。

A. For－Next 循环不能共用同一个终端语句

B. 任何一种循环都必须有起始语句和终端语句

C. 不能用 While－Wend 语句设计出确定循环次数的循环

D. 循环体没有执行完毕，不能在中途结束循环

(5) 关于 Exit For 的使用说明,正确的是_____。

A. 可以退出任何类型的循环　　　　B. 一个循环中只能有一个这样的语句

C. Exit For 表示返回 For 语句　　　D. 一个 For 循环中可有多条 Exit For 语句

3. 编程题

(1) 给定三角形的三条边长,计算三角形的面积。编写程序,首先判断给出的三条边能否构成三角形,如可以构成,则计算并输出该三角形的面积,否则要求重新输入。

(2) 求 $1 \times 3 \times 5 \times 7 \times \cdots \times (2n-1)$ 大于 400000 的最小值。

(3) 显示所有 100 以内 6 的倍数,并求这些数的和。

(4) 输出 3 到 100 之间的所有奇数,奇数之和。

(5) "水仙花数"是指一个三位数,其各位数的立方和等于该数,如 $153 = 1^3 + 5^3 + 3^3$,编写程序,打印出所有水仙花数。

(6) 求 1000 到 1100 之间的所有素数。

(7) 马克思曾经做过这样一道趣味数学题,有 30 个人在一家小饭馆里用餐,其中有男人、女人和小孩。每个男人花了 3 先令,每个女人花了 2 先令,每个小孩花了 1 先令,一共花去 50 先令。问男人、女人和小孩各有几人?

(8) 用 1、2、3、4 这四个数字组成四位数。编写程序,打印出的所有可能的四位数(四个数可以相同),并统计出所组成的四位数的个数。

第 5 章 数　　组

　　除基本数据类型外，Visual Basic 还提供了数组。利用数组，可以方便灵活地组织和使用数据。本章先介绍数组的概念及其声明，然后介绍静态数组和动态数组的使用，最后介绍了由控件构成的数组。

5.1　数组的概念及其声明

　　前面各章使用的变量均为简单变量。在处理某些实际问题时，使用简单变量很不方便，甚至难以胜任。例如，为了处理 100 个学生某门课程的考试成绩，可以用 s1,s2,…,s100 来分别代表每个学生的分数，其中 s1 代表第一个学生的分数，s2 代表第二个学生的分数……。显然，这样做非常的不方便，要求这些学生各门课程的平均成绩并统计成绩大于平均值的人数，则程序代码将会多的令人难以接受。

　　为了处理此类问题，Visual Basic 中引入了数组。当一系列相同类型的数据需要存储到变量中时，可以使用数组存储，用一个统一的变量名加上一个索引值来存取数据。使用数组可以缩短程序代码、提高程序的可读性和执行效率。

5.1.1　数组与数组元素

　　数组是将若干个具有相同类型的变量组合在一起形成的有序集合。一个数组由多个数组元素组成，每个数组元素中保存一个数据。这些数组元素具有相同的名称，即数组名。要对某一个元素中的数据进行存取，必须指定这个元素在数组中的序号（又称为索引或下标）。每个数组元素，都可以使用数组名与下标来惟一地确定。例如，S(5)代表数组 S 中的第 5 个元素，其中 S 是数组名，5 是下标。

　　关于下标，注意以下几点：

　　(1) 下标必须用括号括起来，S(5)是一个数组元素；而 S5 是一个简单变量。

　　(2) 下标可以是常量、变量或表达式。

（3）下标为整数，否则将自动取整（舍去小数部分）。

（4）下标的最大值和最小值分别称为数组的上界和下界。

5.1.2　数组的类型

与简单变量一样，可以声明任何基本数据类型的数组，以及用户自定义类型和对象类型的数组。例如，数值型数组、字符型数组、日期型数组、布尔型数组等。在同一个数组中，所有元素的数据类型相同（除了 Variant 类型）。

5.1.3　数组的维数

数组的维数用来描述元素在数组中的位置所需的下标个数。一维数组中数组元素用一个下标表示。二维数组中数组元素用两个下标表示。Visual Basic 规定最多可以使用 16 维的数组。数组的类型、维数、每维下标的范围构成数组的三要素。

数组在内存中存放时，首先变化的是最后一维的下标，然后变化倒数第二维的下标。例如，数组 A(4,3) 在内存中的分配如图 5.1 所示。

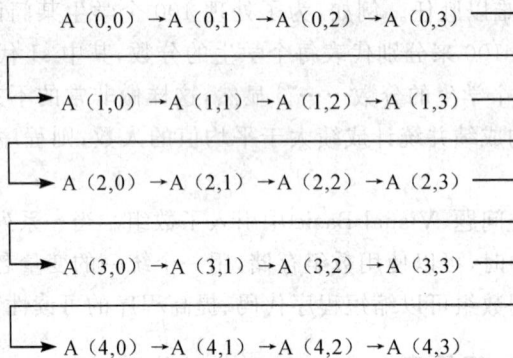

$$A(0,0) \rightarrow A(0,1) \rightarrow A(0,2) \rightarrow A(0,3)$$
$$A(1,0) \rightarrow A(1,1) \rightarrow A(1,2) \rightarrow A(1,3)$$
$$A(2,0) \rightarrow A(2,1) \rightarrow A(2,2) \rightarrow A(2,3)$$
$$A(3,0) \rightarrow A(3,1) \rightarrow A(3,2) \rightarrow A(3,3)$$
$$A(4,0) \rightarrow A(4,1) \rightarrow A(4,2) \rightarrow A(4,3)$$

图 5.1　数组在内存中存放的顺序

例如，记录 30 个学生的 5 门课程的成绩，如表 5.1 所示。

表 5.1　　　　　　　　　　30 个学生的 5 门课程的成绩

	语　文	数　学	外　语	物　理	化　学
学生 1	85	60	55	78	88
学生 2	69	74	80	76	79
学生 3	77	86	72	80	95
⋮	⋮	⋮	⋮	⋮	⋮
学生 30	88	90	75	88	82

如果数组的名称为 S,则用 S(i,j)表示第 i 个学生、第 j 门课程的成绩。

5.2 静态数组

静态数组是指固定大小的数组,类型、维数和大小将不得改变。

5.2.1 静态数组的声明

在使用数组前,必须声明数组。语法如下:

Dim 数组名(维数定义)As 数组类型

说明:

(1)数组名:遵循标准的变量命名约定。

(2)维数定义:指定数组的维数以及各维的范围,其格式如下:

第 1 维下标下界 To 第 1 维下标上界,第 2 维下标下界 To 第 2 维下标上界……

其中,第 i 维下标下界是可选项。当缺省时,下标的下界由 Option Base 语句控制。缺省 Option Base 语句时,则下界的默认值为 0。例如:

Dim a(8) As Integer

'等同于 Dim a(0 To 8) As Integer,数组 a 有 9 个元素 a(0)~a(8)

Dim b(30,5) As Single   '等同于 Dim b(0 To 30,0 To 5) As Single

Option Base 1

Dim a(8) As Integer

'等同于 Dim a(1 To 8) As Integer,数组 a 有 8 个元素 a(1)~a(8)

可以使用具有一定意义的下标,以便于操作。例如:

Dim Student(1980 To 2000) As Integer

通过使用 UBound 和 LBound 函数,可以在程序中获得数组下标的上界和下界,以保证访问的数组元素在合法的范围之内,其格式为:

UBound 数组名,N

LBound 数组名,N

其中,N 为可选项,指定返回哪一维的上界,缺省时,默认值为 1。

在声明数组时,Visual Basic 同时对数组进行初始化,数值型数组的元素值初始化为 0;字符型数组的元素值初始化为空等。

5.2.2 数组的引用

对于数组必须先定义,后使用。对数组元素的操作与对简单变量的操作基本一样,一般只能逐个引用数组元素,而不能一次引用整个数组。

在使用数组时,还需注意以下几点:

(1) 数组名、数组类型和维数必须与数组声明时一致。

(2) 下标值不可越界,要与在声明数组时指定的范围一致。

(3) 在同一过程中,数组与简单变量不能同名。

使用数组可以极大地缩短和简化程序,通常使用 For 循环,通过改变数组元素的下标,对数组元素依次进行处理。

例如,给数组的元素赋初值为 1,可通过以下程序段:

```
For i=1 To 10
    A(i)=1
Next i
```

【例 5.1】 求数组中的最小元素及下标。

新建工程,在窗体的 Form_Click 事件过程中编写代码:

```
Private Sub Form_Click()
    Dim a(1 To 10) As Integer
    Dim min As Integer, p As Integer
    For i = 1 To 10        '数组赋初值
        a(i) = i
    Next i
    min = a(1)
    p = 1
    For i = 2 To 10        '求最小元素及下标
        If a(i) < min Then
            min = a(i)
            p = i
        End If
    Next i
    Print "数组第" & p & "个元素为最小值" & min
End Sub
```

运行程序,在窗体上单击鼠标,窗体上显示:"数组第 1 个元素为最小值 1"。

【例 5.2】 斐波纳奇(Fibonacci)数列问题。

Fibonacci 数列的元素之间满足以下关系:

$$F_1 = 1, F_2 = 1$$

$$F_n = F_{n-1} + F_{n-2}$$

要求单击窗体时,计算数列并用 Print 语句在窗体上显示数列的前 15 项。

新建工程,在窗体的 Form_Click 事件过程中编写代码:

```
Private Sub Form_Click()
Dim F(15) As Integer
Dim i As Integer
F(1) = 1
F(2) = 1
Print F(1)
Print F(2)
For i = 3 To 15
    F(i) = F(i −1) + F(i −2)
    Print F(i)
Next
End Sub
```

运行程序,在窗体上单击鼠标,程序运行结果如图 5.2 所示。

图 5.2　斐波纳奇数列

5.2.3　数组的应用

1. 排序问题

排序是数据处理中最常见的问题,它将一组数据按递增或递减的次序排列。如对一个班级学生的某门课程考试成绩排序、多个商场的日均销售额排序等。排序的算法有很多种,常用的有选择法、冒泡法、插入法等。不同的算法执行的效率不同,适用的场合也不同。由于排序要使用数组,需要消耗较多的内存空间,因此在处理数据量很大的排序时,选择适当的算法是很重要的。

(1)选择排序法。假设有 n 个数,存放在数组 a 中,数组下标从 1 开始,即数组元素分别为 a(1),a(2),……a(n)。选择排序法(设按递增排序)的算法思路是:

① 从数组 a 中选出最小的数,并与 a(1)交换位置。

② 除 a(1)外,从其余 n−1 个数 a(2)~a(n)中选出最小的数,与 a(2)交换位置。

③ 依此类推,进行了 n−1 趟交换后,这个数列已按升序排列。算法流程如图 5.3 所示。

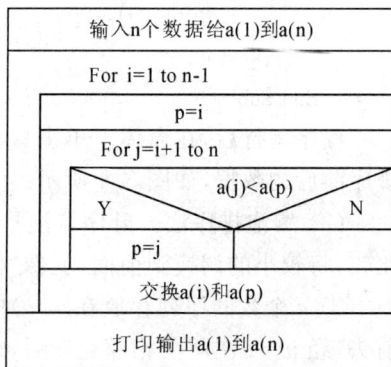

输入n个数据给a(1)到a(n)		
For i=1 to n-1		
p=i		
For j=i+1 to n		
Y　　　　a(j)<a(p)　　　　N		
p=j		
交换a(i)和a(p)		
打印输出a(1)到a(n)		

图 5.3　选择法排序流程图

【**例 5.3**】　由计算机产生 10 个 0～100 之间的随机整数,使用选择法排序,将这些数按递增的顺序排列。

在窗体的 Form_Click()事件过程中添加如下代码:

```
Private Sub Form_Click()
    Dim a(1 To 10) As Integer
    Randomize        '初始化随机数生成器
    Print "排序前数据:"
    For i = 1 To 10
        a(i) = Int(Rnd * 100) + 1      '产生 0～100 的随机数
        Print a(i);
    Next i
    Print
    '选择法排序
    For i = 1 To 9
        p=i       'p用来存放最小数组元素的下标
        For j = i + 1 To 10
            If a(j) < a(p) Then
                    p=j
            End If
        Next j
        t=a(i):a(i)=a(p):a(p)=t
    Next i
    Print "排序后数据:"
    For i = 1 To 10
        Print a(i);
    Next i
End Sub
```

程序运行后,在窗体上单击鼠标,显示排序前后的数据,如图 5.4 所示。

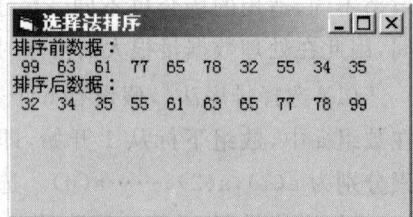

图 5.4　选择法排序程序

(2)冒泡排序法。升序冒泡排序法的基本思想:每次将两两相邻的数进行比较,将较小的调换到前面,就像气泡一样冒出,重的沉在下面。

① n 个数的序列存放在 $a(n)$ 中,第一趟将每相邻的两个数比较,小的调到前头,经 $n-1$ 次两两相邻比较后,最大的数已"沉底",放在最后一个位置 $a(n)$,小数上升"浮起"。

② 第二趟对余下的 $n-1$ 个数（最大数除外）按上述方法比较，经 $n-2$ 次两相邻比较后得到次大的数，放在 $a(n-1)$。

③ 依此类推，共进行了 $n-1$ 趟比较，在第 j 趟中要进行 $n-j$ 次两两比较。算法流程如图 5.5 所示。

冒泡排序法程序如下：

```
Private Sub Form_Click()
    Dim a(1 To 10) As Integer
    Randomize      '初始化随机数生成器
    Print "排序前数据："
    For i = 1 To 10
        a(i) = Int(Rnd * 100) + 1    '产生 0～100 的随机数
        Print a(i);
    Next i
    Print
    '冒泡排序
    For i = 1 To 9
        For j = 1 To 10-i
            If a(j) > a(j+1) Then
                t = a(j)：a(j) = a(j+1)：a(j+1) = t
            End If
        Next j
    Next i
    Print "排序后数据："
    For i = 1 To 10
        Print a(i);
    Next i
End Sub
```

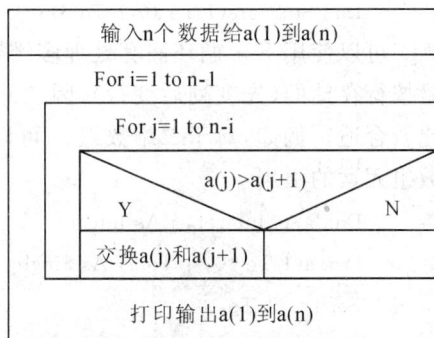

图 5.5　冒泡排序法流程图

2. 二维数组的应用

在解决实际问题时，一维数组往往不够用，这时应该用多维数组来存储数据。例如，需要分别存储 10 名学生的 5 门课程的成绩，可以用二维数组表示如下：

```
Dim StuScore(1 To 10,1 To 5)      '定义 10×5 的二维数组
```

可以使用 For 循环嵌套处理多维数组，由于二维数组中的元素的存储顺序是按行存储的(先变列后变行)，因此外循环对应行的变化，内循环对应列的变化比较合适。例如，对于二维数组 a，可以使用两个循环变量 i 和 j 来计数，实现对数组元素的引用：

```
Dim i As Integer, j As Integer
Dim a(1 To 10，1 To 5) As Single
For i = 1 To 10
    For j = 1 To 5
        a(i, j) = ...
    Next j
Next i
```

【例 5.4】 设定一个 5 行 5 列的矩阵，首先给这个矩阵赋值，其值为对应元素的行坐标和列坐标之和，然后在窗体上以 5 行 5 列的方式输出。

(1) 算法设计。本题须采取双重循环处理，外循环表示行数，内循环表示每行中的每一个元素。在输出时注意每行输完后要换行。

(2) 编写程序代码。在窗体的 Form_Click()事件过程中添加如下代码：

```
Private Sub Form_Click()
    Dim i As Integer, j As Integer
    Dim a(1 To 5, 1 To 5) As Integer
    For i = 1 To 5
        For j = 1 To 5
            a(i, j) = i + j
        Next j
    Next i
    For i = 1 To 5
        For j = 1 To 5
            Print a(i, j);
        Next j
    Print
    Next i
End Sub
```

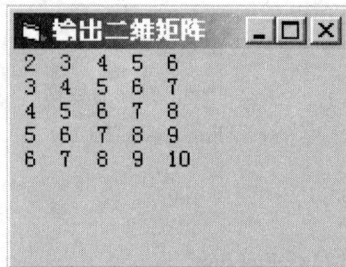

图 5.6　输出二维矩阵

(3) 程序运行。程序启动后，单击窗体，就会在窗体上输出矩阵。程序运行界面如图 5.6 所示。

【**例 5.5**】 随机产生二维数组 a(3,3),使其中每个数组元素均为两位整数,
交换最上边和最下边的两行元素,然后输出交换后的矩阵。

在窗体的 Form_Click() 事件过程中添加如下代码:

```
Private Sub Form_Click()
    Dim a(3, 3) As Integer
    '随机生成矩阵元素,并输出矩阵
    Print "生成矩阵:"
    Randomize
    For i = 0 To 3
        For j = 0 To 3
            a(i, j) = Int(90 * Rnd + 10)
            Print a(i, j);
        Next j
        Print
    Next i
    '交换上下两行
    For j = 0 To 3
        temp = a(3, j)
        a(3, j) = a(0, j)
        a(0, j) = temp
    Next j
    Print
    Print "交换上下两行后的矩阵:"
    For i = 0 To 3
        For j = 0 To 3
            Print a(i, j);
        Next j
        Print
    Next i
End Sub
```

程序启动后单击窗体,程序运行界面如图
5.7 所示。

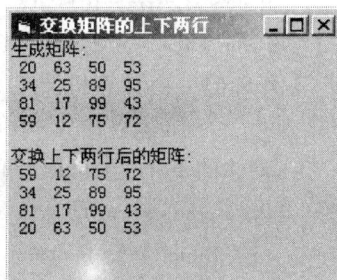

图 5.7 数组的输出

5.3　动态数组

如果希望在运行时能够改变数组的大小(下标范围,即数组元素个数),就要用到动态数组。动态数组是指在运行时大小可以改变的数组。经重新声明后,可以改变数组的大小。例如,"由计算机产生 n 个两位随机整数,并将这些数按由小到大的顺序排列",其中 n 由用户输入。以下为创建动态数组的步骤。

(1) 声明一个空维数组。其格式为:

　　　Dim 数组名() As 数据类型

其中,数据类型可以省略。

(2) 在过程中用 ReDim 语句分配实际的元素个数(维数和每维下标范围)。ReDim 语句的格式与 Dim 语句相同,但不必指定数组的类型,数组的类型应在声明空维数组时确定。ReDim 语句是一个可执行语句,因此只能出现在过程中,并且可以多次使用,改变数据的维数和大小。其格式为:

　　　ReDim Preserve 数组名 (下标 1,下标 2,…)

说明:

① ReDim 语句可以改变数组的维数、上界和下界,但是不能改变数组的类型。

② 执行 ReDim 语句后,原先存储在数组中的数据将全部丢失。为了保留数组中的原有数据,可以在 ReDim 语句中使用 Preserve 关键字,Preserve 参数为可选项。例如:

　　　ReDim Preserve A(1 To 20)

　　　Dim MyArray() As Interger

　　　Redim MyArray(10)

　　　Redim Preserve MyArray(15)

【例 5.6】　由计算机产生 n 个两位随机整数,并将这些数按由小到大的顺序排列。

在窗体的 Form_Click()事件中添加程序代码如下:

```
Private Sub Form_Click()
        Dim a() As Integer      '声明空维数组
        n = InputBox("请输入数据的个数")
        ReDim a(1 To n)      '确定维数及每维下标范围
        '给数组赋值
```

```
Randomize
Print "原始数组："
For i = 1 To n
    a(i) = Int(Rnd * 90) + 10
    Print a(i)
Next i
Print "排序后的数组："
'排序并输出
For i = 1 To n-1
    For j = i+1 To n
    If a(j) > a(j) Then
        t = a(i):a(i) = a(j)：a(j) = t
    End If
    Next j
    Print a(i)
Next i
Print a(n)
End Sub
```

单击窗体后，弹出如图 5.8(a)所示的输入框，要求用户输入元素个数；输入完毕后按"确定"按钮，则程序运行结果如图 5.8(b)所示。

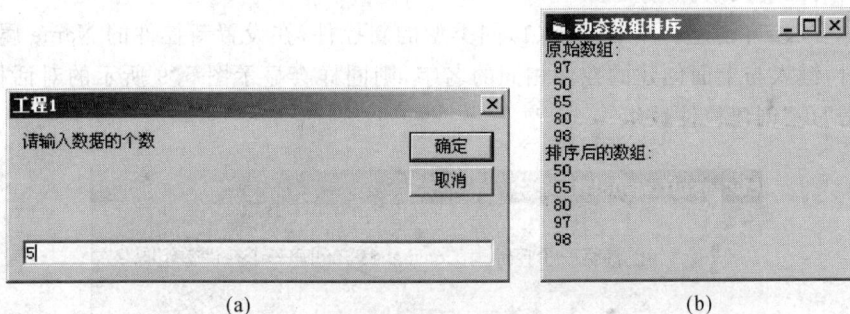

(a)　　　　　　　　　　　　　　　　(b)

图 5.8　动态数组排序

(a) 输入框；(b) 运行结果

5.4　控件数组

　　前面的程序中使用的都是单个控件,编写程序也是针对单个控件编程。实际上 Visual Basic 也可以建立控件数组,以及针对控件数组编程。一般来说,使用控件数组会使程序更简单,编程效率更高。

5.4.1　控件数组的概念

　　控件数组是具有相同名称、类型以及事件过程的一组控件。每一个控件具有一个惟一的索引。在控件数组中可用到的最大索引值为 32767。

　　同一控件数组中的不同元素可有不同的属性值,但数组中的所有控件享有相同的事件过程。

5.4.2　控件数组的建立

1. 设计时创建控件数组

　　设计阶段在窗体中创建控件数组的步骤为:

　　(1) 在窗体上添加一个新的控件(如命令按钮 Command1),以决定控件的类型和控件数组中的第 1 个控件。设置控件的 Name 属性值,为控件命名。

　　(2) 选择以下方法之一创建控件数组。

　　方法一:选定控件,单击"复制"按钮,再单击"粘贴"按钮,则显示如图 5.9 所示对话框,单击"是",则创建一个控件数组。以后可以根据需要向控件数组中添加新的控件元素。

　　方法二:创建一个与步骤(1)同类型的新控件,在设置新控件的 Name 属性值时,键入与上面创建的控件相同的名字,则同样会显示图 5.9 所示的对话框,单击"是"创建控件数组。

图 5.9　创建控件数组对话框

方法三:直接将步骤(1)创建的控件的 Index 属性指定为 0,然后按照方法一和方法二创建控件数组中的成员,不会有对话框出现。

2. 运行时添加控件数组成员

控件数组必须是设计时创建的,在程序运行时,可以通过 Load 方法向控件数组中添加新的控件成员,并设置其属性值;也可以通过 Unload 方法删除控件数组中的控件。Load 方法和 Unload 方法的格式是:

Load 控件数组名(Index)

Unload 控件数组名(Index)

其中,Index 为控件数组元素的下标。

【例 5.7】 建立有一个成员的命令按钮数组 cmdButton。程序运行时,如果单击设计时绘制的命令按钮,将动态地为 cmdButton 数组添加一个元素,并设置新元素的 Caption 值为"我是克隆品",如果单击动态产生的命令按钮,则不会创建新的命令按钮,并在对话框中显示"请不要用克隆品克隆"。

(1)建立用户界面。根据题意,在窗体 frmClone 中添加命令按钮控件 cmdButton,并根据表 5.2 设置窗体和控件属性。

表 5.2 对象属性设置

对 象 名	属 性	值
frmClone	Caption	"控件数组"
cmdButton	Caption	"我是正品"
	Index	0

(2)编写程序代码。在命令按钮的 cmdButton_Click 事件过程中添加代码:

```
Private Sub cmdButton_Click(Index As Integer)
    Static k As Integer
    If Index = 0 Then
        k = k + 1
        Load cmdButton(k)       '添加控件元素
        With cmdButton(k)
            . Visible = True
            . Left = cmdButton (k - 1). Left + cmdButton (k - 1). Width
            . Top = cmdButton (k - 1). Top
            . Caption = "我是克隆品"
        End With
```

```
        Else
            MsgBox ("请不要用克隆品克隆")
        End If
    End Sub
```

（3）程序运行。初始界面如图 5.10(a)所示，每次单击"我是正品"按钮，则复制一个按钮，复制的按钮上显示"我是克隆品"，图 5.10(b)是单击两次正品按钮后的情况。单击"我是克隆品"的按钮，则弹出"请不要用克隆品克隆"，如图 5.10(c)所示。

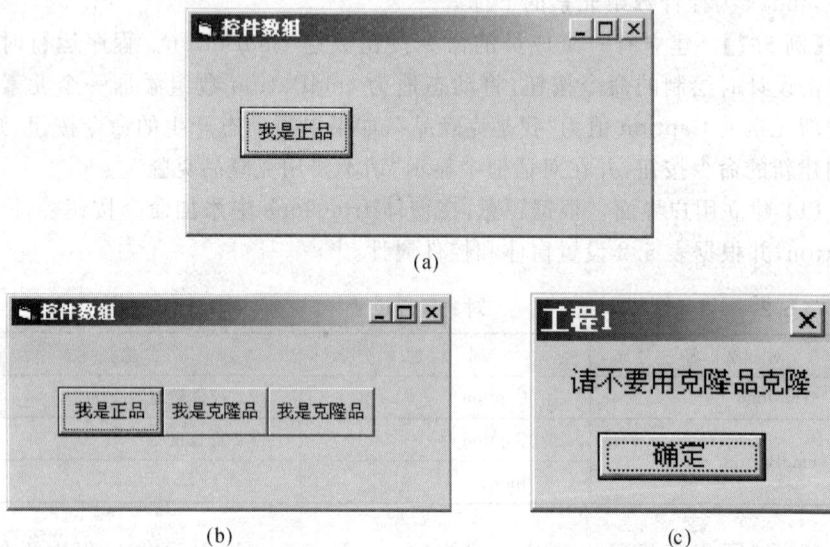

图 5.10　程序运行情况
(a) 初始界面；(b) 单击两次"我是正品"按钮；(c) 单击"我是克隆品"按钮

程序中的"Static k As Integer"将 k 定义为静态变量，每次调用 cmdButton_Click 时，k 的值保留上次该子程序运行时的结果，不被重新初始化。即在程序运行过程中，每次调用 cmdButton_Click 事件过程，k 的值不断累加。

本章小结

数组是一组相同类型的变量的有序集合，数组中的每个数据称为数组的元素，元素在数组中按线性排列。

Visual Basic 中的数组，按不同的方式可分为以下几类：按数组元素的个数是否可以改变，可分为静态数组和动态数组；按数组元素的数据类型，可分为数值型数组、字符串数组、日期型数组等。按数组的维数,可分为一维数组、二维数组和多维数组。另外,当数组的元素为对象时,称为对象数组,例如控件数组、菜单数组等。

习　题　5

1. 选择题

(1) Dim a120(10 To 20)所定义的数组元素个数是＿＿＿＿。

A. 11　　　　　B. 20　　　　　C. 30　　　　　D. 10

(2) Dim abc(5)所定义的数组元素个数是＿＿＿＿。

A. 5　　　　　B. 6　　　　　C. 4　　　　　D. 10

(3) 下列程序

```
Option Base 1
Private Sub Form_Click()
    Dim a(20)
    For k=1 To 20
        a(k)=k^2
    Next k
    Print a(k)
End Sub
```

运行时输出的结果是＿＿＿＿。

A. 400　　　　B. 20　　　　　C. 441　　　　D. 出错信息

(4) 下列程序

```
Option Base 1
Private Sub Form_Click()
    Dim a
    a=array(1,5,"abcde")
    For i=1 To 3
        Print a(i);
    Next i
End Sub
```

运行时输出的结果是＿＿＿＿。

A. 1　5 abcde　　B. 1　5″abcde″　　C. 出错信息　　D. 1
　　　　　　　　　　　　　　　　　　　　　　　　　　5
　　　　　　　　　　　　　　　　　　　　　　　　　abcde

（5）下列程序

```
Option Base 1
Private Sub Command1_Click()
    Dim arr(5) as string
        For i=1 To 5
            arr(i)=chr(asc("a")+(i-1))
        Next i
        For each b1 in arr
            Print b1；
        Next
    End Sub
```

运行时输出的结果是_____。

A. ABCDE　　　　　B. abcde　　　　　C. 出错信息　　　　D. 1 2 3 4 5

2. 填空题

（1）给定程序，其功能是建立并输出除主、副对角线上的元素为 0 外，其余元素都为 1 的方阵，在横线处填入适当内容，将程序补充完整。

```
Option Base 1
Private Sub Command1_Click()
Dim a(10,10)
For i=1 To 10
    For j=_____
        If _____ Then a(i,j)=0 Else a(i,j)=1
    Next j
Next i
For i=1 To 10
    For j=1 To 10
        Print a(i,j)；
    Next j
    _____
    Next i
    End Sub
```

（2）给定程序，其功能是输出一组数的最大值及最小值，在横线处填入适当内容，将程序补充完整。

```
Private Sub Command1_Click()
    x=array(-112,18,20,-5,-100,82,91,56,78,99,100)
```

```
max=x(0)
min=x(0)
For i=1 To 10
    If x(i)>max Then
        _____
    End If
    If x(i)<min Then
        _____
    End If
Next i
Print "max=";max, "min=";min
End Sub
```

（3）下面的程序中用选择交换法将 10 个数排成升序，请在横线处填入适当内容，将程序补充完整。

```
Option Base 1
Private Sub Command1_Click()
Dim arr
arr=array(123,96,42,39,22,14,7,4,0,-7)
Print "data befor sorting："
For i=1 To 10
    Print arr(i);
Next i
Print
For i=_____
    k=i
    For j=_____
        If arr(k)>arr(j) Then _____
    Next j
    If k<>i Then
        w=arr(k)
        arr(k)=arr(i)
        arr(i)=w
    End If
Next i
```

```
Print "data after sorting："
For i＝1 To 10
    Print arr(i)；
Next i
Print
End Sub
```

3. 编程题

（1）从键盘上输入 10 个数，并放入一个一维数组中，然后将其前 5 个元素与后 5 个元素对换：第 1 个元素与第 10 个元素互换，第 2 个元素与第 9 个元素互换……第 5 个元素与第 6 个元素互换。分别输出数组原来各元素的值和对换后各元素的值。

（2）设有 A、B 两组数据：

A：2，8，7，6，4，28，70，25

B：79，27，32，41，57，66，78，80

编写一个程序，把上面两组数据分别读入两个数组中，然后把两个数组中对应下标的元素相加，即 2＋79，8＋27……25＋80，并把相应的结果放入第三个数组中，最后输出第三个数组的值。

（3）编写程序，实现矩阵转置，即将一个 n×m 矩阵的行和列互换。

第6章 过 程

使用过程是实现结构化程序设计思想的重要方法。结构化程序设计思想的要点之一就是对一个复杂的问题采用模块化,即把一个较大的程序划分为若干个模块,每个模块中代码又分为相互独立的过程,每个过程完成一个特定的任务。本章首先介绍了 Visual Basic 过程的概念和分类,然后重点介绍了通用过程的使用方法,最后介绍了变量和过程的作用域。通过本章的学习,可以优化Visual Basic 程序,提高编程的效率。

6.1 过程概述

在一个较大的 Visual Basic 程序中,常常需要完成许多功能,这些功能是彼此相对独立的,可以用不同的程序段来实现。Visual Basic 语言的程序设计过程如同搭积木一样,是由若干个子程序按照一定的方式有机组合而成的。其中每一个程序段都称为一个过程,每个过程都有一个名字,每个过程既可以调用其他过程,也可以被其他过程调用。使用过程不但可以使程序变得简练,而且有利于程序的调试和维护。

Visual Basic 中有三种主要的过程,它们分别是:子程序过程(Sub Procedure)、函数过程(Function Procedure)和属性过程(Property Procedure)。

本章重点介绍 Sub 过程和 Function 过程。

6.2 Sub 过程

当有几个不同的事件过程需要执行相同的操作时,为了简化程序,可以将公用的语句放入一个单独的 Sub 过程中,并由各个事件过程中的代码来调用它。这样,一方面避免了重复编写代码,提高了编程效率;另一方面也有利于程序的维护。

Sub 过程不与任何的特定事件相联系，只能由别的过程来调用，它可以存储在窗体或标准模块中。

在 Visual Basic 中，有两类 Sub 过程：事件过程和通用过程。

6.2.1 事件过程

Visual Basic 是事件驱动的，当用户对一个对象发生动作时，会产生一个事件，自动地调用与该事件相关的事件过程。例如，对象的事件有单击（Click）、双击（DblClick）、内容改变（Change）等，前面已介绍了很多这样的例子。事件过程是在响应事件时执行的程序代码，分为窗体事件过程和控件事件过程。

1．窗体事件过程

窗体事件的过程名由窗体名称、下划线"_"和事件名组合而成，格式如下：

Private Sub Form_事件名（形参表）

　　程序段

End Sub

2．控件事件过程

控件事件过程的名称由控件名称、下划线"_"和事件名组合而成，格式如下：

Private Sub 控件名称_事件名（形参表）

　　程序段

End Sub

例如，一个名称为"Command1"的命令按钮的单击事件名称为 Command1_Click( )。

实际应用中，虽然用户可以自己键入事件过程名，但在"代码编辑器"窗口中让系统自动产生更为方便，并且不易出错。事件过程由 Visual Basic 创建，是附加在窗体和控件上的，用户不能增加或删除。

6.2.2 通用 Sub 过程的定义

建立 Sub 过程的方法有两种：一种是利用代码窗口直接定义；另外一种是通过菜单命令方式建立。

1．利用代码窗口直接定义

在窗体或标准模块的代码窗口中，把光标放在所有现有过程之外，键入如下声明的 Sub 过程的语法：

Private|Public Static Sub 过程名（形参表）

　　语句块

　　Exit Sub

语句块

End Sub

说明：

（1）Private。可选项，声明模块级过程，表示只有在声明它的模块中才可以调用此过程。

（2）Public。可选项，声明全局级过程，表示在应用程序的所有模块中都可以调用，Public 默认值可以省略。

（3）Static。可选项，声明的过程级变量成为静态的，无论在声明变量时使用的是 Dim 还是 Static。这样，可以使过程中的变量在此过程的多次调用之间保留其值。

（4）过程名。必选项，每个通用过程都有一个过程名，与事件过程名不同，通用过程的名称在满足 Visual Basic 对变量命名的规范下可以任意指定。

（5）形参表。可选项，Sub 过程可以没有形参，也可以有一个或多个形参，若有多个形参，形参应用逗号隔开。形参的语法为：

形参 1 As 类型名 ，形参 2 As 类型名 ，…

形参被看作过程级变量，如果省略"As 类型名"，默认为 Variant 类型。

（6）语句块。一组语句序列，用来实现 Sub 过程的功能。

（7）Exit Sub。退出 Sub 过程。

【例 6.1】　编写一个 Sub 过程，交换两个整型变量的值。

```
Private Sub Swap(x As Integer，y As Integer)
    Dim temp As Integer
    temp＝x：x＝y：y＝temp
End Sub
```

2. 使用"添加过程"对话框

使用"添加过程"对话框可以创建子过程。

（1）打开代码编辑窗口。

（2）单击"工具"菜单中的"添加过程"命令，可以打开"添加过程"对话框，如图 6.1(a)所示。

（3）在"添加窗口"对话框中，在"名称"文本框中给要建立的过程命名，例如 Fact；在"类型"组中选择"子程序"单选按钮；在"范围"组中选择范围，相当于使用 Public 或 Private 关键字。

（4）单击"确定"按钮，生成一个过程模板，代码窗口如图 6.1(b)所示，输入程序代码即可建立一个 Sub 过程。

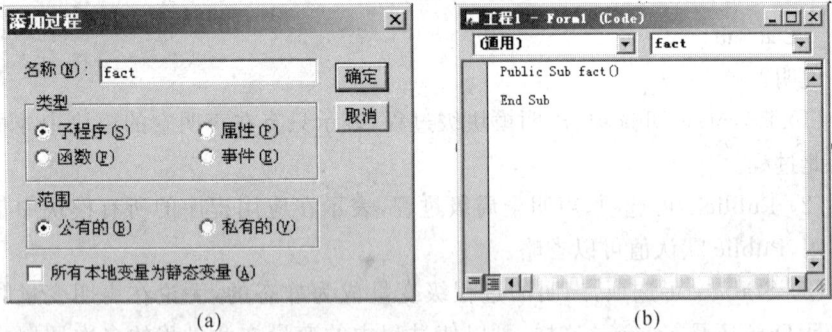

(a)   (b)

图 6.1　定义 Sub 过程

(a) 添加过程对话框；(b) 过程模板

6.2.3　Sub 过程的调用

定义好一个 Sub 过程之后，要让其执行，就必须在其他过程中对此过程进行调用。调用 Sub 过程有两种方法。

（1）使用 Call 语句。语法格式如下：

    Call 过程名（实参表）

（2）直接使用过程名。语法格式如下：

    过程名 实参表

说明：

① 过程名。必选项，是要调用 Sub 过程的名称。

② 实参表。可选项，传送给 Sub 过程的信息，可以是常量、变量或表达式，各参数之间用逗号分隔。

③ 当用 Call 语句调用过程时，其过程名后必须加括号，若有参数，其参数必须放在括号之内；若省略 Call 关键字，则过程名后不能加括号，若有参数，则参数直接跟在过程名之后。例如，以下两个语句都能调用 Fact Sub 过程：

    Call Fact（x，y）

或

    Fact x，y

其中 x，y 是实际参数。

每次调用过程都会执行 Sub 和 End Sub 之间的语句组。Sub 过程从 Sub 开始，以 End Sub 结束。当程序遇到 End Sub 时，退出过程，立即返回到调用语句的后续语句。

6.2.4　Sub 过程使用示例

【例 6.2】　编写一个 Sub 过程,计算 N 个数的和,即 $1+2+\cdots+N$,并通过命令按钮的单击事件调用该过程计算 $S=1+(1+2)+(1+2+3)+\cdots+(1+2+\cdots+K)$。

（1）题目分析。用 Sub 过程计算 $1+2+\cdots+N$,首先需要设参数 N,另外需要引入一个参数 Sum,用于返回累加和的值。

（2）用户界面设计。在新建窗体 frmSum 上添加两个标签 Label1、Label2,两个文本框 txtInput、txtResult 和一个命令按钮 cmdCompute,并按表 6.1 所示设置窗体和各控件属性。

表 6.1　　　　　　　　　　　　　　对象属性设置

对　象　名	属　　　性	值
frmSum	Caption	"子过程示例"
Label1	Caption	"请输入 K 的值:"
Label2	Caption	"S="
txtInput	Text	清空
txtResult	Text	清空
cmdCompute	Caption	"计算 S 的值"

（3）编写程序代码。在代码窗口的通用段中添加如下代码:

```
Public Sub Add(n As Integer, Sum As Integer)
    Dim j As Integer
    Sum = 0
    For j = 1 To n
        Sum = Sum + j
    Next j
End Sub
```

在命令按钮 cmdCompute 的 Click 事件过程中添加如下代码:

```
Private Sub cmdCompute_Click()
    Dim Number As Integer, Sum As Integer, i As Integer
    Dim Result As Long
    Result = 0
```

```
        Number = Val(txtInput. Text)
        For i = 1 To Number
            Call Add(i, Sum)
            Result = Result + Sum
        Next i
        txtResult. Text = Result
    End Sub
```

运行程序,在 txtInput 中输入 K 的值,单击命令
按钮,可计算出 S 的值。运行结果如图 6.2 所示。

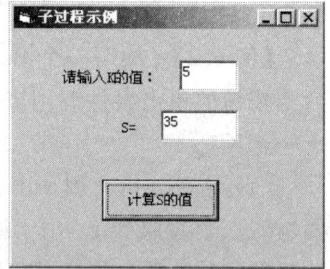

图 6.2　程序运行结果

6.3　Function 过程

Visual Basic 中包含了许多内部函数,用户在编写程序时,只需给出函数名
并给定参数就能得出函数值。但是,如果用户在程序中需要多次用到某一公式
或要处理某一函数关系,而没有现成的函数可用时,用户就需要自己编写 Func-
tion 过程来完成这些处理。

　　与 Sub 过程一样,Function 过程也是一个独立的过程,可读取参数,执行一
系列语句并改变其参数的值。与 Sub 过程不同的是,Function 过程可返回给调
用过程一个值。

6.3.1　Function 过程的定义

Function 过程的定义与 Sub 过程相似,可以在编辑窗口中直接输入过程代
码,也可以使用"添加过程"对话框。

　　1. 在代码编辑窗口输入

定义 Function 过程的语法格式为:

Private|Public Static Function 函数名（形参表）As 数据类型

　　　　语句块

　　　　Exit Function

　　　　语句块

　　　　函数名＝表达式

End Function

说明:

（1）As 数据类型:可选项,指定函数返回值的数据类型。省略时,函数返回

Variant 类型的值。

（2）表达式的值是函数返回的结果。通过赋值语句将 Function 过程的返回值赋给函数名。如果在 Function 过程中省略了"函数名＝表达式"，则该过程返回一个默认值：数值型 Function 过程返回 0；字符串型 Function 过程返回空字符串。

（3）语句组中可以用一个或多个 Exit Function 语句从 Function 过程中退出。

（4）其他部分的含义与 Sub 过程相同。

【例 6.3】　编写计算 $N!$ 的 Function 过程。

代码如下：

```
Function Fact(n As Integer) As Long
    Dim s As Long，i As Integer
    s = 1
    For i = 1 To n
       s = s * i
    Next i
    Fact = s
End Function
```

2. 使用"添加过程"对话框

建立方法和 Sub 过程类似，若要建立一个用于求阶乘的通用函数 Fact，打开"添加过程"对话框，在"名称"文本框中键入过程名"Fact"，在"类型"组中选择"函数"项，如图 6.3(a)所示。单击"确定"按钮，即可产生如图 6.3(b)所示的函数框架。

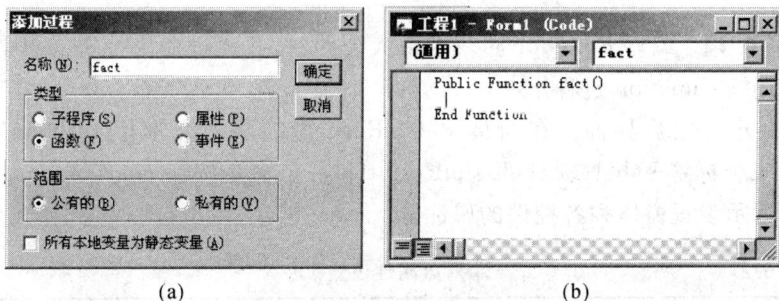

图 6.3　定义 Function 过程
(a) 添加过程对话框；(b) 函数框架

通常，由系统自动产生的 Function 过程框架还需要进行适当修改。由于 Function 过程有返回值，这个值就应该属于某种数据类型，因此，还需要在过程名后面加上对其返回值类型定义和说明。另外，为了获得传递过来的参数，还需要定义接受参数的变量等。

6.3.2 Function 过程的调用

1. 直接调用

Function 过程的调用很简单，与使用 Visual Basic 内部函数一样，可以在表达式中直接写上它的名字。例如，假设已经编写有计算阶乘的 Function 过程 Fact( )，直接调用方法为：

```
y＝fact(10)＋1
```

2. 用 Call 语句调用

调用 Function 过程与调用 Sub 过程一样，下面的代码都能调用同一个 Function 过程：

```
Call Fact(10)
```

或

```
Fact 10
```

当用这种方法调用函数时，Visual Basic 放弃返回值。

3. 无参函数的调用

函数可以没有参数，调用无参函数总是得到一个固定值，如下述无参函数：

```
Function a
    a = "ABCD"
End Function
```

6.3.3 Function 过程使用示例

【例 6.4】 编写 Function 过程求最大公约数，并通过命令按钮的单击事件过程调用该 Function 过程。

（1）建立用户界面。在窗体上 frmFunc 添加两个文本框 txtNum1、txtNum2，三个标签 Label1、Label2、lblResult 和一个命令按钮 cmdCompute，并按表 6.2 所示设置窗体和各控件的属性。

表 6.2　　　　　　　　　　对象属性设置

对 象 名	属 性	值
frmFunc	Caption	"求最大公约数"
txtNum1	Text	清空
txtNum2	Text	清空

对 象 名	属 性	值
Label1	Caption	"和"
Label2	Caption	"的最大公约数是:"
lblResult	Caption	清空
	BorderStyle	1—Fixed Single
cmdCompute	Caption	求最大公约数

（2）编写程序代码。在代码窗口通用段添加如下代码：

```
'定义求最大公约数的函数过程 hcf
Function hcf(m As Integer，n As Integer)
    Dim r As Integer
    r = m Mod n
    Do While r <> 0
        m = n
        n = r
        r = m Mod n
    Loop
    hcf = n
End Function
```

在命令按钮 cmdCompute 的 Click 事件过程中调用子定义 Function 过程：

```
Private Sub cmdCompute_Click()
    Dim m As Integer，n As Integer
    m = Val(txtNum1. Text)
    n = Val(txtNum2. Text)
    lblResult. Caption = Str(hcf(m，n))
End Sub
```

（3）运行程序。在文本框内输入要求公约数的两个数字，单击命令按钮，如图 6.4 所示，就可以得到结果。

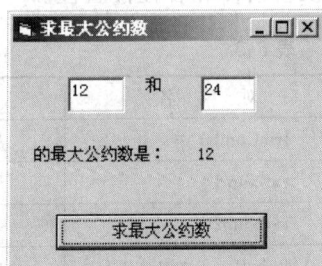

图 6.4　求最大公约数

6.4　过程的嵌套与递归调用

在一个过程（Sub 过程或 Function 过程）中调用另外一个过程，称为过程的嵌套调用;过程直接或间接调用其自身,则称为过程的递归调用。

6.4.1　过程的嵌套调用

在 Visual Basic 中,不能嵌套定义过程,也就是在定义过程时,一个过程内不能包含另外一个过程。但是,可以嵌套调用过程,即在调用时,主程序可以调用子过程,在子过程中还可以调用另外的子过程,这种程序的结构称为过程的嵌套调用。图 6.5 说明了过程的嵌套调用,图中标号标明了执行顺序。

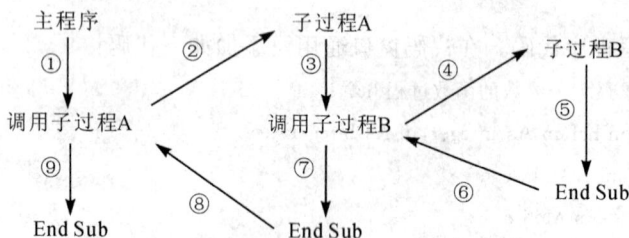

图 6.5　过程的嵌套调用

【例 6.5】　输入参数 n, m,求组合数 C_n^m。

(1)题目分析。求组合数用 Function 过程 Comb 来实现;求阶乘 $n!$ 则由另一个 Function 过程 fact 来实现。在执行 Comb 的 Function 过程中要多次调用 fact 函数,即嵌套调用过程。

(2)设计用户界面。在窗体 frmCombo 中添加两个文本框 txtNum1、txtNum2,两个标签 Label1、lblResult 和一个命令按钮 cmdCompute,并按表 6.3 所示设置窗体和各控件属性。

表 6.3　　　　　　　　　　　　对象属性设置

对　象　名	属　　性	值
frmCombo	Caption	"计算组合数"
txtNum1	Text	清空
txtNum2	Text	清空
Label1	Caption	"C"
lblResult	Caption	"清空"
cmdCompute	Caption	"计算组合数"

(3)编写程序代码。在代码框的通用段中添加如下代码:

```
'求阶乘的函数过程代码
Private Function fact(x) As Long
```

```
    Dim p As Long
    p = 1
    For i = 1 To x
        p = p * i
    Next i
    fact = p
End Function
'求组合的函数过程代码
Private Function comb(n，m) As Long
    comb = fact(n) / (fact(m) * fact(n − m))
End Function
```

在命令按钮 cmdCompute 的 Click 事件中添加代码：

```
Private Sub cmdCompute_Click()
    Dim m As Integer，n As Integer
    m = Val(txtNum1. Text)
    n = Val(txtNum2. Text)
    If m > n Then
        MsgBox "输入数据错误!"，0，"请检查!"
        Exit Sub
    End If
    lblResult. Caption = "组合数是:" & comb(n，m)
End Sub
```

（4）运行程序。运行程序,在文本框中分别输入参数 n 和 m,则输出组合数。如果 $m > n$,则弹出消息框,提示输入数据错误。运行界面如图 6.6 所示。

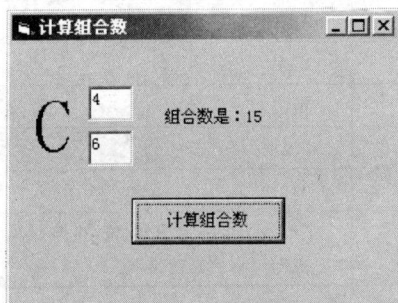 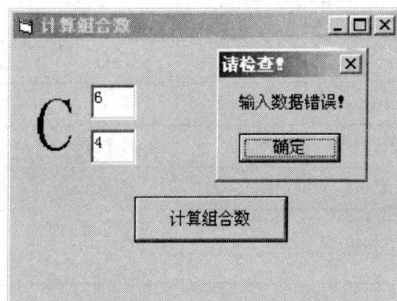

(a)　　　　　　　　　　　　　(b)

图 6.6　程序运行界面

(a) 输出组合数；(b) 弹出消息框

6.4.2　过程的递归调用

过程可以直接或间接地调用自身,称为递归调用。图 6.7(a)所示为直接调用,图 6.7(b)所示为间接调用。

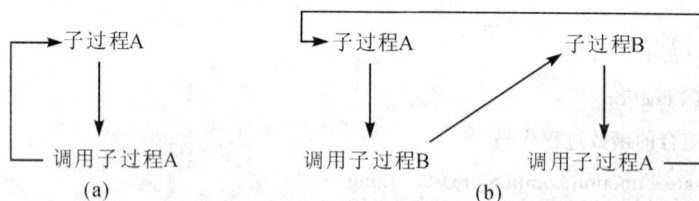

图 6.7　过程的递归调用

递归算法的实质是将原有的问题分解为新的问题,而解决新问题又用到了原有问题的解法。按照这一原则分解下去,每次出现的新问题都是原问题的简化子集,而最终分解出来的新问题,是一个已知解的问题。递归调用必须是有限的,无限的递归调用永远得不到解,没有实际意义。

【例 6.6】　用递归方法求 $n!$。

(1) 题目分析。求自然数 n 的阶乘可递归定义为:

$$n! = \begin{cases} 1 & n=1 \\ n \times (n-1)! & n>1 \end{cases}$$

(2) 用户界面设计。在窗体 frmRecursion 中添加两个文本框 txtNum、txtResult,一个框架 Frame1 和两个标签 Label1、Label2,并按表 6.4 设置各控件属性。

表 6.4　　　　　　　　　　　属性设置

控　件	属　　性	值
frmRecursion	Caption	"递归调用"
txtNum	Text	清空
txtResult	Text	清空
Frame1	Caption	"说明"
Label1	Caption	"! ="
Label2	Caption	"输入一个小于 20 的整数,按回车键即可得到其阶乘"

(3) 在代码窗口通用段中添加如下代码:

```
' 定义求阶乘的递归函数过程
```

```
Private Function fact(n) As Long
    If n > 1 Then
        fact = n * fact(n - 1)
    Else
        fact = 1
    End If
End Function
```

在文本框的键盘事件过程 txtNum_KeyPress 中添加代码:

```
Private Sub txtNum_KeyPress(KeyAscii As Integer)
    Dim n As Integer, m As Double
    If KeyAscii = 13 Then
        n = Val(txtNum. Text)
        If n < 0 Or n > 20 Then
            MsgBox ("非法数据!")
            Exit Sub
        End If
        m = fact(n)
        txtResult. Text = m
        txtNum. SetFocus
    End If
End Sub
```

(4) 运行程序。在文本框 txtNum 中输入数字并按回车键,就会在 txtResult 文本框中显示计算结果,如图 6.8 所示。

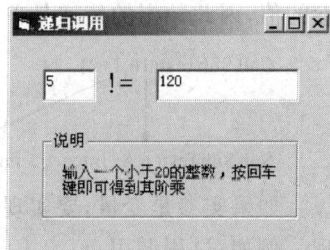

图 6.8　递归调用程序

说明:当 $n > 1$ 时,在过程中调用 fact 过程,参数为 $n-1$。例如,$n=5$,求 fact(5)变成求 $5 \times$ fact(4);求 fact(4)变成求 $4 \times$ fact(3);… 当 $n=1$ 时,fact 的值为 1,递归结束,其结果为 $5 \times 4 \times 3 \times 2 \times 1$。

6.5　参数传递

调用过程的目的是:在一定条件下要完成某一工作或计算某一函数值,外界需要把条件告诉过程,反过来过程也需要把某些结果报告给外界,这就是过程与外界的数据传递。

过程与外界的数据传递方式有两种:通过非局部变量传递和通过参数传递。在过程中使用非局部变量,就是直接处理外界变量。由于这种处理在过程内、外都能使用,数据传递不成问题。下面主要讨论参数传递问题。

6.5.1　形参和实参

形参是在 Sub 过程、Function 过程的定义中出现的变量名,实参则是在调用 Sub 过程、Function 过程是传送给 Sub 过程和 Function 过程的常量、变量、表达式或数组。

程序在调用通用过程时,要把语句中的"实参"依次传递给被调用的"形参",然后执行被调用过程中的语句。形参相当于过程中的过程级变量,参数传递相当于给变量赋初值。过程结束后程序返回到调用它的过程中继续执行。

在 Visual Basic 的过程调用中,参数的传递有两种模式:按值传递和按地址传递。

6.5.2　按值传递和按地址传递

1. 按值传递

按值传递是指实参把其值传递给形参而不传递形参的地址。在这种情况下,Visual Basic 给形参分配一个临时的存储单元,把需要传递的实参复制到这个临时存储单元中。在子过程执行过程中,形参值的改变不会影响主程序中实参的值,因此数据的传递是单向的。例如:

```
Call SubTest(10,1+2)



Sub SubTest( n As Integer,Sum As Single)
```

如果实参是变量,要实现按值传递需要在形参之前通过关键字 ByVal 来实现。例如,过程调用:

```
Call SubTest(a, s)
```

过程定义:

```
Sub SubTest(By Val n As Integer, Sum As Single)
```

其中,子过程 SubTest 的参数 n 前面有 ByVal 关键字,表明该参数采用按值传递方式传递数据,在子过程 SubTest 中改变形参 n 的值不会影响调用过程中相应的实参 a 的值。

例如,设定义了以下过程:

```
Sub SS(ByVal X, ByVal Y, ByVal Z)
    X = X + 1
    Y = Y + 1
    Z = Z + 1
End Sub
```

而某命令按钮 cmdOk 的 Click 事件过程如下:

```
Private Sub cmdOk_Click()
    A = 1: B = 2: C = 3
    Call SS(A, B, C)
    Print A, B, C
End Sub
```

运行时,单击命令按钮,程序在窗体上打印:

    1   2   3

在命令按钮 cmdOk 的 Click 事件过程中,执行 Call SS(A, B, C)语句时,A、B、C 以按值传递的方式分别与形参变量 X、Y、Z 结合,在 SS 过程中改变了变量 X、Y、Z 的值,但从 SS 过程返回时,这些值不会影响调用过程中 A、B、C 的值,因此打印的 A、B、C 的值与执行 Call 语句之前相同。

2. 按地址传递

按地址传递即指将实参的内存地址传给形参,使形参和实参具有相同的地址。这就意味着,形参与实参共享同一存储单元。当实参为变量或数组时,形参使用关键字 ByRef 定义(或省略),表示要按地址传递。当参数是数组时,数组名之后必须使用一对空的圆括号。

按地址传递可以实现调用过程与子过程之间数据的双向传递。例如,定义以下 SS 过程,使用 ByRef 表示按地址传递(ByRef 也可以省略):

```
Sub SS(ByRef X, ByRef Y, ByRef Z)
    X = X + 1
    Y = Y + 1
    Z = Z + 1
End Sub
```

而某命令按钮的 Click 事件过程如下:

```
Private Sub cmdOk_Click()
    A = 1: B = 2: C = 3
    Call SS(A, B, C)
```

```
    Print A，B，C
End Sub
```

运行时,单击命令按钮在窗体上打印:

　　　2　　　　　　　　3　　　　　　　　4

本例中,实参表与形参表的对应元素共享存储单元,如图 6.9 所示。由于形参与实参共占同一存储单元,如果形参的值改变了,实参的值也就随之改变。

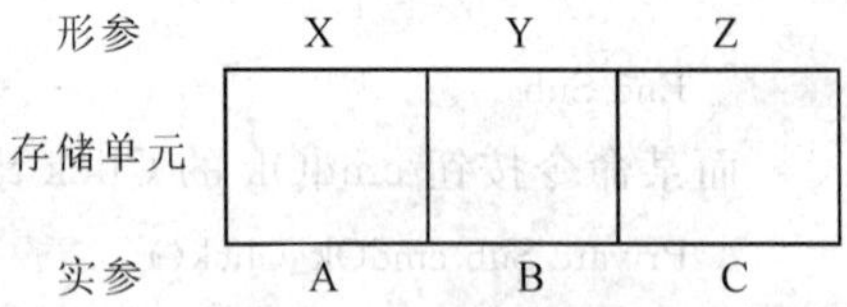

【例 6.7】　编写一个计算乘幂的 Function 过程,用来计算 x 的 y 次幂,其中 $y>0$。单击窗体时调用该过程打印 5^1、5^2、5^3、5^4、5^5 的值。

图 6.9　按地址传递的存储单元分配图

代码如下:

```
Function Power(x As Single，ByVal y As Integer) As single
    Dim result As Single
    result = 1
    Do While y > 0
        result = result * x
        y = y - 1
    Loop
    Power = result
End Function


Private Sub Form_Click()
    Dim i As Integer
    For i = 1 To 5
        Print Power(5，i)
    Next i
End Sub
```

本例中,过程 Power 的参数 y 使用了 ByVal 关键字,即按值传递。如果取消该关键字,请读者思考会出现什么情况。

6.5.3　使用参数

1. 使用可选的参数

在声明一个过程时,Visual Basic 允许在形参前面使用 Optional 关键字把它设为"可选参数"。如果一个过程的某个形参为可选参数,则调用此过程时可以不提供对应于这个形参的实参。如果一个过程有多个形参,当它的一个形参设定为可选参数,这个形参之后所有的形参都应该用 Optional 关键字定义为可选参数。

未提供实参的形参在调用时被赋以形参类型的默认值。

例如,下面的事件过程在调用一个具有可选参数的过程时,省略了相应的实参。

```
Private Sub cmdCall_Click()
        Call MySub("abcd")    '省略了第二个实参
    End Sub
    Sub MySub(val1 As String, Optional val2 As Integer)    '第二个实参可选
        txtVal1. Text = val1
        txtVal2. Text = val2    'val2 的值为 0
    End Sub
```

程序运行后,文本框 txtVal1 的内容为"abcd",文本框 txtVal2 的内容为 0。

调用一个具有多个可选参数的同时,可以省略它的任意一个或多个可选参数。如果被省略的不是最后一个参数,它的位置要用逗号保留。如 Call Sub1(int1,,int2)表明省略了第二个参数。

如果一个可选参数没有被省略,则调用的过程与一般参数相同。Optional 关键字可以与 ByVal、ByRef 关键字同时修饰一个形参。

2. 提供可选参数的默认值

前面讲过,一个可选参数被省略时,调用时根据它的数据类型赋给形参默认值。如果在省略一个可选参数时,希望能够赋给形参一个其他特定的值,就要给可选参数设定默认值。

可以在声明过程时,通过给可选参数赋值的方法来设定其默认值。若调用此过程时未提供相应实参的值,则会以它的默认值来调用。例如:

```
Private Sub cmdCall_Click()
        Call MySub("abcd")
    End Sub
    Sub MySub(val1 As String, Optional val2 As Integer = 10)    '给可选参数设定默认值
        txtVal1. Text = val1
        txtVal2. Text = val2    'val2 取默认值 10
    End Sub
```

程序运行后,文本框 txtVal1 的内容为"abcd",文本框 txtVal2 的内容为 10。

设定默认值时要注意,赋值号要放在类型名称的后面。

6.5.4　用数组作为参数

整个数组可以作为一个实参传递给过程,但是要求过程在声明时相应的形参应加空括号表明是数组。调用时,相应的实参必须写上所要传递的数组的名称和一对圆括号。数组作参数时必须是按地址传递的,不能使用 ByVal 关键字修饰。形参数组与实参数组的数据类型应一致。

【例 6.8】　编写三个 Sub 过程:LetArray 过程产生[0,99]之间的随机整数,并赋值给一维数组,SortArray 过程实现数组从大到小排序,PrintArray 过程实现数组的输出为每 4 个元素排列成 1 行。并完成过程的调用。

```
Sub LetArray(Value() As Integer)
    Dim i As Integer, n As Integer
    Randomize
    n = UBound(Value)        'UBound 函数返回数组的上界
    For i = 1 To n
        Value(i) = Int(100 * Rnd)
    Next i
End Sub
Sub SortArray(Value() As Integer)
    Dim i As Integer, j As Integer, n As Integer, t As Integer
    n = UBound(Value)
    For i = 1 To n - 1
        For j = i + 1 To n
            If Value(i) < Value(j) Then
                t = Value(i)
                Value(i) = Value(j)
                Value(j) = t
            End If
        Next j
    Next i
End Sub
Sub PrintArray(Value() As Integer)
    Dim i As Integer, n As Integer
    n = UBound(Value)
```

```
        For i = 1 To n
            Print Value(i)
            If i Mod 4 = 0 Then Print
        Next i
    End Sub
    Private Sub Form_Click()
        Dim Value(20) As Integer
        Call LetArray(Value())
        Print "排序前:"
        Call PrintArray(Value())
        Call SortArray(Value())
        Print "排序后:"
        Call PrintArray(Value())
    End Sub
```

如果实参是一个动态数组,则相应的形参也可以被看做动态数组,在子过程中可以使用 ReDim 语句重新定义。因为数组是按地址传递的,所以在子过程中改变数组维数、下标上下界以及元素值时,也改变了调用过程的数组。

6.6　变量与过程的作用域

在创建 Visual Basic 应用程序时,通常应先设计代码的组成结构,一般情况下,Visual Basic 将代码存储在窗体模块、标准模块和类模块三种不同的模块之中,这三种模块都可以包含各种声明和过程,它们形成了工程的模块层次结构,有利于组织和维护,"工程资源管理器"窗口可以显示一个工程的组成模块。例如,图 6.10 所示为某工程的模块结构。

1. 窗体模块

每个窗体对应一个窗体模块,在窗体内可以包含窗体和其他控件对象的属性设置、各种声明、各种过程等。

2. 标准模块

在设计较大的应用程序时,可能需要多个窗体,每个窗体中都有自己的过程。常常会有多个不同的窗体都使用的过程,为了读写方便和减少工程的代码,就需要创建标准模块,在标准模块内创建这些公用过程。任何窗体或模块中的事件过程或其他过程都可以调用标准模块内的过程。

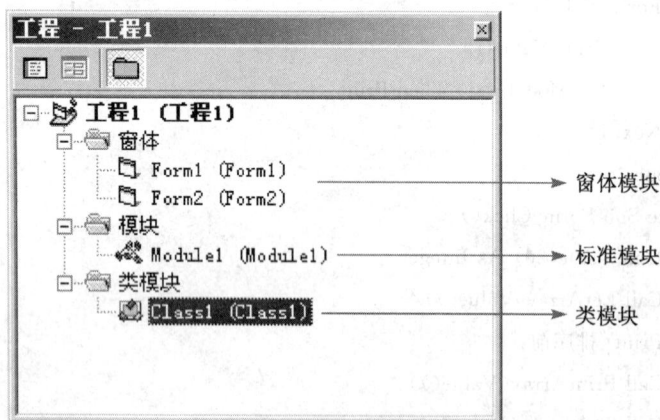

图 6.10　工程模块结构图

　　（1）在工程中添加标准模块的方法。单击"工程"→"添加模块"菜单命令，调出"添加模块"对话框，从中选择"新建"选项卡，再选中"模块"图标，然后单击"打开"按钮，即可以在当前工程中创建一个新的标准模块，同时打开标准模块的代码窗口。

　　（2）标准模块的代码窗口内可以创建公用的通用过程，但不能创建事件过程。在默认时，标准模块的代码是公有的。从一个模块中调用另一个模块的公有过程时，要在过程名前加模块名。

　　3. 类模块

　　用户可以在类模块中编写代码建立新对象，这些对象可以包含自定义属性和方法，可以在应用程序内的过程中使用。实际上，窗体模块本身就是这样一种类模块。类模块和窗体模块的区别是：类模块含代码和数据，标准模块只含有代码。

　　在工程中添加类模块的方法：单击"工程"→"添加类模块"菜单命令，调出"添加类模块"对话框，从中选择"新建"选项卡，再选中"类模块"图标，然后单击"打开"按钮，即可以在当前工程中创建一个新的类模块，同时打开类模块的代码窗口。

6.6.1　变量的作用域

　　变量的作用域是指变量能被某一过程识别的范围，它决定了哪些 Sub 过程和 Function 过程可以访问该变量。

　　根据变量的作用域，变量可以分为三种类型：局部变量、模块级变量和全局变量。这三种变量的具体特点如表 6.5 所示。

表 6.5 变量的作用域

变量类型	局部变量	模块级变量	全局变量
作用域	所在过程	所在窗体或模块	整个应用程序
声明关键字	Dim、Static	Dim、Private	Public
声明位置	在过程中	在窗体/模块的通用声明段	在窗体/模块的通用声明段
被本模块的其他过程存取	不可以	可以	可以
被其他模块的过程存取	不可以	不可以	可以

1. 局部变量

局部变量是指在过程内部用 Dim 或 Static 语句声明的变量,或不加声明直接使用的变量,它只能在本过程中使用,别的过程不可访问。例如:

```
Dim m as integer
Static n as single
```

局部变量随过程的调用而分配存储单元,并进行变量初始化,在此过程中进行数据存取,一旦过程结束,变量的内容自动消失,占用的存储单元释放。

在编写一个较复杂的程序时,可能有多个过程或函数,一个过程内部使用的局部变量,无论如何处理都不会影响到外界的其他过程。这样就可以使编写过程代码时把注意力集中在这一相对独立的子过程内,提高程序的开发效率。使用局部变量允许在不同的过程中使用相同名称的变量,彼此互不干扰。

【例 6.9】 局部变量示例:根据窗体的事件代码和通用过程,分析输出结果。

窗体 Form 的 Click 事件代码如下:

```
Private Sub Form_Click()
    Dim m As Integer, n As Integer        '声明局部变量
    m = 20: n = 30
    Print
    Print Tab(31); "m"; Tab(41); "n"
    Print
    Print Tab(5); "调用子过程 test 前变量的值"; Tab(30); m; Tab(40); n
    Call test
    Print Tab(5); "调用子过程 test 后变量的值"; Tab(30); m; Tab(40); n
End Sub
```

通用过程代码如下:

```
Sub test()
    Dim m As Integer, n As Integer        '声明局部变量
```

```
        m = 1：n = 2
        Print Tab(5)；"子过程 test 中变量的值"；Tab(30)；m；Tab(40)；n
End Sub
```

　　此程序运行结果如图 6.11 所示，由结果可以看出，子程序和主程序的变量名虽然相同，但它们彼此互不干扰。

　　2. 模块级变量

　　模块级变量是指在一个模块的任何过程外，即在通用声明段用 Private 或 Dim 语句声明的变量，可被模块中的任何过程访问。例如，在一个模块的通用段中声明如下：

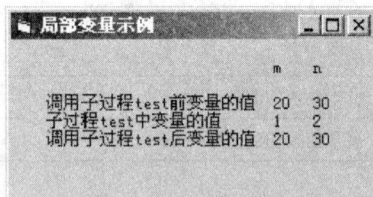

图 6.11　程序运行结果

```
        Dim m as integer
        Private n as single
```

　　注意：在模块的通用段中声明使用 Private 或 Dim 作用相同，为了和局部变量区分，使用 Private 可以增加程序的可读性。

　　【例 6.10】　模块级变量示例：根据窗体的事件代码和通用过程，分析输出结果。

　　在通用段中声明：

```
        Private m As Integer，n As Integer      '声明模块级变量
```

　　窗体 Form 的 Click 事件代码如下：

```
Private Sub Form_Click()
        m = 20：n = 30
        Print
        Print Tab(31)；"m"；Tab(41)；"n"
        Print
        Print Tab(5)；"调用子过程 test 前变量的值"；Tab(30)；m；Tab(40)；n
        Call test
        Print Tab(5)；"调用子过程 test 后变量的值"；Tab(30)；m；Tab(40)；n
End Sub
```

　　通用过程代码如下：

```
Sub test()
        m = 1：n = 2
        Print Tab(5)；"子过程 test 中变量的值"；Tab(30)；m；Tab(40)；n
End Sub
```

此程序运行结果如图 6.12 所示,可以看
出模块级分别在两个过程中被访问。

　　3. 全局变量

　　全局变量是指在标准模块任何过程或函
数外,即在通用声明段中用 Public 语句声明的
变量,可以被应用程序的任何过程或函数访
问。例如,在通用段中声明如下:

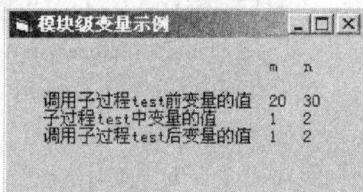

图 6.12　程序运行结果

　　　　Public m as integer

　　全局变量的值在整个应用程序中始终不会消失和重新初始化,只有当整个
应用程序执行结束时,才会消失。如果在子过程中改变了全局变量,在子过程运
行结束后,其值会被带回主程序。虽然应用全局变量方便,但在程序中有可能会
使变量被无意修改,导致程序失败。

6.6.2　变量的生存期

　　变量除了有作用范围,还有自己的生存期,假设过程内有一个变量,当程序
运行进入该过程时,要分配给该变量一个内存单元,一旦程序退出该过程,变量
占有的内存单元释放,这就是变量的生存期。

　　根据变量的生存期,把变量分为两种:静态变量(Static)和动态变量(Dy-
namic)。静态变量不释放内存单元,动态变量释放内存单元。

　　(1)静态变量。当程序运行进入该变量所在的子过程,修改变量值后,退出
该子过程,其值仍被保留,当以后再次进入该子过程时,原来的变量值还可以继
续使用。使用 Static 关键字在过程中声明的局部变量,就属于静态变量。

　　(2)动态变量。当程序运行进入该变量所在的子过程时,系统才分配给该
变量一定的内存单元,退出该过程后,该变量占用的内存单元自动释放,其值不
被保留。使用 Dim 关键字在过程中声明的局部变量,就属于动态变量。

　　【例 6.11】　变量的生存期示例:运行下列程序代码,分析运行结果。

窗体 Form 的 Click 事件代码如下:

```
Private Sub Form_Click()
    Dim i As Integer
    For i = 1 To 4        '通过循环调用通用过程 tests 四次
        tests
    Next i
End Sub
```

通用过程代码如下:

```
Sub tests()
    Dim a As Integer，x As String      '声明动态变量
    Static b As Integer，y As String    '声明静态变量
    a = a + 1
    b = b + 1
    x = x & "*"
    y = y & "*"
    Print
    Print Tab(5)；"a=";a,"b=";b,"x=";x,"y=";y
End Sub
```

运行此程序，结果如图 6.13 所示

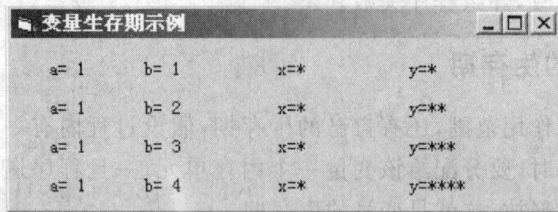

图 6.13　程序运行结果

由此可以看出，在过程 tests 中，变量 a 和变量 x 是动态变量，每次调用时都被重新初始化为 0 或""，所以它们每次的值都相同；变量 b 和变量 y 是静态变量，每次调用时都会使用上一次保留的值，所以它们每次的值都不相同。

6.6.3　过程的作用域

在 Visual Basic 中，根据过程被允许访问的范围不同，可以将过程的作用域分为两类：模块级和全局级。两类过程的作用域和调用规则如表 6.6 所示。

表 6.6　　　　　　　　　　　　　过程的作用域

作用范围	模块级		全局级	
	窗体	标准模块	窗体	标准模块
定义方式	过程名加 Private		过程名前加 Public 或默认	
能否被本模块其他过程调用	能	能	能	能
能否被本应用程序其他过程调用	不能	不能	能，但必须在过程名前加窗体名	能，但过程名必须惟一，否则要加标准模块名

1. 模块级过程

模块级过程是指在某个窗体或标准模块内定义的过程,这种过程只能被所在窗体或标准模块中的过程调用。不可以被本应用程序中的其他窗体或标准模块内的过程调用。定义 Sub 过程或 Function 过程时,使用 Private 关键字可定义模块级过程。例如:

```
Private Sub my(m As Integer)
    ...
End Sub
```

2. 全局级过程

全局过程是指在窗体或标准模块内定义的过程,其默认是全局的,也可以加 Public 进行说明。全局级过程可供该应用程序的所有窗体和所有模块中的过程调用,但根据过程所处的位置不同,其调用方式有所不同。

(1) 在窗体模块定义的过程。外部过程均可调用,但在外部过程调用时,必须在过程名前加上该过程所处的窗体名称。例如:

```
Call Form1. QJ( A)
```

其中,Form1 是窗体名称,QJ 是过程名,A 是实参。

(2) 在标准模块定义的过程。外部过程均可调用,但要在外部过程调用时,过程名必须是惟一的,否则应加标准模块名。例如:

```
Call Bas1. QJ(B)
```

其中,Bas1 是模块名称,QJ 是过程名,B 是实参。

可以将子过程放入标准模块、类模块和窗体模块中,按照默认规定,所有模块中的子过程均为 Public,在应用程序中可以随处调用它们。如使用 Private 关键字,只有该过程所在的模块中的程序才能调用它;如使用 Static 关键字,该过程中变量的值在整个程序运行期间都存在,即在每次调用该过程时,各局部变量的值一直存在;如果省略 Static 关键字,则当该过程结束时释放其中变量的存储空间。

本章小结

过程是实现结构化程序设计思想的重要方法,使用过程不但可以使程序变的简练,而且有利于调试和维护。

Visual Basic 中有三种主要的过程,它们分别是:事件过程、通用过程和属性过程。函数是一个具有返回值的过程。在一个过程中调用另外一个过程,称为过程的嵌套调用;而过程直接或间接调用其自身,则称为过程的递归调用。根据过程被允许访问的范围不同,可以将过程的作用域分为两类:模块级和全局级。

  在 Visual Basic 的过程调用中,参数的传递有两种模式:按值传递和按地址传递。

  变量的作用域是指变量能被某一过程识别的范围,根据变量的作用域,变量可以分为三种:局部变量、模块级变量和全局变量。

  变量的生存期是指从变量被分配内存单元到释放内存单元的期间。根据变量的生存期,可把变量分为两种:静态变量(Static)和动态变量(Dynamic)。静态变量在程序执行过程中不释放内存单元,动态变量释放内存单元。

习 题 6

1. 填空题

  (1) 在 Visual Basic 过程调用中,参数的传送方式分为两种,即_____和_____。

  (2) 在窗体上放置一个命令按钮,其名称为 Command1,然后编写如下程序:

```
Private Sub Command1_Click()
    Dim a As Integer, b As Integer
    a = 100
    b = 200
    Print M(a, b)
End Sub
Function M(x As Integer, y As Integer) As Integer
    M = IIf(x > y, x, y)
End Function
```

  程序运行后,单击命令按钮,输出结果为_____。

  (3) 在窗体上放置一个文本框和一个标签,其名称分别为 Text1 和 Label1,然后编写如下程序:

```
Private Sub Text1_Change()
    Label1.Caption = "Visual Basic 6.0"
End Sub
Function fun(s As Integer)
    For i = 1 To s
        Sum = Sum + i
    Next i
    fun = Sum
End Function
Private Sub Form_Click()
```

```
Text1. Text = Str(fun(5))
```

End Sub

程序运行后,单击窗体,则在文本框中显示的内容是_____,标签中显示的内容是_____。

(4) 在窗体放置一个命令按钮,名称为 Command1,并编写程序如下:

```
Private Sub Command1_Click()
    Call sum(3, 4, 5)
End Sub
Sub sum(a As Integer, y As Integer, z As Integer)
    Print x + y + z
End Sub
```

程序运行后,单击命令按钮,输出结果是_____。

2. 选择题

(1) 下列关于函数的说法中正确的是_____。

A. 函数名在过程中只能被赋值一次。

B. 如果在函数体内没有给函数名赋值,则该函数无返回值。

C. 如果在定义函数时没有说明函数的类型,则该函数无类型。

D. 利用 Exit Function 语句可以强制退出函数。

(2) 运行下列程序后,单击窗体,则输出结果是_____。

```
Private Sub Form_Click()
    Dim n As Integer
    n = 5
    Print p1(n)
End Sub
Private Function p1(n As Integer) As Integer
    If n < 1 Then
        p1 = 0
    Else
        p1 = p1(n - 1) + n
    End If
End Function
```

A. 120　　　　B. 25　　　　C. 15　　　　D. 10

(3) 设有如下函数:

```
Public Function f(x As Integer)
    Dim y As Integer
    x = 20: y = 2
    f = x * y
```

```
End Function
```
在窗体上放置一个名称为 Command1 的命令按钮,然后编写如下事件过程:
```
Private Sub Command1_Click()
    Static x As Integer
    x = 10: y = 5
    y = f(x)
    Print x; y
End Sub
```
程序运行后,单击命令按钮,则在窗体上显示的内容是_____。

A. 10　5　　　　　B. 20　5　　　　　C. 20　40　　　　　D. 10　40

(4) 运行下面程序后,由键盘为变量 load 提供的数据为 20,输出结果为_____。
```
Private Sub Form_Click()
    Dim load As Integer
    load = InputBox("请输入一个整数:")
    fee = wei(load) — load
    Print fee, load
End Sub
Function wei(load)
    If load < 20 Then
        Money = load / 2
    Else
        Money = 10 + load
    End If
    wei = Money
End Function
```
A. 10　　10　　　B. 20　　20　　　C. 10　　20　　　D. 显示出错信息

(5) 以下程序的功能是根据公式 $S=1-1/3+1/5-1/7+ \cdots +1/(2n+1)$ 计算有限项之和,请填空。
```
Private Sub Form_Click()
    Dim n As Integer
    n = Val(InputBox("请输入项数:"))
    Print fun(n)
End Sub
Private Function fun(n As Integer) As String
    s = 0
    f = -1
    For i = 0 To n
```

```
       f = -1 * f
       w = _____①_____
       s = s + w
     Next i
     _____②_____ = s
     End Function
```

①　A. $-f*(2*i+1)$　　　B. $f/(2*i+1)$　　C. $f*(2*i+1)$　　D. $-f/(2*i+1)$

②　A. fun(n as integer)　　B. fun(n)　　　　C. fun　　　　　　D. return

3. 编程题

(1) 编写函数过程 Function S(m As Integer, n As Integer) As Integer,此函数返回 m+mm+mmm+…+mmm…m(n 个 m)的值。例如,S(3,4)的返回值就是 3+33+333+ 3333 的值。

(2) 编制随机函数,产生 30 个 1 到 100 之内的随机数。

(3) 一个小球从 100 m 高处自由落下,落到水平面后又反弹,每次反弹的高度是前一次高度的一半,编写函数 T(n as integer)as single,返回值为第 n 次反弹到最高点时所经过的总路程($n \geqslant 1$)。

(4) 已知 $g(x,y) = \begin{cases} \dfrac{f(x+y)}{f(x)+f(y)} & x \leqslant y \\ \dfrac{f(x-y)}{f(x)+f(y)} & x > y \end{cases}$

其中 $f(t)=(1+e^{-t})/(1+e^{t})$,求 $g(2.5,3.4)$,$g(1.7,2.5)$ 和 $g(3.8,2.9)$ 的值。

(5) 编写判断素数的 Sub 过程或 Function 过程,验证哥德巴赫猜想:一个不小于 6 的偶数可以表示为两个素数之和,例如,6=3+3,8=3+5,10=3+7,…。

(6) 用递归的方法编写函数求 n 阶勒让德多项式的值,在主程序中实现输入、输出。递归公式为:

$$p_n(x) = \begin{cases} 1 & (n=0) \\ x & (n=1) \\ ((2n-1)x p_{n-1}(x) - (n-1)p_{n-2}(x))/n & (n>1) \end{cases}$$

(7) 两个数的最大公约数可用以下递归公式计算得出:

$$a \text{ 和 } b \text{ 的最大公约数} = \begin{cases} a & b=0 \\ b \text{ 与 } (a\%b) \text{ 的最大公约数} & b>0 \end{cases}$$

用递归过程编写程序求 a 和 b 的最大公约数。

第7章　用户界面高级编程

　　本章论述用户界面高级编程,介绍了 Windows 程序中的常用控件、菜单及多文档界面的设计和编程。各部分内容都通过具体的实例进行了描述,介绍了用其进行应用程序设计的步骤、方法和有关的技巧等。利用用户界面高级编程技巧,再配合其他章节中的相关知识,就可以编写出功能完善、齐全,界面友好的应用程序。

7.1　滚动条控件

　　在项目列表很长或者信息量很大时,需要使用滚动条来协助观察数据或确定位置,可以将滚动条控件与某些不支持滚动的控件配合使用,给它们提供滚动观察的功能。滚动条还可以作为输入设备或者速度、数量的指示器来使用,比如可以用滚动条来控制计算机的音量,或者查看定时处理中已用的时间等。

　　滚动条控件有水平滚动条(HScrollBox)和垂直滚动条(VScrollBox)。水平滚动条和垂直滚动条仅控制滚动的方向不同,它们的属性和事件都是完全相同的。

　　滚动条控件在窗体上的形式如图 7.1 所示。

图 7.1　水平滚动条和垂直滚动条

7.1.1　滚动条控件的属性

　　1. Name 属性

Name 属性用于惟一标识滚动条控件的对象名,在运行时只读。

　　2. 与位置有关的属性

Left、Top、Width 和 Height 属性,用于指示滚动条控件在容器上显示的位置和尺寸大小,其坐标刻度单位取决于容器对象的 ScaleMode 属性的设置。

3. 与行为有关的属性

(1) Enabled 属性。Enabled 属性决定滚动条控件在运行时有效或无效,取值为 True 或 False。

(2) Visible 属性。Visible 属性决定滚动条控件在运行时可见或隐藏,取值为 True 或 False。

4. 与滚动有关的属性

(1) Value 属性。Value 属性是滚动条控件最重要的属性,它返回或设置滚动条的当前值,即滚动滑块的位置。拖动滚动滑块、单击滚动箭头或单击滚动条两端的空白区域时,都会改变这个属性的值。其返回值介于 Max 和 Min 属性之间。

(2) Max 属性。Max 属性返回或设置当滚动滑块处于底部(垂直滚动条)或最右(水平滚动条)位置时,滚动条控件 Value 属性的值。即滚动条滚动范围的上限,也是 Value 属性的最大值。取值范围是 $-32768\sim +32767$ 之间的整型数,默认值为 32767。

(3) Min 属性。Min 属性返回或设置当滚动滑块处于顶部(垂直滚动条)或最左(水平滚动条)位置时,滚动条控件 Value 属性的值。即滚动条滚动范围的下限,也是 Value 属性的最小值。取值范围是 $-32768\sim +32767$ 之间的整型数,默认值为 0。

(4) LargeChange 属性。LargeChange 属性返回或设置当用户单击滚动条和滚动箭头之间的区域时,滚动条控件 Value 属性值的改变量。取值范围是 $1\sim +32767$ 之间的整型数,默认值为 1。

(5) SmallChange 属性。SmallChange 属性返回或设置当用户单击滚动条两端的箭头时,滚动条控件 Value 属性值的改变量。取值范围是 $1\sim +32767$ 之间的整型数,默认值为 1。

7.1.2 滚动条控件的方法

1. Move 方法

Move 方法用于移动控件,其格式为:

对象名 Move left, top, width, height

其中,参数 left、top 指滚动条控件移动到的目标坐标位置,width、height 指滚动条控件移动后的新的宽度和高度。

2. SetFocus 方法

SetFocus 方法用于将焦点移动到滚动条控件。

7.1.3　滚动条控件的事件

1. Change 事件

当滚动条的 Value 属性值发生变化时,触发 Change 事件。引起 Value 属性改变的原因可能有:拖动滚动条的滚动框部分、单击滚动箭头、单击滚动条两端的空白区域,或在程序中通过代码改变了 Value 属性的值。Change 事件过程可协调各控件间显示的数据或使它们同步。滚动条不支持 Click 或 DblClick 事件。

2. Scroll 事件

当拖动滚动条控件上的滚动框时,触发此事件。Scroll 事件与 Change 事件不同,在使用鼠标拖动滚动框的过程中,会连续地发送多个 Scroll 事件。

3. 键盘事件

键盘事件包括 KeyDown、KeyUp 和 KeyPress 事件。按下一个键时持续发生 KeyDown 和 KeyPress 事件,松开时发生 KeyUp 事件。

4. 与焦点有关的事件

与焦点有关的事件是 GotFocus 事件和 LostFocus 事件。GotFocus 事件在对象获得焦点时产生,LostFocus 事件在对象失去焦点时发生。

【例 7.1】　滚动条示例程序。

(1) 用户界面设计。在窗体 frmScroll 上放置名为 txtChange 和 txtScroll 的两个文本框,一个名为 VScroll1 的垂直滚动条,并为 txtChange 和 txtScroll 分别添加标签 Label1、Label2,如图 7.2 所示。

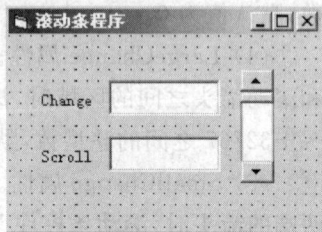

按照表 7.1 设置窗体和控件的属性。

图 7.2　滚动条程序

表 7.1　　　　　　　　　　　　　对象属性设置

对 象 名	属 性	值
frmScroll	Caption	"滚动条程序"
txtChange	Text	清空
txtScroll	Text	清空
Label1	Caption	"Change"
Label2	Caption	"Scroll"

对　象　名	属　　性	值
VScroll1	Max	100
	Min	0
	LargeChange	10
	SmallChange	1

（2）编写程序代码。编写滚动条的事件过程：

```
Private Sub Form_Load()
    txtChange. Text = VScroll1. Value
    txtScroll. Text = VScroll1. Value
End Sub

Private Sub VScroll1_Change()
    txtChange. Text = VScroll1. Value
End Sub

Private Sub VScroll1_Scroll()
    txtScroll. Text = VScroll1. Value
End Sub
```

（3）运行程序。尝试拖动滚动条的滚动框部分、单击滚动箭头、单击滚动条两端的空白区域,观察文本框中的内容是如何变化的。

【例 7.2】　设计一个如图 7.3 所示的调色板应用程序。

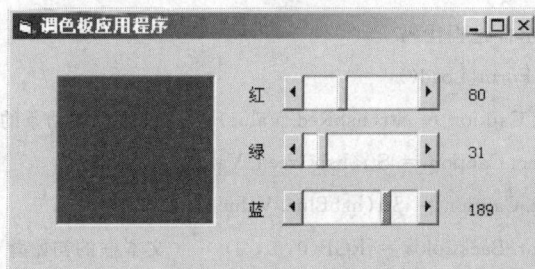

图 7.3　调色板程序

（1）用户界面设计。该程序利用三个滚动条作为三种基本颜色红、绿、蓝的输入工具,合成的颜色显示在左边的颜色区。颜色区实际上是一个文本框,用合成的颜色设置其 BackColor 属性。根据图 7.3 所示的运行界面,在窗体 frmColor 上放置一个文本框控件 txtColor,三个滚动条控件 hsbRed、hsbGreen、hsbBlue,以及六个标签控件 Label1~Label3、lblRed、lblGreen、lblBlue。其中 Label1、Label2 和 Label3 用于显示滚动条控件表示的颜色,lblRed、lblGreen、lblBlue 则显示当前对应的各颜色值。窗体及各个控件的属性设置如表 7.2 所示。

表 7.2　　　　　　　　　　窗体及控件属性设置

对　象　名	属　　性	值
frmColor	Caption	"调色板应用程序"
txtColor	Text	清空
Label1	Caption	"红"
Label2	Caption	"绿"
Label3	Caption	"蓝"
hsbRed	Max	255
	Min	0
hsbGreen	Max	255
	Min	0
hsbBlue	Max	255
	Min	0

(2) 编写程序代码。程序代码如下:

```
Dim r As Integer
Dim g As Integer
Dim b As Integer
'窗体 Load 事件过程代码
Private Sub Form_Load()
    lblRed. Caption = Str(hsbRed. Value)      '种颜色滚动条的初始值
    lblGreen. Caption = Str(hsbGreen. Value)
    lblBlue. Caption = Str(hsbBlue. Value)
    txtColor. BackColor = RGB(0, 0, 0)      '文本框的初始背景颜色为黑色
End Sub


'"红色"滚动条
```

```
Private Sub hsbRed_Change()
    r = hsbRed. Value
    lblRed. Caption = Str(hsbRed. Value)      '显示"红色"滚动条的值
    txtColor. BackColor = RGB(r, g, b)        '重置文本框背景色
End Sub


'"绿色"滚动条
Private Sub hsbGreen_Change()
    g = hsbGreen. Value
    lblGreen. Caption = Str(hsbGreen. Value)     '显示"绿色"滚动条的值
    txtColor. BackColor = RGB(r, g, b)        '重置文本框背景色
End Sub


'"蓝色"滚动条
Private Sub hsbBlue_Change()
    b = hsbBlue. Value
    lblBlue. Caption = Str(hsbBlue. Value)     '显示"蓝色"滚动条的值
    txtColor. BackColor = RGB(r, g, b)        '重置文本框背景色
End Sub
```

【例7.3】　用控件数组实现例7.2程序功能。

（1）用户界面设计。根据图7.3所示的运行界面，在窗体frmColor上放置一个文本框控件txtColor，三个标签控件Label1～Label3，以及包含三个元素的滚动条控件数组hsbColor(Index)，和包括三个元素的标签控件数组lblColor(Index)，用于显示当前对应的各颜色值。窗体及各个控件的属性设置如表7.3所示。

表7.3　　　　　　　　　　　　对象属性设置

对　象　名	属　　　性	值
frmColor	Caption	"调色板应用程序"
Label1	Caption	"红"
Label2	Caption	"绿"
Label3	Caption	"蓝"
hsbColor(Index)	Max	255
	Min	0
lblColor(Index)	Caption	ColorValue

（2）编写程序代码。程序代码如下：

```
Private Sub Form_Load()
    '显示三种颜色滚动条的初始值
    lblColor(Index). Caption = Str(hsbColor(Index). Value)
    '文本框的初始背景颜色为黑色
    txtColor. BackColor = RGB(0, 0, 0)
End Sub


Private Sub hsbColor_Change(Index As Integer)
    '重置文本框背景色
    txtColor. BackColor=RGB(hsbColor(0). Value,hsbColor(1). Value,hsbColor(2). Value)
End Sub
```

可以看到，使用控件数组，可以使程序编写起来更方便、更容易，避免出现雷同程序，可以提高程序设计效率，也使程序易于维护。

7.2　框架控件

　　框架（Frame）控件是一个左上角有标题文字的方框，它的主要作用是对窗体上的控件进行视觉上的分组，使窗体上的内容更有条理。图 7.4 中显示的对话框上有"字体"、"风格"两个框架。

　　框架控件是容器控件，可以将其他控件添加到框架控件的内部，通过框架对它们统一管理。对框架的操作也是对其内部控件的操作，框架内所有的控件将随框架一起移动、显示、消失和屏蔽。

　　需要注意的是，如果在框架外添加一个控件，并通过拖动鼠标的方式把它移动到框架所在区域内，那么添加的控件将在框架上部，而不属于框架。

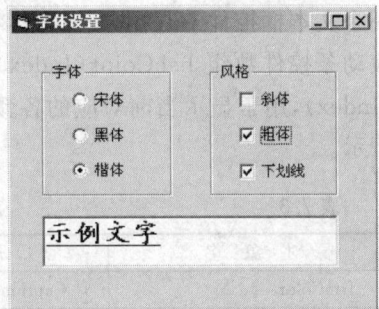

图 7.4　框架控件

7.2.1　框架控件的属性

1. Name 属性
Name 属性是框架控件的对象名，用于标识惟一对象，在运行时只读。

2. 外观

(1) Caption 属性。Caption 属性决定框架上标题的名称。如果其属性值为空字符,则框架的外观为封闭的矩形框。

(2) Appearance 属性。Appearance 属性在运行时只读,用于显示控件的外观。缺省值为 1,表示立体显示;值为 0 时,表示平面显示。

(3) BackColor 和 ForeColor 属性。BackColor 属性决定框架控件的背景色,ForeColor 属性决定框架控件的字体颜色。

(4) BorderStyle 属性。BorderStyle 属性运行时只读,用于显示控件的边框样式。取值为 0 或 1,分别表示无边框或固定单边框。

3. 位置

Left、Top、Width 和 Height 属性,用于标识框架控件在容器上显示的位置和尺寸大小,其坐标刻度单位取决于容器对象的 ScaleMode 属性的设置。

4. 字体

设置与字体有关的内容,包括 FontName(字体名称)、FontSize(字体大小)、FontBold(黑体)、FontItalic(斜体)、FontStrikethru(中间划线)和 FontUnderline(下划线)等属性。

5. 与行为有关的属性

(1) Enabled 属性。Enabled 属性决定框架控件在运行时有效或无效,取值为 True 或 False。如果框架控件的 Enabled 属性值为 False,则置于其内部的控件都不能响应用户的鼠标与键盘操作。

(2) Visible 属性。Visible 属性决定框架控件在运行时可见或隐藏,取值为 True 或 False。如果框架控件的 Visible 属性值为 False,则置于其内部的控件运行时都不可见。

6. ToolTipText 属性

ToolTipText 属性用于设置或返回一个提示信息,程序运行时,若将鼠标置于控件上方,将显示该信息。

7.2.2　框架控件的 Move 方法

Move 方法用于移动控件,基本语法为:

　　　对象名.Move left, top, width, height

其中,参数 left、top 指对象移动后的新的坐标位置,width、height 指对象移动后的新的宽度和高度。

7.2.3　框架控件的事件

框架事件主要用于管理控件分组,其事件使用较少,主要的框架事件有 Click 事件、DblClick 事件、MouseDown 事件、MouseUp 事件和 MouseMove 事件。

当鼠标单击框架控件时发生 Click 事件,双击时发生 DblClick 事件;按下鼠标时发生 MouseDown 事件,释放鼠标时发生 MouseUp 事件;移动鼠标时发生 MouseMove 事件,鼠标指针在对象上移动时连续不断地产生 MouseMove 事件。上述 MouseDown 事件、MouseUp 事件和 MouseMove 事件均能区分出鼠标的左、右和中间按键,可以区分出在按下鼠标按键时,是否同时按下"Shift"、"Ctrl"和"Alt"等键盘换挡键。

7.3　单选按钮和复选框

单选按钮(OptionButton)控件和复选框(CheckBox)控件非常相似,都给用户提供了选择某个选项或取消某个选项的功能。

单选按钮是由一个圆形框和标题文字组成,圆形框中空白表示这个选择项未被选中;圆形框中有黑点表示选中。复选框控件的外观是一个小的方框后接一串文字,方框中有对勾,表示这一项被选中;方框中为空白,则未选。除此之外,复选框还有一个选中与未选中的中间状态,这时方框是灰色的并有对勾。单选按钮和复选框的各种状态如图 7.5 所示。

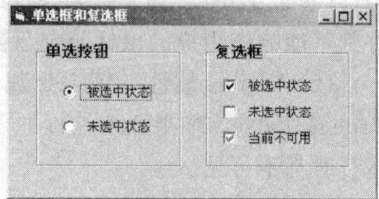

图 7.5　单选按钮和复选框

同一个容器控件中可以使用多个单选按钮控件或多个复选框控件。二者最大的区别在于,在同一组单选按钮中,只能有一个并且必须有一个单选按钮被选中。当选中一个单选按钮时,同组中的其他单选按钮控件自动变为未选中状态。相反,在同一组复选框中,可以选中任意数量的复选框控件。

7.3.1　控件的属性

1. Name 属性

Name 属性指定控件的对象名,用于惟一标识对象,在运行时只读。

2. 外观

(1) Caption 属性。Caption 属性是控件的标题文字,用于设置单选按钮或复选框中显示的文本内容。

(2) Appearance 属性。Appearance 属性在运行时只读,用于显示控件的外观。缺省值为 1,立体显示;值为 0 时,平面显示。

(3) BackColor 和 ForeColor 属性。BackColor 和 ForeColor 属性用于决定控件的背景色和字体颜色。

(4) Style 属性。Style 属性用于设置对象的样式。此属性值为 0 时(默认值),控件以标准样式显示,为选择框则旁边有一个标签的单选按钮或复选框,不支持图形;为 1 时,以命令按钮样式显示,按下表示选中,弹起表示未选中,可与 Picture 等属性配合,设置图形。

(5) Picture、DownPicture 和 DisabledPicture 属性。这些属性在 Style 值为 1 时,可分别用来设置按钮上的图形、按钮按下时的图形和按钮不可用时的图形。

3. 位置

Left、Top、Width 和 Height 属性,用于标识控件在容器上显示的位置和尺寸大小,其坐标刻度单位取决于容器对象的 ScaleMode 属性的设置。

4. 字体

Font 属性设置与字体有关的内容。同时保留了 FontName(字体名称)、FontSize(字体大小)、FontBold(黑体)、FontItalic(斜体)、FontStrikethru(中间划线)和 FontUnderline(下划线)属性。

5. 与行为有关的属性

(1) Enabled 属性。Enabled 属性决定控件在运行时有效或无效,取值为 True 或 False。

(2) Visible 属性。Visible 属性决定控件在运行时可见或隐藏,取值为 True 或 False。

6. Value 属性

Value 属性用于设置或返回控件的状态。单选按钮的 Value 属性为布尔型变量,False(缺省值)表示单选按钮未选中;True 表示选中状态。复选框的 Value 属性取值如表 7.4 所示。

注意复选框 Value 属性的值为 2 的情况,只能在设计阶段通过属性窗口设置,或在程序中把 2 赋值给 Value 属性来达到,不能通过用户的操作进行设置。复选框以灰色显示往往表示某种状态不确定或不一致。例如,在 Windows 资源管理器中选择几个文件或文件夹,然后从"文件"菜单中执行"属性"命令打开"属性窗口"，如果被选择的文件或文件夹之间的"只读"、"隐藏"或"存档"属性不一致，则相应的复选框会"变灰"。当单击一个灰色显示的对话框时，就会在选中与未选中之间切换，不会回到变灰状态。

表 7.4　　　　　　　　　　CheckBox 控件 Value 属性的取值

属 性 值	常 量	含 义
0	vbUnchecked	未选中（默认值）
1	vbChecked	选中
2	vbGrayed	灰色显示

另外，复选框控件 Value 属性的值为 2 时以灰色显示，这同 Enabled 属性为 False 时变灰是完全不同的。前者不影响对用户操作的响应。

7. ToolTipText 属性

该属性用于设置或返回一个提示信息。

7.3.2　控件的方法

1. Move 方法

该方法用于移动控件，基本语法为：

　　对象名.Move left, top, width, height

其中，参数 left、top 指对象移动到的坐标位置，width、height 指对象移动后新的宽度和高度。

2. SetFocus 方法

该方法用于将焦点移动到控件。

7.3.3　控件的事件

1. Click 事件和 DblClick 事件

对于复选框控件，除了用户鼠标单击动作之外，其他任何可以改变复选框控件 Value 属性值的用户动作或程序语句都可以触发 Click 事件。复选框不支持鼠标双击，没有 DblClick 事件。

与复选框不同，单选按钮同时支持 Click 事件和 DblClick 事件。

一般情况下，没有必要编写 Click 事件或 DblClick 事件过程，因为复选框和单选按钮的选中/未选中状态变化，以及多个单选按钮之间的切换是控件自动完成的。但是，若在某些情况下，希望在单击或双击控件后还执行其他的操作，则需要编写 Click 事件或 DblClick 事件过程。

2. 鼠标事件

鼠标事件包括 MouseDown 事件、MouseUp 事件和 MouseMove 事件。按下鼠标时发生 MouseDown 事件；释放鼠标时发生 MouseUp 事件；移动鼠标时发生 MouseMove 事件，鼠标指针在对象上移动时连续不断地产生 MouseMove 事件。上述事件均能区分出鼠标的左、右和中间按键，并可以区分出在按下鼠标按键时，是否同时按下了"Shift"、"Ctrl"和"Alt"等键盘换挡键。

3. 与焦点有关的事件

与焦点有关的事件是 GotFocus 事件和 LostFocus 事件。GotFocus 事件在对象获得焦点时产生；LostFocus 事件在对象失去焦点时发生。

【例 7.4】　编写如图 7.6 所示的"字体设置"程序，要求在选择字体和风格时，文本框中显示的信息随之发生相应的调整。

（1）用户界面设计。根据图 7.6 向窗体 frmFont 中添加框架 Frame1 和 Frame2，文本框 txtEdit，并向 Frame1 中添加单选按钮 optFont1、optFont2 和 optFont3，向 Frame2 中添加复选框 chkItalic、chkBold 和 chkUnderline。

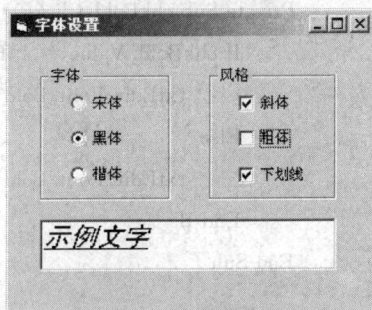

图 7.6　字体设置程序

设置窗体和控件属性如表 7.5 所示。

表 7.5　　　　　　　　　　对象属性设置

对 象 名	属 性	值
frmFont	Caption	"字体设置"
txtEdit	Text	"示例文字"
Frame1	Caption	"字体"
Frame2	Caption	"风格"
optFont1	Caption	"宋体"
optFont2	Caption	"黑体"
optFont3	Caption	"楷体"
chkItalic	Caption	"斜体"
chkBold	Caption	"粗体"
chkUnderline	Caption	"下划线"

（2）编写程序代码。程序代码如下：

```
'复选框
Private Sub chkItalic_Click()
    If chkItalic. Value = 1 Then
        txtEdit. FontItalic = True
    Else
        txtEdit. FontItalic = False
    End If
End Sub


Private Sub chkBold_Click()
    If chkBold. Value = 1 Then
        txtEdit. Font. Bold = True
    Else
        txtEdit. Font. Bold = False
    End If
End Sub


Private Sub chkUnderline_Click()
    If chkUnderline. Value = 1 Then
        txtEdit. Font. Underline = True
    Else
        txtEdit. Font. Underline = False
    End If
End Sub


'单选按钮
Private Sub optFont1_Click()
    txtEdit. FontName = "宋体"
End Sub


Private Sub optFont2_Click()
    txtEdit. FontName = "黑体"
End Sub
```

```
Private Sub optFont3_Click()
    txtEdit. FontName = "楷体_GB2312"
End Sub
```

7.4   列表框和组合框

列表框控件(ListBox)和组合框控件(ComboBox)的功能比较接近,都是提供项目列表的控件。

列表框控件用于显示项目列表,从中可以选择一项或多项列表项。组合框控件结合了文本框控件和列表框控件的功能,既可以在控件的文本框部分输入信息,也可以在控件的列表框部分选择列表项。

列表框和组合框控件占用有限的空间,可以提供许多的选择项。这些选择项称为"项目(Item)"。当项目总数超过了控件可显示的项目数时,不能同时显示所有的选项,将自动在控件上添加滚动条。

7.4.1   控件的属性

1. Name 属性

Name 属性指定控件的对象名,用于标识惟一对象,在运行时只读。

2. 外观

(1) Appearance 属性。Appearance 属性在运行时只读,用于显示控件的外观。缺省值为1,立体显示;值为 0 时,平面显示。

(2) BackColor 和 ForeColor 属性。BackColor 和 ForeColor 属性决定控件的背景色和字体颜色。

(3) Style 属性。Style 属性在运行时是只读的。列表框和组合框的 Style 属性取值如表 7.6 所示。

表 7.6   ListBox 控件和 ComboBox 控件 Style 属性的取值

控件	属性值	常量	意义
ListBox 控件	0	vbListBoxStandard	标准模式(默认值)
	1	vbListBoxCheckbox	复选框模式
ComboBox 控件	0	vbComboDropDown	下拉式组合框(默认值)
	1	vbComboSimple	简单组合框
	2	vbComboDrop—DownList	下拉式列表框

列表框的 Style 属性值为 0 时，以标准样
式显示，如图 7.7 中①所示；为 1 时，列表框
每个项目以复选框的形式显示，单击复选框
可以对项目进行取舍，如图 7.7 中②所示。
当 Style 属性为 1 时，无论 MultiSelect 属性
为何值，列表框均能多选。

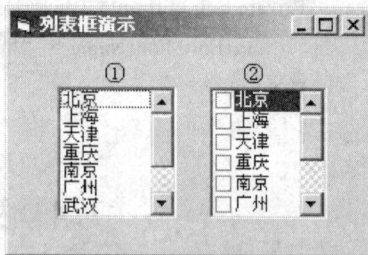

图 7.7　列表框

组合框的 Style 属性值为 0 时，以下拉式
组合框样式显示。不操作时列表框部分隐
藏，在文本框部分右边显示一个下拉箭头，如图 7.8(a) 中①所示。用户可以直
接在文本框中输入，也可以单击文本框右边的箭头，从打开的列表中选择，选择
的项目被显示在文本框中，如图 7.8(b) 中①所示。

当组合框的 Style 属性值为 1 时，以简单组合框样式显示，如图 7.8(a)、图
7.8(b) 中②所示。文本框和列表框部分一直显示在窗体上，文本框右端无向下
箭头。用户可以从列表中选择或在文本框中直接输入。

当组合框的 Style 属性值为 2 时，如图 7.8(a)、图 7.8(b) 中③所示。这种样
式外观与 Style＝0 相似，但是不允许用户在文本框中直接输入或编辑，必须从
列表框中进行选择。

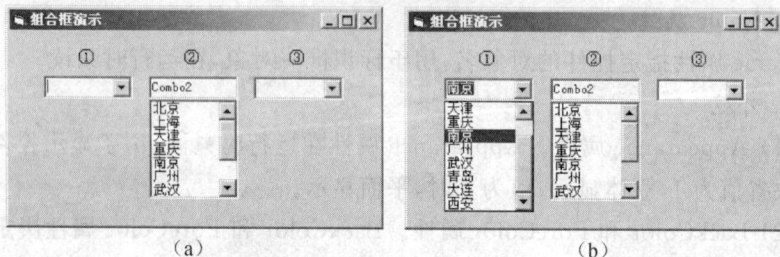

图 7.8　组合框

3. 位置

Left、Top、Width 和 Height 属性，用于标识控件在容器上显示的位置和尺
寸大小，其坐标刻度单位取决于容器对象的 ScaleMode 属性的设置。

4. 字体

Font 属性设置与字体有关的内容。同时保留了 FontName(字体名称)、
FontSize(字体大小)、FontBold(黑体)、FontItalic(斜体)、FontStrikethru(中间
划线)和 FontUnderline(下划线)属性。

5. 与行为有关的属性

(1) Enabled 属性。Enabled 属性决定控件在运行时有效或无效，取值为

True 或 False。

（2）Visible 属性。Visible 属性决定控件在运行时可见或隐藏，取值为 True 或 False。

（3）Sorted 属性。Sorted 属性设置控件运行时列表中的项目是否自动按字母表顺序排序。若要使项目按字母表排序，在把项目加入到列表中之前将控件的 Sorted 属性设置为 True。

6. ToolTipText 属性

ToolTipText 属性用于设置或返回一个提示信息。

7. 与列表有关的属性

（1）ListIndex 属性。用于返回或设置控件中当前选择项目的索引，ListIndex 属性设计时不可用。列表第一项的 ListIndex 属性值是 0，第二项的 ListIndex 属性值是 1，…依此类推。ListIndex 属性值是 -1 时，表明当前未选定项目。

列表框的 ListIndex 属性取决于所选择项目的个数。如果只选择了一个项目，ListIndex 返回该项目的索引；多重选择时，返回焦点所在项目的索引，而不管该项目是否被选中。

对于组合框而言，当用户向文本框部分输入了新文本时，ListIndex 属性值变为 -1。

（2）ListCount 属性。ListCount 属性返回控件中项目的个数，设计时不可用。由于列表中项目的 ListIndex 值从 0 开始，因此 ListCount 始终比最大的 ListIndex 值大 1。

（3）List 属性。List 属性实质上是一个一维字符串数组，数组下标的下界为 0，上界为 ListCount-1。每个数组元素的值对应控件中一个项目，下标为 0 的元素对应控件中第 1 个项目，下标为 1 的元素对应列表框中的第 2 个项目，……下标为 ListCount-1 的元素对应列表中的最后一个项目。

当数组下标值超出项目实际范围时，则返回一个空字符串，如列表框控件的 List(-1) 返回一个空字符串。List 属性一般和 ListCount、ListIndex 属性结合起来使用。

在程序设计阶段，可以通过属性窗口中的 List 属性处列表框添加初始项目。属性窗口中的 List 属性处会显示一个下拉列表，各项目之间使用 Ctrl+Enter 换行。

在程序运行时，可以使用 List 属性来改变控件现有项目的文字。假设在一个名称为 List1 的列表框中，当前有 n 个项目（序号为 $0 \sim n-1$），可以改变列表框 List1 中序号为 $m(0 \leqslant m \leqslant n-1)$ 的项目上所显示的文字，使用语句为：

List1. List(m)="新值"

当 $m=n$ 时,会在列表框的最后添加一个新项目;当 $m>n$ 时,则会出错。

(4) Text 属性。对于列表框而言,Text 属性在设计和运行时都是只读的,用以返回列表框中选择的项目,返回值总与表达式 List(ListIndex)的返回值相同。

对于组合框,当 Style 属性为 0 或 1 时,返回或设置文本框部分的文本;Style 属性值为 2 时,返回列表框选择的项目,此时返回值总与表达式 List(List-Index)的返回值相同。

8. 列表框专有的属性

(1) Column 属性。该属性决定控件是水平还是垂直滚动,以及如何显示列表中的项目。Column 属性为 0 时(默认值),所有项目显示为一列,项目多时自动添加垂直滚动条;值为 1 时,仍显示一列,但滚动条是水平的;属性值大于 1 时,滚动条为水平的,由 Column 属性值决定在控件的可见宽度内显示列的数量。图 7.9 中显示的三个列表框①②③的 Column 属性值分别是 0、1、2。注意图 7.9(a)和图 7.9(b)中列表框②的不同状态。

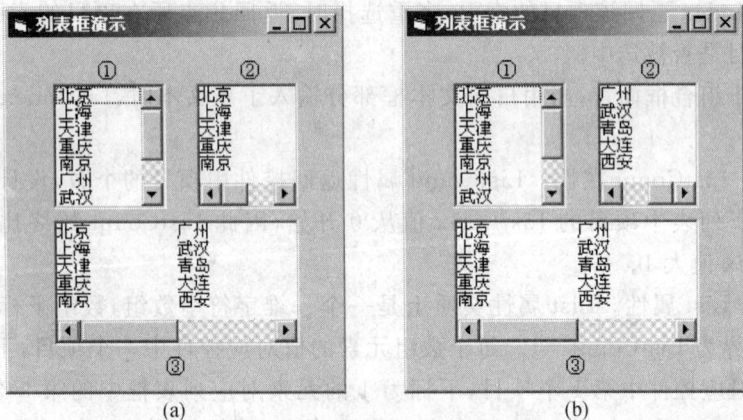

图 7.9　列表框的 Column 属性

(2) MultiSelect 属性。MultiSelect 属性运行时只读,用于指示是否能够在控件中进行复选以及如何进行复选。缺省值为 0,不允许复选;值为 1 时,简单复选,单击鼠标或按下空格键,在列表中选中或取消选中项,用箭头移动焦点;值为 2 时,扩展复选,按下"Shift"键并单击鼠标或按下"Shift"+方向键,将在以前选中项的基础上扩展选择到当前选中项,按下"Ctrl"键并单击鼠标,在列表中选中或取消选中项。

(3) SelCount 属性。SelCount 属性返回在控件中被选中项的数量。如果没有项被选中,SelCount 属性将返回 0 值。

（4）Selected 属性。Selected 属性返回或设置控件中列表项目的选择状态，设计时不可用。Selected 属性值是一个布尔型数组，具有与 List 属性相同的项数（ListCount 的值）。用以快速检查列表中哪些项目被选中，也可以使用该属性选中特定列表项或取消选中列表中的一些项目。

9．Locked 属性

仅组合框有 Locked 属性，列表框无此属性。该属性决定在运行时是否可以编辑文本框部分的内容，缺省值为 False，表示可以编辑文本框部分的内容；为 True 时，锁定文本框部分，不可输入。

7.4.2　控件的方法

1．AddItem 方法

该方法用于将项目添加到列表框中。其格式为：

　　　对象名.AddItem Item，Index

其中，参数 Item 为必选项，是一个字符串，用来指定添加到列表中的项目；参数 Index 为可选项，是一个整数，用来指定新添加的项目在列表中的位置。Index 为 0 时，项目添加到第一项；如果 Index 给出的值有效，将项目放置在相应的位置；如果给出值无效，程序出错中断。

2．RemoveItem 方法

该方法用以从控件中删除指定位置上的项目。其格式为：

　　　对象名.RemoveItem Index

其中，参数 Index 为必选项，是一个整数，表示要删除的项目在列表中的位置。

3．Clear 方法

该方法用于清除列表中的所有项目。

4．Move 方法

该方法用于移动控件，基本语法为：

　　　对象名.Move left，top，width，height

其中，参数 left、top 指对象移动到的坐标位置，width、height 指对象移动后的新的宽度和高度。

5．SetFocus 方法

该方法用于将焦点移动到控件。

7.4.3　控件的事件

1．Click 事件和 DblClick 事件

在控件上单击鼠标时，发生 Click 事件；双击时，发生 DblClick 事件。

2．Scroll 事件

列表框中的滚动框被重新定位，或者滚动框按水平方向或垂直方向滚动时，发生 Scroll 事件。

组合框中，下拉部分中的滚动条被操作时发生 Scroll 事件。

3．鼠标事件

鼠标事件包括 MouseDown 事件、MouseUp 事件和 MouseMove 事件。按下鼠标时发生 MouseDown 事件；释放鼠标时发生 MouseUp 事件；移动鼠标时发生 MouseMove 事件，鼠标指针在对象上移动时连续不断地产生 MouseMove 事件。上述事件均能区分出鼠标的左、右和中间按键，并可以区分出在按下鼠标按键时，是否同时按下了"Shift"、"Ctrl"和"Alt"等键盘换挡键。

4．键盘事件（KeyDown、KeyUp 和 KeyPress 事件）

键盘事件包括 KeyDown 事件、KeyUp 事件和 KeyPress 事件。按下一个键时持续发生 KeyDown 和 KeyPress 事件，松开时发生 KeyUp 事件。

5．与焦点有关的事件

与焦点有关的事件是 GotFocus 事件和 LostFocus 事件。GotFocus 事件在对象获得焦点时产生，LostFocus 事件在对象失去焦点时发生。

6．Change 事件

仅组合框有 Change 事件，列表框无此事件。

当改变组合框控件文本框部分的内容时，发生 Change 事件。Change 事件仅在控件的 Style 属性设置为 0 或 1，并改变了 Text 属性值时才会发生。Change 事件过程可用于协调各控件间显示的数据或使它们同步。

【例 7.5】 编写如图 7.10 所示的程序。在"源列表框"中选择多个项目，单击"－＞"按钮后，选中的项目被移动到"目标列表框"中。

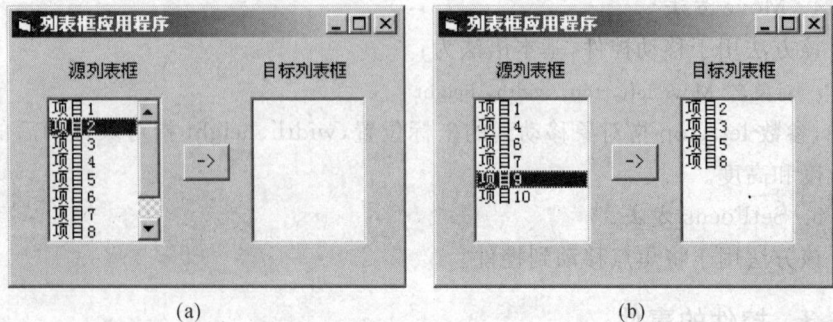

图 7.10　列表框程序实例

(a) 在源列表框中选择项目；(b) 选中项目移动到目标列表框中

（1）用户界面设计。根据图 7.10 所示，在窗体 frmList 中添加标签控件 Label1、Label2，按钮控件 cmdArrow，以及列表框控件 lstSource、lstTarget。

设置窗体和各控件属性如表 7.7 所示。

表 7.7　　　　　　　　　　　　　对象属性设置

对　象　名	属　　性	值
frmList	Caption	"列表框应用程序"
Label1	Caption	"源列表框"
Label2	Caption	"目标列表框"
cmdArrow	Caption	"－＞"
lstSource	List	"项目 1"，"项目 2"，…，"项目 10"
	MultiSelect	2

（2）程序代码如下：

```
Private Sub cmdArrow_Click()
    If lstSource. SelCount = 0 Then
        cmdArrow. Enabled = False
    Else
        Dim selNo() As Integer        '声明动态数组
        Dim selCount As Integer, i As Integer, j As Integer
        selCount = lstSource. SelCount      '得到被选定项目的个数
        ReDim selNo(1 To selCount)     '重定义动态数组
        i = 1
        For j = 0 To lstSource. ListCount - 1     '得到各个被选项目的序号
            If lstSource. Selected(j) Then
                selNo(i) = j
                i = i + 1
            End If
        Next
        For i = 1 To selCount     '依次移动各个项目
            lstTarget. AddItem lstSource. List(selNo(i))
            lstSource. RemoveItem selNo(i)
            For j = i + 1 To selCount
                selNo(j) = selNo(j) - 1
            Next j
```

```
            Next i
        End If
    End Sub


    Private Sub lstSource_Click()
        If lstSource. SelCount = 0 Then
            cmdArrow. Enabled = False
        Else
            cmdArrow. Enabled = True
        End If
    End Sub
```

在按钮 cmdArrow 的 Click 事件过程中,首先使用动态数组 selNo() 保存列表框 lstSource 中被选定项目的序号,然后逐条移动到列表框 lstTarget 中。每删除一行,其后各项目的序号都会减小 1,编程时要考虑到这一点。

运行程序,按下"Ctrl"键或"Shift"键的同时,用鼠标在源列表框中选择多个项目,单击"－＞"按钮,选中的项目被移入目标列表框。

7.5　定时器控件

定时器(Timer)控件又称为时钟控件或计时器控件,它能在程序运行过程中不断地计时,当到达给定的时间间隔时,自动地引发 Timer 事件。通过定时器控件可以有规律地隔一段时间执行一次代码。在 Windows 操作平台上,一个窗体可以同时使用多个定时器控件,它们独立的工作。

定时器控件是不可见控件,它没有 Visible 属性,用于背景进程中,运行时隐藏。定时器控件没有任何方法。

7.5.1　定时器控件的属性

1. Name 属性

Name 属性指定控件的对象名,用于标识惟一对象,在运行时只读。

2. Enabled 属性

Enabled 属性决定定时器控件在运行时有效或无效,即定时器控件是否对时间的推移做出响应。取值为 True 或 False。当值为 False 时,关闭定时器,不论 Interval 属性的值是多少。

3. Interval 属性

Interval 属性返回或设置调用 Timer 事件的时间间隔,单位为毫秒数,取值范围为 1～65535 中的正整数,因此时间间隔最长为 1 分钟多。

定时器的时间间隔并不精确,特别是当时间间隔设定得太小时,会影响系统性能。当 Interval 属性为 0 时(默认值),停止计时,不发送 Timer 事件,相当于关闭定时器。

7.5.2　定时器控件的 Timer 事件

当 Enabled 属性值为 True 且 Interval 属性值大于 0 时,该事件以 Interval 属性指定的时间间隔发生。需要定时执行的操作即放在该事件过程中完成。

【例 7.6】 建立一个数字计时器。

(1)用户界面设计。新建工程,添加一个窗体 frmTimer,然后向窗体中添加一个计时器控件 Timer1 和一个标签控件 lblTime,并按表 7.8 设置窗体和控件的属性。

表 7.8　　　　　　　　　　计时器程序对象属性设置

控　件	属　　性	值
frmTimer	Caption	"数字计时器应用程序"
Timer1	Interval	1000
lblTime	BorderStyle	1—Fixed Single

(2)编写程序代码。在计时器控件的 Timer1_Timer()事件中编写程序代码如下:

```
Private Sub Timer1_Timer()
    lblTime. FontName = "Times New Roman"
    lblTime. FontSize = 36
    lblTime. Caption = Time()
End Sub
```

(3)程序运行。运行的效果如图 7.11 所示。

图 7.11　计时器程序运行结果

7.6　图像控件和图片框控件

图像控件(Image)和图片框控件(PictureBox)用来在窗体上显示图片。它们支持的图像文件格式有:位图文件(＊.bmp)、图标文件(＊.ico)、Windows 图元文件(＊.wmf)以及 JPEG 或 GIF 图形文件。

(1) 位图(bitmap)。用像素表示的图像,将它作为位的集合存储起来,每个位对应一个像素。通常以.bmp 为文件的扩展名。

(2) 图标(icon)。一个对象或概念的图形表示。一般在 Microsoft Windows 中用来表示最小化的应用程序,是位图的一种,最大为 32＊32 像素,以.ico 为文件扩展名。

(3) 元文件(metafile)。将图像作为线、圆或多边形这样的图形对象来存储,而不是存储其像素。元文件的类型分为两种,分别是标准型(.wmf)和增强型(.emf)。在图像的大小改变时,元文件保存图像比像素更清楚。

(4) JPEG 文件。一种支持 8 位和 24 位颜色的压缩位图格式。

(5) GIF 文件。一种压缩位图格式。它可以支持多达 256 种颜色。

图片框控件是一个容器控件,可以在其中放置其他的控件,但是图像控件不能作为容器控件。

图像控件使用较少的系统资源,重绘的速度比图片框控件要快,但图像控件只支持图片框控件的一部分属性、事件和方法。

7.6.1　控件的属性

1. Name 属性

Name 属性指定控件的对象名,用于标识惟一对象,在运行时只读。

2. 外观

(1) Appearance 属性。Appearance 属性在运行时只读,用于显示控件的外观。缺省值为 1,立体显示;值为 0 时,平面显示。

(2) BorderStyler 属性。BorderStyler 属性设置或返回对象的边框样式。缺省值为 0,无边框;值为 1 时,显示固定的单边框。

(3) Picture 属性。Picture 属性返回或设置控件中要显示的图像来源,即磁盘文件。不给此属性赋值,则控件不会显示任何图像。在设计时,可以通过属性窗口打开"加载图片"对话框,设置 Picture 属性。

设计时通过属性窗口赋给 Picture 属性的图形文件,会被复制到二进制窗体文件(.frx)中。创建可执行文件时,文件中包含该图片,即运行时不依赖原文件。如果在运行时通过在程序代码中使用 LoadPicture 加载的图像文件,不和应用程序一起保存,在运行时要保证其存在于指定的路径中。

3. 位置

Left、Top、Width 和 Height 属性,用于标识控件在容器上显示的位置和尺寸大小,其坐标刻度单位取决于容器对象的 ScaleMode 属性的设置。

4. 字体

Font 属性设置与字体有关的内容。同时保留了 FontName(字体名称)、FontSize(字体大小)、FontBold(黑体)、FontItalic(斜体)、FontStrikethru(中间划线)和 FontUnderline(下划线)属性。

5. 与行为有关的属性

(1) Enabled 属性。Enabled 属性决定控件在运行时有效或无效,取值为 True 或 False。

(2) Visible 属性。Visible 属性决定控件在运行时可见或隐藏,取值为 True 或 False。

6. Stretch 属性和 AutoSize 属性

图像控件具有 Stretch 属性,图片框控件具有 AutoSize 属性。当加载图像文件到控件上时,如果加载图像的原始尺寸与控件的尺寸不同,Stretch 属性和 AutoSize 属性用来指定图像或控件的调整策略。

对于图像控件,当 Stretch 属性值为 False(缺省值)时,图像会以原始大小显示,图像控件的尺寸按图像的大小进行调整;值为 True 时,则图像控件尺寸不变,会缩放图像尺寸来填充整个控件,并且当控件大小调整时,所包含的图像的大小也会随之调整。当图像缩放过度时,会造成失真。

图片框控件的 AutoSize 属性决定图片框控件是否自动改变以显示完整的图像。如果 AutoSize 属性为 True,会自动改变控件的大小来与图像的大小一致;如果属性值为 False(默认值),则保持控件大小不变,图像超出控件区域的部分会被裁剪掉。图片框控件不会对其显示的图像进行缩放,这一点与图像控件不同。

7. 图片框控件的其他属性

由于图片框控件是一个容器,因此具有容器所拥有的许多属性,它和窗体对象的许多属性相类似。

(1) Align 属性。如果设置图片框和窗体的顶部或底部对齐,该图片框的宽度等于窗体内部的宽度。如果设置图片框和窗体的左边或右边对齐,该图片框的高度等于窗体内部的高度。

(2) BackColor、ForeColor 属性。BackColor、ForeColor 属性为控件的背景色和前景色,分别用于控件里显示的图形或文本的背景色及前景色。

(3) FontTransparent 属性。FontTransparent 属性缺省值为 False,在控件中输出文本时,屏蔽字符周围已有的背景图形和文本。值为 True 时,输出的文本透明地显示在背景图形或文本上。

（4）FillStyle 属性。FillStyle 属性设置填充 Circle 和 Line 图形方法生成的圆和方框的模式。具体的属性值如表 7.9 所示。

表 7.9   FillStyle 属性值

设 置 值	常 数	描 述
0	VbFSSolid	实线
1	VbFSTransparent	透明（缺省值）
2	VbHorizontalLine	水平直线
3	VbVerticalLine	垂直直线
4	VbUpwardDiagonal	上斜对角线
5	VbDownwardDiagonal	下斜对角线
6	VbCross	十字线
7	VbDiagonalCross	交叉对角线

（5）FillColor 属性。FillColor 属性设置填充由 Circle 和 Line 图形方法生成的圆和方框的颜色，当 FillStyle 属性设置为缺省值 1（透明）时，忽略 FillColor 设置值。

7.6.2 控件的方法

1. Move 方法

Move 方法用于移动控件，其格式为：

   对象名. Move left, top, width, height

其中，参数 left、top 指对象移动后新的坐标位置，width、height 指对象移动后的新的宽度和高度。

2. SetFocus 方法

SetFocus 方法用于将焦点移动到控件。

3. 图片框控件的其他方法

（1）Circle 方法和 Line 方法。Circle 方法用于在对象上画圆、椭圆或弧；Line 方法在对象上画直线和矩形。具体的用法将在第 8 章详细介绍。

（2）Print 方法。Print 方法用于在对象上输出一行文本。

（3）PaintPicture 方法。PaintPicture 方法用于在对象上绘制图形文件的内容，其基本语法为：

   对象名. PaintPicture picture, x1, y1, width1, height1, x2, y2, width2, height2

其中，picture 为必选项，为要绘制到对象上的图形源，可以是窗体、图像或图片框控件的 Picture 属性;x1,y1 为必选项,为单精度值,用来指定在对象上绘制的目标坐标;width1、height1 为可选项,为单精度值,用来指定目标的宽度和高度(参数缺省时,使用源图的宽度和高度;使用负值时,表示水平或垂直翻转位图);x2,y2 为可选项,为单精度值,指示图像内剪贴区的坐标,缺省时为 0;width2、height2 为可选项,为单精度值,指示图像内剪贴区的宽度和高度(参数缺省时,使用源图的宽度和高度)。

(4) Cls 方法。Cls 方法用于清除运行时对象上所生成的图形和文本。Cls 将清除在运行时产生的文本和图形,而设计时使用 Picture 属性设置的背景图和放置的控件不受影响。

7.6.3　控件的事件

1. Click 事件和 DblClick 事件

当鼠标在控件上单击时发生 Click 事件,双击时发生 DblClick 事件。

2. 鼠标事件

鼠标事件包括 MouseDown 事件、MouseUp 事件和 MouseMove 事件。按下鼠标时发生 MouseDown 事件;释放鼠标时发生 MouseUp 事件;移动鼠标时发生 MouseMove 事件,鼠标指针在对象上移动时连续不断地产生 MouseMove 事件。上述事件均能区分出鼠标的左、右和中间按键,并可以区分出在按下鼠标按键时,是否同时按下了"Shift"、"Ctrl"和"Alt"等键盘换挡键。

3. 与焦点有关的事件

与焦点有关的事件是 GotFocus 事件和 LostFocus 事件。GotFocus 事件在对象获得焦点时产生,LostFocus 事件在对象失去焦点时发生。只有图片框控件有 GotFocus 事件和 LostFocus 事件;图像控件无此事件。

4. Change 事件

当图片框控件的 Picture 属性值变化时,即所显示的图像改变时,触发这个事件。图像控件无 Chagne 事件。

【例 7.7】　设计一个程序,运行界面如图 7.12(a)所示。每单击"放大图片"按钮一次,图片的尺寸在原有的基础上变大,如图 7.12(b)所示;单击"缩小图片"按钮,图片在原有的基础上减小,如图 7.12(c)所示;单击"恢复原图"按钮,图形恢复成原尺寸大小。

(1) 用户界面设计。由于本程序要求对图片的尺寸进行修改,使用图像控件比较合适。根据图 7.12 在窗体 frmImage 上添加一个图像控件 Image1 和三个命令按钮 cmdEnlarge、cmdReduce 和 cmdRecovery,并按表 7.10 设置对象属性。

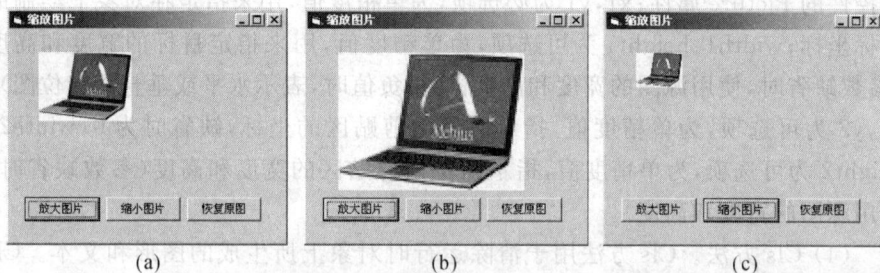

图 7.12　图像框控件的应用

表 7.10　　　　　　　　　　图片缩放程序对象属性设置

控 件	属 性	值
frmImage	Caption	"缩放图片"
cmdEnlarge	Caption	"放大图片"
cmdReduce	Caption	"缩小图片"
cmdRecovery	Caption	"恢复原图"

设置图像控件 Image1 的 Stretch 属性为 True,则图像随控件尺寸的变化而变化;Stretch 属性为 False,控件的尺寸调整为图像的大小。因而,可以通过修改 Stretch 属性值以及图像控件的 Width 和 Height 属性,实现本程序要求的功能。

（2）编写程序代码。程序代码如下:

```
Private Sub cmdEnlarge_Click()        '放大图片
    Image1. Stretch = True
    Image1. Width = 2 * Image1. Width
    Image1. Height = 2 * Image1. Height
End Sub


Private Sub cmdReduce_Click()         '缩小图片
    Image1. Stretch = True
    Image1. Width = Image1. Width / 2
    Image1. Height = Image1. Height / 2
End Sub


Private Sub cmdRecovery_Click()       '恢复原图
    Image1. Stretch = False
```

End Sub

【例 7.8】 设计一个程序,运行界面如图 7.13(a)所示,单击"复制图片"按钮,将图像控件中的图形复制到图片框中,如图 7.13(b)所示;单击"水平翻转"按钮,将图像控件中的图形水平翻转后复制到图片框中,如图 7.13(c)所示;单击"垂直翻转"按钮,将图像控件中的图形垂直翻转后复制到图片框中,如图 7.13(d)所示。

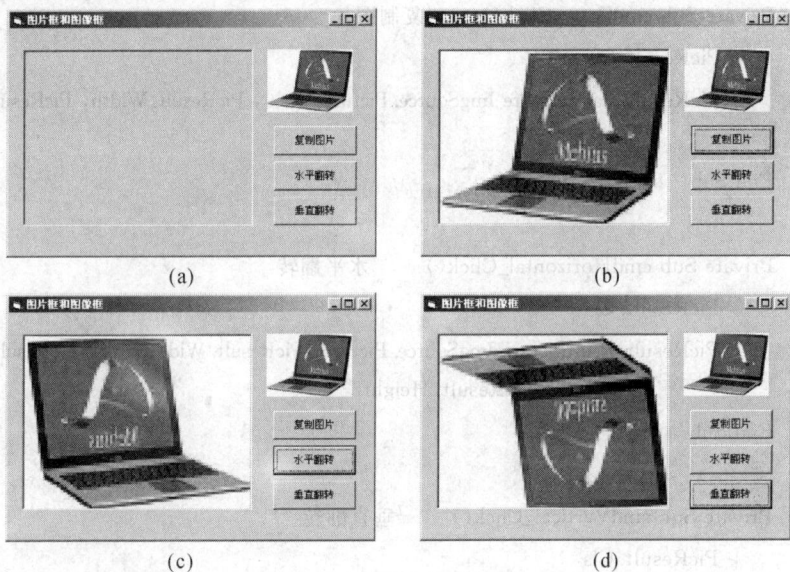

(a)

(b)

(c)

(d)

图 7.13 图片框控件的应用

(1) 用户界面设计。根据图 7.13 所示程序的界面,在窗体 frmPic 上添加图像框控件 imgSource,图片框控件 picResult,以及三个命令按钮 cmdCopy、cmdHorizontal 和 cmdVertical。对象的属性设置如表 7.11 所示。

表 7.11　　　　　　　　　　对象属性设置

对 象 名	属 性	值
frmPic	Caption	"图片框"
imgSource	Picture	"选择合适的图片"
cmdCopy	Caption	"复制图片"
cmdHorizontal	Caption	"水平翻转"
cmdVertical	Caption	"垂直翻转"

在图片框中复制图形,需要使用图片框提供的 PaintPicture 方法。由于将

图形以图片框的尺寸进行复制,因而 PaintPicture 方法中的目标宽度和高度的
参数使用图片框的大小。正常复制时,图片框中的起始坐标为(0,0)。进行水平
翻转时,图片框中的起始坐标为(PicDes. Width,0),进行垂直翻转时,起始坐标
为(0,PicDes. Height)。每次复制新的图片之前,将图片框中的信息清空,避免
干扰新的复制效果。

　　(2) 编写程序代码。程序代码如下:

```
Private Sub cmdCopy_Click()        '复制图片
    PicResult. Cls
    PicResult. PaintPicture ImgSource. Picture, 0, 0, PicResult. Width, PicResult. —
        Height
End Sub


Private Sub cmdHorizontal_Click()        '水平翻转
    PicResult. Cls
    PicResult. PaintPicture ImgSource. Picture, PicResult. Width, 0, —PicResult. —
        Width, PicResult. Height
End Sub


Private Sub cmdVertical_Click()        '垂直翻转
    PicResult. Cls
    PicResult. PaintPicture ImgSource. Picture, 0, PicResult. Height, PicResult. —
        Width, —PicResult. Height
End Sub
```

7.6.4　和图片框控件相关的语句

1. 图片框加载图片

在设计时从"属性"窗口中选定并设置 Picture 属性就可将图片加载到图片
框控件中,也可在运行时用 Picture 属性或 LoadPicture 函数做到这一点。例
如,向图片框控件 Picture1 加载图片,代码为:

```
Set Picture1. Picture = LoadPicture("C:\Windows\Winlogo. cur", vbLPLarge, —
    vbLPColor)
```

为清除图片框控件中的图片,应使用不指定文件名的 LoadPicture 函数。
例如:

```
set Picture1. Picture = LoadPicture
```

它将清除图片框控件中的内容,包括在设计时向 Picture 属性加载的图片。

2. 保存图片

使用 SavePicture 语句,可将控件的 Picture 属性保存为文件。其格式为:

　　SavePicture 对象名. Picture|Image,文件名

7.7　菜单设计

菜单是应用系统的组成部分之一,由菜单栏和下拉菜单组成,如 Visual Basic 的系统集成环境中的菜单栏。从结构上看,菜单可分成若干级,第一级是菜单栏,包括若干菜单项,菜单项为横向排列;每一菜单项都可对应一个下拉式子菜单,子菜单中的选项竖向排列;子菜单中的每一项又可对应有的下拉菜单。

7.7.1　下拉菜单

1. 建立菜单

建立菜单的过程是先列出菜单的组成,然后在"菜单编辑器"窗口按照菜单组成进行设计,设计完成后,再把各菜单项与代码连接起来。

选择"工具"菜单中的"菜单编辑器",或单击工具栏中的"菜单编辑器"快捷按钮,打开菜单编辑器,如图 7.14 所示。

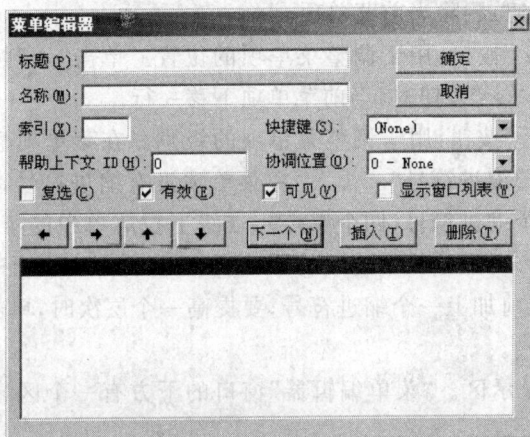

图 7.14　"菜单编辑器"窗口

从形式上看,该窗口包括以下组成部分。

(1) 属性设置。菜单是一个特殊的控件,其中的每一个菜单项也是一个控件。"菜单编辑器"窗口的上方部分用于设置每个菜单项的基本属性。

　　①"标题"文本框：设置菜单项的标题，即菜单项的 Caption 属性。如果在"标题"文本框中输入一个"－"，表示该菜单项为一个分割条。

　　②"名称"文本框：设置菜单项的名称，即菜单项的 Name 属性值。

　　③"索引"文本框：设置菜单控件数组下标，即菜单项的 Index 属性值。

　　④"快捷键"组合框：为菜单项选择一个快捷键。

　　⑤"帮助上下文"文本框：通过输入数字来选择帮助文件中特定的页数或与该菜单上下文相关的帮助文件。

　　⑥"协调位置"组合框：通过这个选择来确定菜单是否出现或怎样出现。只有三种选择：不设置、左对齐和居中。

　　⑦"复选"复选框：允许用户设置某一菜单是否为可选。

　　⑧"有效"复选框：用来设置菜单项是否可执行。

　　⑨"可见"复选框：设计菜单项时，如果"可见"复选框未被选中，则该菜单项是不可见的。

　　⑩"显示窗口列表"复选框：设置在使用多文档应用程序时，是否使菜单控件中有一个包含打开的多文档文件子窗口的列表框。

　　(2) 菜单项编辑按钮。"菜单编辑器"窗口的中部有七个按钮用于编辑菜单的菜单项。

　　①"下一个"按钮：插入并编辑下一个菜单项。

　　②"插入"按钮：在当前菜单项之前插入一个新的菜单项。

　　③"删除"按钮：删除当前菜单项。

　　④"↑"和"↓"按钮：用于调整菜单项的位置。单击"↑"按钮时，当前菜单项上移一行；单击"↓"按钮时，当前菜单项下移一行。

　　⑤"→"和"←"按钮：用于调整菜单项的级别。在菜单项显示区，菜单项的前面显示有不同的缩进符号"...."。主菜单项没有缩进符号，一级下拉菜单中的菜单项前有一个缩进符号(四个黑点)，二级下拉菜单中的菜单项有两个缩进符号(八个黑点)。对显示区中选中的菜单项，要降低一个层次时，单击一次"→"按钮，可在菜单项前加上一个缩进符号；要提高一个层次时，单击一次"←"按钮，删除一个缩进符号。

　　(3) 菜单项显示区。"菜单编辑器"窗口的下方有一个区域，用于显示用户输入的菜单项。

　　在完成菜单的编辑工作之后，单击"确定"按钮。此时，系统将检查菜单的有效性，若检查通过，即保存该菜单并返回到窗体上显示其主菜单项；否则，系统将显示错误信息。

　　当需要放弃或取消本次编辑菜单的操作时，可以单击"取消"命令按钮。

2．把代码连接到菜单上

在 Visual Basic 中，每一菜单项都是一个控件，都响应某一事件过程。一般来说，菜单项都响应鼠标单击事件，即每个菜单项都拥有一个事件处理过程 Name_Click()（这里的 Name 表示菜单项的名称）。每当单击菜单项时，Visual Basic 就调用 Name_Click()过程，执行这一过程中的代码。

在窗体中选择菜单栏，在下拉菜单中单击要编写代码的菜单项，屏幕上会出现代码窗口，并在窗口中出现这一菜单项的名称和 Click 事件组成的事件处理过程的过程头与过程尾。用户想执行的某项任务，只要在过程头与过程尾之间输入其代码即可。

如果想为其他菜单项添加代码，可以按上面的方法，也可以直接从对象列表框中选择菜单项名称，再在过程列表框中选择 Click 事件。这时，代码窗口中出现了这一菜单的过程头与过程尾，在其中添加代码即可。

3．动态修改菜单状态

用"菜单编辑器"创建、定义完毕的菜单，在程序运行过程中并非就一成不变。用户可以根据实际运行情况动态地调整和控制菜单的使用，给菜单增加一些灵活性。如当某菜单项执行的操作不适合当前环境时，可以暂时使其失效或干脆将其隐藏起来，就像根本没有这个菜单项一样。当需要时也可以向菜单中添加或删除某菜单项。这些操作可以通过设置菜单项的 Enabled 和 Visible 等属性值实现。

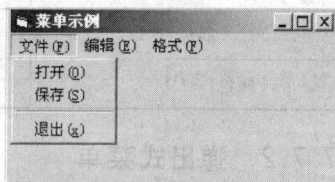

图 7.15　菜单示例程序

【例 7.9】　设计一个简易的文本编辑软件的菜单，如图 7.15 所示。

打开"菜单编辑器"，根据表 7.12 进行菜单设计，如图 7.16 所示。

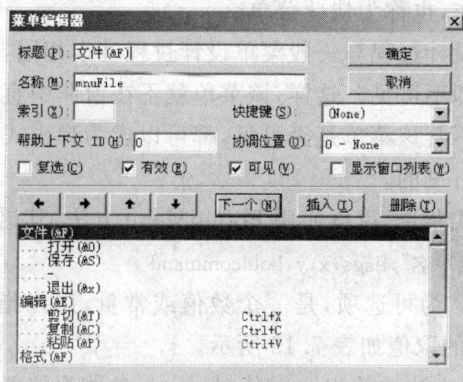

图 7.16　菜单设计

表 7.12　　　　　　　　　　　　　编辑菜单

菜单项标题	菜单项名称	快　捷　键
文件(&F)	mnuFile	
....打开(&O)	mnuOpen	
....保存(&S)	mnuSave	
....—	mnu1	
....退出(&x)	mnuExit	
编辑(&E)	mnuEdit	
....剪切(&T)	mnuCut	Ctrl＋X
....复制(&C)	mnuCopy	Ctrl＋C
....粘贴(&P)	mnuPaste	Ctrl＋V
格式(&F)	mnuFormat	
....字体(&F)	mnuFont	
......粗体(&B)	mnuBold	
........斜体(&I)	mnuItalic	
....颜色(&C)	mnuColor	

7.7.2　弹出式菜单

前述为一般菜单,出现在窗口的顶部;还有一种菜单称为弹出式菜单,设计为只需用户在窗体上单击某一鼠标键(一般为鼠标右键)就可立即弹出该菜单,从而加快用户的操作,也称为快捷菜单。

弹出式菜单的设计过程与一般菜单设计过程基本相同,只需将该菜单的"可见"复选框不选中,即不可见。这样,该菜单就不在窗体中直接显示出来。

注意:实际上,不管该菜单是否可见,都可以成为弹出式菜单,只是习惯上都使弹出菜单成为不可见的。

为了显示弹出式菜单,可以使用 PopupMenu 方法,其语法如下:

　　PopupMenu "菜单名",flags,x,y,boldcommand

(1) flags 参数。为可选项,是一个数值或常量,用以指定弹出菜单的位置和行为。flags 参数的取值如表 7.13 所示。

当 PopupMenu 方法中给出 x,y 值时,flags 参数为位置常量;当 x,y 值缺省时,flags 为行为常量。

表 7.13　　　　　　　　　　　**flags 参数的取值**

常量类别	flags 取值	含　义
位置常量	0	默认值,菜单的左上角位于 x
	4	菜单上框中央位于 x
	8	菜单右上角位于 x
行为常量	0	默认值,菜单命令只接收右键单击
	2	菜单命令可接收左、右键单击。

（2）x,y 参数。为可选项,指定弹出菜单的 x 和 y 坐标,省略时为鼠标当前坐标值。

（3）boldcommand 参数。指出弹出式菜单中想用粗体显示的菜单项名称（只有一个菜单项具有加粗效果）。

【例 7.10】　通过程序隐藏例 7.9 中的"文件"菜单组,在窗体上单击鼠标右键,弹出该菜单组。

打开"菜单编辑器",清除"文件"菜单项的"可见"复选框前的对勾,即设其为不可见。然后在窗体的 Form_MouseUp 菜单中添加以下代码,使程序运行效果如图 7.17 所示。

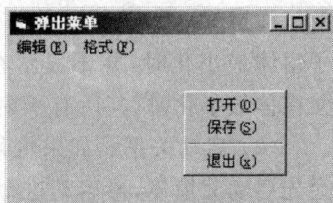

图 7.17　弹出式菜单

```
Private Sub Form_MouseUp (Button As Integer, Shift As Integer, X As Single,—
                Y As Single)
    If Button = 2 Then      '如果鼠标右键弹起
        PopupMenu mnuFile    '弹出子菜单
    End If
End Sub
```

7.8　多文档界面

7.8.1　MDI 应用程序

用户界面风格主要有两种:单文档界面(SDI,Single Document Interface)和多文档界面(MDI,Multiple Document Interface)。在单文档界面风格的应用程序中,每次只有一个文档是打开的,如果要处理另一个文档,必须先关闭当前文档。例如，Microsoft Windows 中的记事本、写字板等。而多文档界面的应用程序，允许同时打开几个不同的文档。每一个文档都显示在自己的子窗口中。例如，Microsoft Office 中的 Word、Excel 等。多文档界面由父窗口和子窗口组成，一个父窗口可包含多个子窗口，子窗口最小化后将以图标形式出现在父窗口中，而不会出现在 Windows 的任务栏中。当最小化父窗口时，所有的子窗口也被最小化，但只有父窗口的图标出现在任务栏中。

在 Visual Basic 中，父窗口就是 MDI 窗体，子窗口是指 MDIChild 属性为 True 的普通窗体。MDI 应用程序由一个 MDI 父窗体和多个子窗体组成，父窗体是所有子窗体的容器，子窗体均显示在 MDI 窗体的工作空间内。

父窗体和子窗体间存在包含/被包含的关系，其"父子关系"体现在如下几个方面：

（1）用户可以移动子窗体或改变子窗体的大小，但操作被限制在 MDI 窗体的工作空间内。子窗体永远位于父窗体边框内，且永远处于父窗体边框之上。子窗体最小化时，并不显示在 Windows 任务栏内，而显示在父窗体的左下角。父窗体最小化时，其所有子窗体都会随之从屏幕上"消失"。

（2）启动关系。如果将某个子窗体设置为启动窗体时，父窗体无须指明，也会先启动父窗体，再启动这个子窗体。关闭父窗体，这个子窗体也被关闭。

（3）父子窗体功能分工。一般只在父窗体上设计菜单和工具栏，其他功能在子窗体上开发。子窗体即使有菜单，程序运行时活动的子窗体也会将菜单自动"移动"到父窗体上，临时替代父窗体菜单。

（4）控件的添加。父窗体是整个程序的主体，不是设计某一具体功能的地方。能直接添加到父窗体上的功能很少，只有图片框、计时器、菜单控件等少数控件能够添加到父窗体上，其他控件只能添加到父窗体的图片框等控件内。

总之，父窗体一般被看作整个程序的主体、总框架。从父窗体的菜单和工具栏，可以找到一个程序的所有功能。

MDI 应用程序中可以包括非子窗体的普通窗体，典型的用法是模式显示的对话框。

7.8.2　创建 MDI 应用程序

要创建 MDI 应用程序，首先进入 Visual Basic 的系统集成环境，建立新的工程文件；然后选择主菜单"工程"中的"添加 MDI 窗体"菜单项，在出现的"添加 MDI 窗体"对话框中，单击"打开"按钮，即在应用程序中添加了一个 MDI 父窗体。新建的 MDI 父窗体的标题和名称默认值均为"MDIForm1"。

一个应用程序中只能有一个 MDI 父窗体，如果已经有了一个 MDI 窗体，则

"添加 MDI 窗体"命令无效。

一个应用程序可以包含许多相似或者不同样式的 MDI 子窗体。

选取应用程序中的普通窗体,将其 MDIChild 属性设置为 True,该窗体就成为一个子窗体。

注意:在设计阶段,MDIChild 属性并不限制子窗体必须在 MDI 父窗体之内,程序运行时才起作用。

7.8.3 加载和关闭 MDI 父窗体及子窗体

1. 加载 MDI 父窗体及子窗体

程序运行后,系统会自动加载并显示 MDI 父窗体,但其子窗体不会自动加载。因此,需要在父窗体的 Load 事件代码中进行加载,并显示子窗体的代码。例如,加载两个 MDI 子窗体 Form1 和 Form2 的代码为:

```
Private Sub MDIForm1_Load
    Form1. Show
    Form2. Show
End Sub
```

在 MDI 应用程序中,不能将 MDI 窗体或子窗体显示为模式窗体。

如果子窗体具有大小可变的边框(BorderStyle 属性值为 2 时),加载时 Windows 操作系统将决定其高度、宽度和位置,其初始大小与位置取决于 MDI 窗体的大小,而不是设计时子窗体的大小。当子窗体的边框大小不可变时,加载时会根据 Height 和 Width 属性值显示大小。

2. 关闭 MDI 窗体

和普通窗体一样,关闭 MDI 窗体的代码为:

```
UnloadMDI 窗体名
```

或

```
Unload Me
```

系统在执行该代码后,将触发 QueryUnload 事件,若需要保存有关信息及其他处理,可在该事件代码中完成。然后卸载各子窗体,最后卸载 MDI 父窗体。

7.8.4 MDI 窗体的常用属性和方法

1. ActiveForm 属性

只读属性,返回 MDI 窗体中的活动子窗体的名称。

2. Arrange 方法

安排 MDI 窗体上的窗口。Windows 提供了三种在 MDI 窗体排列子窗体的方法:层叠、垂直平铺或者水平平铺。

  Arrange 方法的语法为:

   对象名. Arrange arrangement

其中,arrangement 为必选项,是一个数值或常量,指定如何重排 MDI 中的窗口或图标。其取值如表 7.14 所示。

表 7.14   arrangement 的取值及说明

常 量	数 值	说 明
VbCascade	0	层叠所有非最小化 MDI 子窗体
VbTileHorizontal	1	水平平铺非最小化 MDI 子窗体
VbTileVertical	2	垂直平铺非最小化 MDI 子窗体
VbArrangeIcons	3	重排最小化 MDI 子窗体的图标

7.8.5 MDI 窗体设计举例

  【例 7.11】 新建工程,添加一个 MDI 父窗体 MDIMain,在其上设计一个菜单控件,如图 7.18 所示。该菜单包含四个菜单项,标题分别为"层叠"、"平铺"、"排列"和"退出",名称分别为 mnuCascade、mnuHorizon、mnuArrange 和 mnuExit。

图 7.18 MDI 窗体控件设计

　　另外,建立两个 MDI 子窗体,名称分别为 frmChild1 和 frmChild2,并在两个窗体中分别放置两个标签控件 Label1 和 Label2,根据表 7.15 设置窗体和控件属性。

表 7.15　　　　　　　　　对象属性设置

控　件	属　性	值
frmChild1	Caption	"第一个 MDI 子窗体"
	MDIChild	True
frmChild2	Caption	"第二个 MDI 子窗体"
	MDIChild	True
Label1	Caption	"MDI 子窗体"
Label2	Caption	"MDI 子窗体"

　　在 MDIForm1 窗体上编写程序代码如下:

```
Private Sub MDIForm_Load()
    frmChild1. Show
    frmChild2. Show
End Sub
Private Sub mnuCascade_Click()
    MDIMain. Arrange vbCascade
End Sub
Private Sub mnuHorizon_Click()
    MDIMain. Arrange vbTileHorizontal
End Sub
Private Sub mnuArrange_Click()
    MDIMain. Arrange vbArrangeIcons
End Sub
Private Sub mnuExit_Click()
    Unload Me
End Sub
```

　　设置本工程的"启动对象"为 MDIMain,运行程序,初始界面如图 7.19(a)所示,这是层叠方式;单击"平铺"菜单项,其界面如图 7.19(b)所示;子窗体最小化后,窗体图标出现在主窗体中,如图 7.19(c)所示;单击"排列"菜单项,窗体图标重新排列,如图 7.19(d)所示。

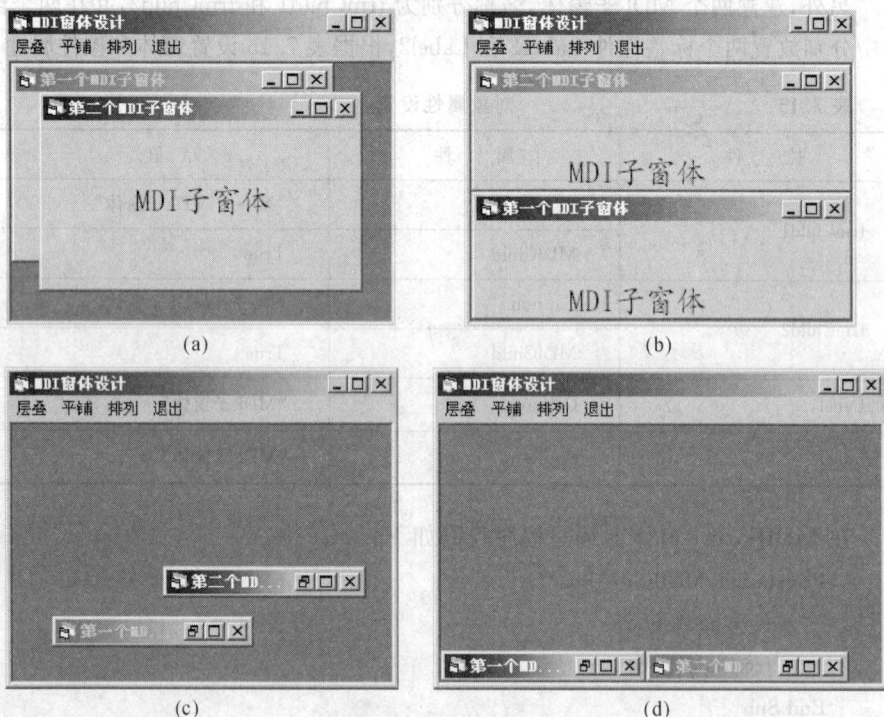

图 7.19　MDI 窗体示例程序执行界面

本章小结

　　Windows 操作系统为所有的应用程序提供了统一的界面。好的用户界面应注意窗体的布局,把控件放在合适的位置,保持界面元素的一致性,并选择合适的控件实现所需功能。

　　Visual Basic 程序中常用的可视控件主要包括滚动条控件、框架控件、单选按钮和复选框、列表框和组合框、定时器控件、图像控件和图片框控件等。除此之外,在应用程序设计中,也可使用下拉式菜单和弹出式菜单完成所需要的功能。

　　Windows 应用程序界面有两种风格:单文档界面 SDI 和多文档界面 MDI。SDI 相对比较简单,而编写复杂的应用程序则需要使用 MDI。

习　题　7

1. 填空题

(1) 要想在文本框中显示垂直滚动条,必须把_____属性设置为 2,同时把_____属性设置为_____。

(2) 组合框有三种不同的类型,这三种类型是_____、_____、_____。

(3) 为了让标签能自动调整大小以显示全部文本内容,应把标签的_____属性设置为 True。

(4) _____控件是独立于用户,按一定时间间隔周期性地自动引发事件的控件。

2. 选择题

(1) 在窗体上放置两个文本框和一个命令按钮,其默认的名称为 Text1、Text2 和 Command1,然后编写如下两个事件过程:

```
Private Sub Command1_Click()
    a＝Text1. text＋Text2. text
    print a
End Sub


Private Sub From_Load()
    Text1. text＝ ""
    Text2. text＝ ""
End Sub
```

程序运行后在第一个文本框(Text1)和第二个文本框中分别输入 123 与 321,然后单击命令按钮,则输出结果是_____。

A. 444　　　　　　B. 321123　　　　　C. 123321　　　　　D. 132231

(2) 为了暂时关闭计时器,应把计时器的某个属性设置为 False,这个属性是_____。

A. Visible　　　　B. Enabled　　　　C. Timer　　　　　D. Interval

(3) 下面哪些方法是将项目添加到组合框控件中_____。

A. List　　　　　B. Move　　　　　C. ListIndex　　　D. AddItem

(4) 在 Visual Basic 中可以包含其他控件的是_____。

A. Grid　　　　　B. Frame　　　　　C. TextBox　　　D. CheckBox

(5) 下面不是 Visual Basic 控件的是_____。

A. 内部控件　　　B. 可插入的对象　　C. Active 控件　　D. 窗体

(6) 决定标签内显示内容的属性是_____。

A. Name　　　　　B. Text　　　　　C. Caption　　　D. Alignment

(7) 决定窗体标题显示内容的属性是_____。

A. Name   B. Text   C. Caption   D. BackStyle

(8) 当手拖动滚动条中的滚动块时,将触发的事件是_____。

A. Move   B. Change   C. Scoll   D. SetFocus

(9) 设置复选框和单选按钮标题对齐方式的属性是_____。

A. Align   B. Alignment   C. Sorted   D. Value

(10) 决定窗体有无控制菜单的属性是_____。

A. ControlBox   B. MinButton   C. Enabled   D. MaxButton

3. 编程题

(1) 在窗体上放置三个文本框和一个命令按钮。程序运行后,单击命令按钮,在第一个文本框中显示该按钮的单击事件中设定的一串英文字符(例如:Visual Basic),同时在第二、第三个文本框中分别以大写字母和小写字母显示第一个文本框中的内容。

(2) 编写程序,利用随机函数任意抽取六位数据。在窗体上放置六个文本框,三个命令按钮,命令按钮的标题分别设置为"开始"、"暂停"和"退出",单击"开始"按钮即可抽取数据,单击"暂停"按钮即可得到一组随机数据。设计界面如图 7.20 所示。

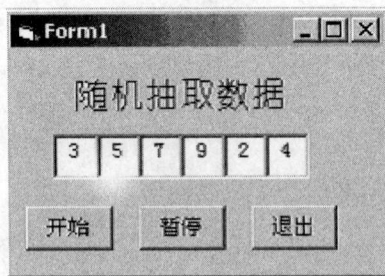

图 7.20   随机数程序

第 8 章　图形操作

图形设计是计算机应用中令人感兴趣的内容。但是，对于传统的程序设计语言来说，图形程序设计也是较困难和复杂的部分。Visual Basic 为设计图形应用程序提供了革命性的工具，大大方便了程序设计人员。本章介绍 Visual Basic 图形控件和图形方法的使用，利用这些基本的绘图手段，可以绘制出优美复杂的图形。

8.1　坐标系统

坐标系统是图形设计的基础，坐标系统选择的恰当与否直接影响着绘图的质量。因此，在绘制图形之前，必须首先确定坐标系统。

在 Visual Basic 中，坐标是针对窗体或窗体上的控件而设置的，称为对象坐标系统。坐标系统包括原点位置、坐标单位和坐标轴的方向等方面。这种坐标系统分为三类，即默认规格、标准规格和自定义规格。

8.1.1　默认坐标系统

在默认坐标系中，窗体的左上角坐标为(0,0)，当分别沿水平轴向右移动和沿垂直轴向下移动时，坐标值增加。对象的 Top 属性和 Left 属性指定了该对象左上角距离原点(0,0)在垂直方向和水平方向的偏移量，如图 8.1 所示。

每个对象都有自己的尺寸，其中在水平方向的宽度用属性 Width 表示，在垂直方向的高度用属性 Height 表示。坐标系统的每个轴都有自己的刻度，在缺省状态下，Top 属性、Left 属性、Width 属性、Height 属性以缇（Tiwp）为单位，1cm 约等于 567Tiwps 。

用户通过 ScaleMode 属性设置坐标系统的刻度单位，ScaleMode 属性值及其含义如表 8.1 所示。在设计阶段通过属性窗口选择，如图 8.2 所示。除属性 0 外，其他七种规格用来设置绘图时所使用的度量单位。若不进行设置，则绘图时以缇（Tiwp）为单位，即使用默认坐标系。另外，也可以在程序运行阶段通过代码来设置。

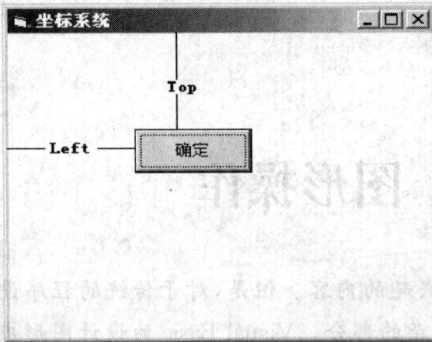

图 8.1　默认坐标系统　　　　　　　　图 8.2　ScaleMode 属性设置

表 8.1　　　　　　　　　　　　ScaleMode 属性值及其含义

内部常数	设置值	含　　义
VbUser	0	指出 ScaleHeight、ScaleWidth、ScaleLeft 和 ScaleTop 属性中的一个或多个被设置为自定义的值
VbTwips	1	(默认值)缇(每逻辑英寸为 1440 缇;每逻辑厘米为 567 个缇)
VbPoints	2	磅(每逻辑英寸为 72 个磅)
VbPixels	3	像素(监视器或打印机分辨率的最小单位)
VbCharacters	4	字符(水平每个单位=120 缇;垂直每个单位=240 缇)
VbInches	5	英寸
VbMillimeters	6	毫米
VbCentimeters	7	厘米

　　在 Visual Basic 中,移动控件或调整控件的大小时,使用控件容器的坐标系统;所有的绘图方法和 Print 方法,也使用容器的坐标系统。能作为容器对象的有窗体、图片框控件和框架控件。系统对象 Screen(屏幕)也是一个容器,窗体就是放置在该容器中的,此外系统容器还有 Printer(打印机)。

8.1.2　用户自定义坐标系统

　　1. 用 ScaleLeft、ScaleTop、ScaleWidth、ScaleHeight 属性设置坐标系

　　默认坐标系都以窗体左上角为坐标原点,坐标值沿水平向右增加、垂直向下增加。但是,有时候可能不希望用左上角作为坐标原点,Visual Basic 允许用户根据需要定义自己的坐标系统。

　　为了定义一个坐标系统,首先应该确定坐标系的原点。可以把原点定义在窗体上的任意位置,原点通过 ScaleLeft 属性和 ScaleTop 属性(用于设置/返回

对象左上角的坐标值)来定义。在默认情况下,这两个属性的值均为 0,即以窗体的左上角为坐标原点(0,0)。若重新设置这两个属性的值,则可以定义新的坐标系。其格式为:

　　　　对象名. ScaleLeft = X

　　　　对象名. ScaleTop = Y

　　有了原点还必须有"刻度",即水平和垂直方向的设置值,这样才能确定一个点的位置,建立起坐标系统。属性 ScaleWidth 和 ScaleHeight 用来设置对象坐标系 X 轴与 Y 轴的正向及最大坐标值。默认时其值均大于 0,此时 X 轴的正向向右,Y 轴的正向向下。对象右下角坐标值为(ScaleLeft＋ScaleWidth,ScaleTop＋ScaleHeight)。根据左上角和右下角坐标值的大小,就可确定坐标轴的方向了。X 轴与 Y 轴的度量单位分别为 1/ScaleWidth 和 1/ScaleHeight。

　　例如,对于图 8.3 自定义坐标系统:

ScaleTop＝50

ScaleLeft＝100

ScaleWidth＝200

ScaleHeight＝200

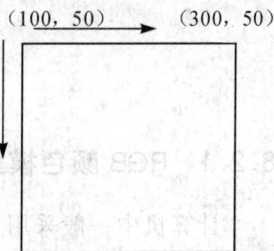

数学中的笛卡儿坐标系以原点为中心,向右、向上增加,向左、向下减小。利用前面介绍的四个属性,可以把窗体定义为笛卡儿坐标系。其方法是:把原点放在窗体的中心,将 ScaleTop 属性设置为正值,将

图 8.3　自定义坐标系统

ScaleLeft 属性设置为相应的负值;将 ScaleWidth 属性设置为正值,将 ScaleHeight 属性设置为相应的负值。例如:

ScaleTop＝ 40

ScaleLeft＝ －40

ScaleWidth－ 80

ScaleHeight＝ －80

2. 使用 Scale 方法定义坐标系统

该方法是用户定义对象坐标系统的实用方法,用它完全可以代替前面所介绍的用属性定义坐标系统的方法,而且更加方便。

　　使用该方法可以直接定义对象的左上角坐标和右下角坐标,一旦这两个角的坐标值确定,则另外两个坐标值也就确定下来了。其使用格式为:

　　　　对象名. Scale(x1,y1)－(x2,y2)

说明:

(1) 对象名。可选项,为一个对象表达式。如果省略,则默认带有焦点的窗

体对象。

(2) x1,y1。可选项,均为单精度数值,指定定义对象的左上角的水平和垂直坐标。

(3) x2,y2。可选项,均为单精度数值,指定定义对象的右下角的水平和垂直坐标。

Scale 方法能够将坐标系统重置到所选择的任意刻度。如果坐标参数省略时,则使用默认的坐标系统,即以对象的左上角为原点,以缇(Tiwp)为刻度单位。例如,将窗体 Form1 设置为上述的笛卡儿坐标系统,使用 Scale 方法的语句如下:

```
Form1. Scale (40,－40) － (40,－40)
```

8.2　绘图基础

8.2.1　RGB 颜色模型及其常用函数

计算机中一般采用 RGB 颜色模式,RGB 是红、绿、蓝三种颜色的缩写,即认为任何颜色都是由红、绿、蓝三种颜色按照不同比例混合表示的。对于红、绿、蓝中的每种颜色,赋予从 0 到 255 中的数值,0 表示亮度最低,而 255 表示亮度最高。每一种可视的颜色,都由这三种主要颜色组合产生。

下面介绍几种常用的颜色设置函数。

1. QBColor 函数

该函数用一个整数值对应 RGB 的常用颜色值,使用格式如下:

```
QBColor(颜色值)
```

其中,"颜色值"的取值范围是 0~15 之间的整数,总共可以表示 16 种颜色,如表 8.2 所示。

例如,使用 QBColor 函数将窗体 From1 背景色改为亮红色:

```
Form1. BackColor＝QBColor(12)
```

2. RGB 函数

该函数通过三种颜色的值设置一种混合颜色,其返回值为一个长整型数。格式为:

```
RGB(红色值,绿色值,蓝色值)
```

其中,三种颜色的取值均为整数,范围是 0~255,代表混合颜色中每种原色的比例(亮度)。0 表示亮度最低;255 表示亮度最高。若超出 255,则会当作 255 处理。常见标准颜色包含三原色的成分,如表 8.3 所示。

表 8.2 颜色值的设置值

值	颜 色	值	颜 色
0	黑色	8	灰色
1	蓝色	9	亮蓝色
2	绿色	10	亮绿色
3	青色	11	亮青色
4	红色	12	亮红色
5	洋红色	13	亮洋红色
6	黄色	14	亮黄色
7	白色	15	亮白色

表 8.3 常见标准颜色包含三原色的成分

颜 色	红 色 值	绿 色 值	蓝 色 值
黑色	0	0	0
蓝色	0	0	255
绿色	0	255	0
青色	0	255	255
红色	255	0	0
洋红色	255	0	255
黄色	255	255	0
白色	255	255	255

例如,将背景色设置为绿色,前景色设为黄色,语句为:

'设定背景为绿色

Form1.BackColor = RGB(0,255,0)

'设定前景为黄色

Form2.ForeColor = RGB(255,255,0)

3. 使用长整数

在 Visual Basic 中,颜色由长整数表示的,所以可以直接用长整数来指定一个颜色。表示一个颜色的长整数中,4 个字节从高位到低位排序,第 1 个字节的所有位都为 0,第 2、第 3、第 4 个字节分别表示的是蓝色、绿色、红色所占比例的大小。其中每个值的十六进制形式都是 &H00~&HFF(十进制为 0~255)。

即 &H00BBGGRR。例如,&H00000000 表示黑色、&H00FFFFFF 表示白色。

例如,将窗体 Form1 的背景指定为黑色可用下面的语句:

  Form1. BackColor = &H00000000

它相当于:

  Form1. BackColor = RGB(0,0,0)

  4. 使用系统定义的颜色常数

在 Visual Basic 6.0 中,系统已经预先定义了常用颜色的颜色常数,如常数 vbRed 就代表红色、vbGreen 代表绿色、vbBlue 代表蓝色。颜色常数可在"对象浏览器"中查看。例如,要将窗体 Form1 的前景色设置为蓝色。可使用语句:

  Form1. ForeColor = vbBlue

8.2.2　绘图属性

  1. 水平与垂直坐标属性

水平与垂直坐标属性包括 CurrentX 和 CurrentY 属性。

窗体、图形框或打印机的 CurrentX 和 CurrentY 属性给出这些对象在绘图时的当前坐标,但这两个属性在设计阶段不可用。语法如下:

  对象名. CurrentX = x

  对象名. CurrentY = y

其中,参数 x 确定水平坐标的数值;参数 y 确定垂直坐标的数值。

说明:坐标从对象的左上角开始测量。在对象的左边 CurrentX 属性值为 0,上边的 CurrentY 属性值为 0。坐标以缇为单位表示,或以 ScaleHeight、ScaleWidth、ScaleLeft、ScaleTop 和 ScaleMode 属性定义的度量单位来表示。

对应各种图形方法,CurrentX 和 CurrentY 的设置值按表 8.4 说明改变。

表 8.4　　　　　各种方法对应的 CurrentX 和 CurrentY 的设置值

方　法	设置 CurrentX, CurrentY
Circle	对象的中心
Cls	0,0
EndDoc	0,0
Line	线终点
NewPage	0,0
Print	下一个打印位置
Pset	画出的点

【例 8.1】　以窗体中心为原点,随机向各个方向绘 200 条直线。

新建工程,在窗体的 Click 事件中输入如下代码:

```
Private Sub Form_Click()
    Dim i As Integer
    Form1. Scale (-100, 100)-(100, -100)      '定义坐标系统
    For i = 0 To 200
        CurrentX = Rnd * 100 * Sgn(Rnd - 0.5)
        CurrentY = Rnd * 100 * Sgn(Rnd - 0.5)
        Line (0, 0)-(CurrentX, CurrentY)      '绘制直线
    Next i
End Sub
```

这里,"Line"为绘制直线方法,(0,0)和(CurrentX,CurrentY)分别为直线起点和终点的坐标。

程序运行后,单击窗体,即完成 200 条随机直线的绘制,如图 8.4 所示。

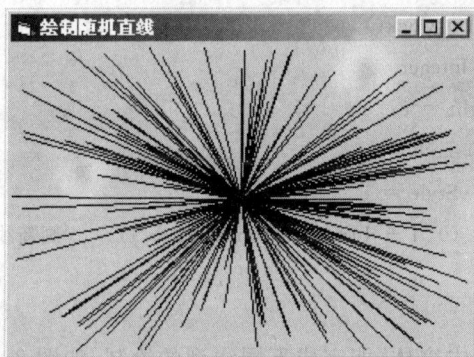

图 8.4　绘制随机直线

2. 和线宽与线型有关的属性

(1) DrawWidth 属性。返回或设置图形方法(Line、Pset、Circle)输出的线宽。使用格式为:

对象名. DrawWidth = size

其中,"对象名"可以是窗体、图片框和打印机;size 为可选项,是数值表达式,其值范围是 1～32767。该值以像素为单位表示线宽。默认值为 1,即一个像素宽。

(2) DrawStyle 属性。返回或设置一个值,以决定图形方法输出的线型的样式。使用格式为:

对象名. DrawStyle = number

其中,"对象名"可以是窗体、图片框和打印机对象;number 为可选项,是整型表

达式,值的范围是 0～6,用来指定图形方法输出的线型,取值如表 8.5 所示。

表 8.5　　　　　　　　　　　DrawStyle 属性列表

常　　数	设　置　值	描　　述
VbSolid	0	(默认值)实线
VbDash	1	虚线
VbDot	2	点线
VbDashDot	3	点划线
VbDashDotDot	4	双点划线
VbInvisible	5	无线
VbInsideSolid	6	内收实线

【例 8.2】　在窗体上绘制出不同的线型。

新建工程,在窗体的 Click 事件中输入如下代码:

```
Private Sub Form_Click()
    Dim i As Integer
    ScaleHeight = 8
    For i = 0 To 6
        DrawStyle = i        '改变线形
        Line (0, i + 1)-(ScaleWidth, i + 1)        '画新线
    Next i
End Sub
```

程序运行后,单击窗体,即完成不同线型的绘制,如图 8.5 所示。

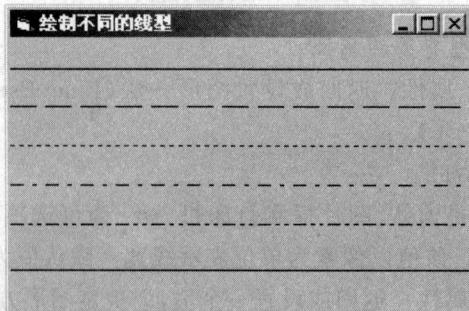

图 8.5　绘制不同的线型

3. 图形的填充属性

图形的填充属性包括 FillStyle 属性和 FillColor 属性。

封闭图形的填充方式由 FillStyle 决定,填充颜色和线条颜色由 FillColor 属性决定。

(1) FillStyle 属性。FillStyle 属性返回或设置用来填充 Shape 控件以及由 Circle 和 Line 图形方法生成的圆和方框的模式。语法为:

　　　对象名. FillStyle = number

其中,number 为可选项,指定填充样式,表 8.6 中列出了其设置值。

表 8.6　　　　　　　　　　　FillStyle 属性列表

常　　数	设 置 值	描　　述
VbFSSolid	0	实线
VbFSTransparent	1	(默认值)透明
VbHorizontalLine	2	水平直线
VbVerticalLine	3	垂直直线
VbUpwardDiagonal	4	上斜对角线
VbDownwardDiagonal	5	下斜对角线
VbCross	6	十字线
VbDiagonalCross	7	交叉对角线

(2) FillColor 属性。FillColor 属性返回或设置用于填充形状的颜色。Fill-Color 也可以用来填充由 Circle 和 Line 图形方法生成的圆和方框。默认情况下,FillColor 设置为 0(黑色)。

4. 自动重绘属性

自动重绘属性是指 AutoRedraw 属性。

使用方法 Circle、Cls、Line、Point、Print 和 Pset 时,在改变对象大小或隐藏在另一个对象后又重新显示的情况下,设置 AutoRedraw 为 True,将在 Form 或 PictureBox 控件中自动重绘输出。

运行时在程序中设置 AutoRedraw,可以在画持久图形(如背景色或网格)和临时图形之间切换。如果设置 AutoRedraw 为 False,以前的输出成为背景屏幕的一部分;用 Cls 方法清除绘图区时不会删除背景图形。把 AutoRedraw 改回 True 后,用 Cls 方法将可清除背景图形。

注意:如果设置 BackColor 属性,所有图形和文本,包括持久图形,都被清除。一般来说,除非 AutoRedraw 设置为 True,所有图形都需用 Paint 事件来显示。

要取回在 AutoRedraw 设置为 True 时创建的持久图形,用 Image 属性。

如果设置窗体的 AutoRedraw 属性为 False，然后最小化该窗体，则将 ScaleHeight 和 ScaleWidth 属性设置为图标大小。在 AutoRedraw 设置为 True 时，ScaleHeight 和 ScaleWidth 保持为恢复窗口的尺寸。如果设置 AutoRedraw 属性为 False，Print 方法将在诸如 Image 和 Shape 等图形控件的顶部打印。

8.3　图形显示与图形控件

Visual Basic 中与图形有关的控件有图片框（PictureBox）、图像框（Image）、线条控件（Line）和形状控件（Shape）。能作为图形容器的对象有窗体和图片框，它们既可以作为各种图形控件的载体，也可以作为各种绘图方法的操作对象。关于图片框控件和图像框控件已在第 7 章中介绍，这里仅介绍线条控件和直线控件。

在控件对象中，线条和形状可以在设计时用于直接绘制界面所需要的直线或有形状的（圆、矩形、椭圆等）图形。使用这两个控件的优点是：

（1）所需要的系统资源比其他 VB 控件少，从而能够提高应用程序的性能。

（2）创建图形要用的代码比用绘图方法绘制图形少。

8.3.1　线条控件

线条控件（Line）是图形控件，它显示水平线、垂直线或者对角线。改变 Line 控件的 BorderStyle 属性即可画出多种线型的直线。

在设计时，可以使用 Line 控件在窗体上绘制线条。可以在容器控件（如窗体、图片框和框架）中显示 Line 控件。运行时不能使用 Move 方法移动 Line 控件，但是可以通过改变 X1、X2、Y1 和 Y2 属性来移动它或者调整它的大小。X1 属性设置（或返回）直线的最左端水平位置坐标，Y1 属性设置（或返回）直线的最左端垂直位置坐标，X2 和 Y2 则分别表示直线右端的水平和垂直坐标。

另外，还可以用 BorderColor 属性设置直线的颜色，BorderWidth 属性设置直线的宽度。

8.3.2　形状控件

形状控件（Shape）是图形控件，显示矩形、正方形、椭圆、圆形、圆角矩形或者圆角正方形。可以在容器中绘制 Shape 控件，但是不能把该控件当作容器。Shape 控件的形状是由 Shape 属性的取值决定的，如表 8.7 所示。

常　　数	设　置　值	描　　述
VbShapeRectangle	0	矩形（默认值）
VbShapeSquare	1	正方形
VbShapeOval	2	椭圆形
VbShapeCircle	3	圆形
VbShapeRoundedRectangle	4	圆角矩形
VbShapeRoundedSquare	5	圆角正方形

表 8.7　　　　　　　　　　　　　　Shape 属性列表

8.4　绘图方法

除了绘图控件之外，Visual Basic 还提供了一套绘图方法，包括 Pset 方法、Point 方法、Line 方法、Circle 方法、PaintPicture 方法、以及 DrawMode 的显示控制作用。

8.4.1　Pset 方法

Pset 方法可以在指定位置用指定的颜色画一个点。点的大小由对象的 DrawWidth 属性指定。其格式为：

　　对象名. Pset Step（x,y）,颜色

说明：

（1）对象名。可以是窗体、框架或图片框。如果对象名缺省，则为当前具有焦点的窗体。

（2）Step。为可选项，在一般情况下，x,y 是相对于原点的偏移量。如果有可选项 Step，则 x,y 是相对于"当前作图位置"（CurrentX，CurrentY）的偏移量。CurrentX 和 CurrentY 属性用于返回/设置下一次打印或绘图方法的水平坐标（CurrentX）和垂直坐标（CurrentY）。

（3）（x,y）。为必选项，指明所画点的坐标。x 和 y 是 Single 型，默认以 Tiwp(缇)为单位。即在一般情况下，用 Pset 方法画点时，使用的是 Tiwp 坐标系统（或默认坐标系统）。

（4）"颜色"为可选项，用来指定绘制点时使用的颜色，是一个 Long 型数据。默认时系统用对象的 ForeColor 属性作为绘制点的颜色。此参数还可以用 QBColor 函数或 RGB 函数指定。例如：

PSet (1000，2000)，RGB(125，125，255)

8.4.2　Line 方法

Line 方法用于在窗体、框架或图片框中绘制直线和矩形。

1. 直线

用 Line 方法绘制直线的格式为：

　　对象名．Line Step(x1,y1)－Step(x2,y2),颜色

说明：

(1) 对象名。可以是窗体、框架或图片框，缺省时为当前窗体。

(2) Step。为可选项，表示其后的坐标值使用的是相对偏移量。

(3)（x1,y1）。是直线的起点坐标值，若省略（x1,y1），则起点为当前坐标（CurrentX，CurrentY）。其前有 Step，则表示相对于当前位置的偏移量；其前无 Step，则表示相对于原点的偏移量。

(4)（x2,y2）。是直线的终点坐标值，不可以省略。其前有 Step，则表示相对于（x1,y1）的偏移量；其前无 Step，则表示相对于原点的偏移量。

(5)"颜色"。为可选项，指定画线时用的 RGB 颜色。

例如：

　　Line (100，100)－(2000，2000)，RGB(255，125，255)

2. 矩形

用 Line 方法绘制矩形，有两种操作方法：

(1) 用绘制直线的方法依次画出矩形的四条边。

(2) 通过指定矩形的左上角和右下角坐标。

前者使用起来不方便，一般不常用；后者除了可以绘制矩形外，还可以用指定的图案、颜色填充矩形，使用起来灵活方便。

用 Line 方法绘制矩形的格式为：

　　对象名．Line Step(x1,y1)－Step(x2,y2),颜色,B F

说明：

① B 参数。为可选项，用于说明使用 Line 方法绘制矩形，若省略，则只能画直线。

② F 参数。为可选项，用于说明使用绘制当前矩形的颜色来填充矩形（即画出实心矩形），省略时绘制空心矩形。

③ F 参数必须与 B 参数一同使用，写成"BF"的形式。若无参数"B"（即仅画直线），则参数"F"不起作用（谈不上什么填充）。例如：

　　Line (100，100)－(2000，2000)，RGB(255，125，255)，B

Line (100，100)－(2000，2000)，RGB(255，125，255)，BF

【例 8.3】 用 Line 方法在窗体上画一个迷宫。

新建工程，在窗体的 Click 文件中编写代码如下：

```
Private Sub Form_Click()
        Const length ＝ 10          '定义基本步长
        Dim CX，CY As Integer
        Dim Step As Integer
        ScaleMode ＝ 3          '设置 ScaleMode 为像素
        CX ＝ ScaleWidth / 2          '水平中点坐标
        CY ＝ ScaleHeight / 2          '垂直中点坐标
        ForeColor ＝ QBColor(5)          '设置前景色
        DrawWidth ＝ 2          '设置线宽
        Line (CX，CY)－(CX － DrawWidth，CY)          '画初始线
        Step ＝ length          '设置临时步长
        For i ＝ 1 To 10
                CX ＝ CX － Step          '计算坐标
                Line －(CX，CY)          '向左画线
                CY ＝ CY － Step          '计算坐标
                Line －(CX，CY)          '向上画线
                Step ＝ Step ＋ length          '增加步长
                CX ＝ CX ＋ Step          '计算坐标
                Line －(CX，CY)          '向右画线
                CY ＝ CY ＋ Step          '计算坐标
                Line －(CX，CY)          '向下画线
                Step ＝ Step ＋ length          '增加步长
        Next i
    End Sub
```

运行程序后单击窗体，运行结果如图 8.6 所示。

8.4.3 Circle 方法

该方法用于绘制圆、椭圆、扇形和圆弧等图形。

1. 圆

用 Circle 方法绘制圆的格式如下：

对象名. Circle Step (x,y),半径,颜色

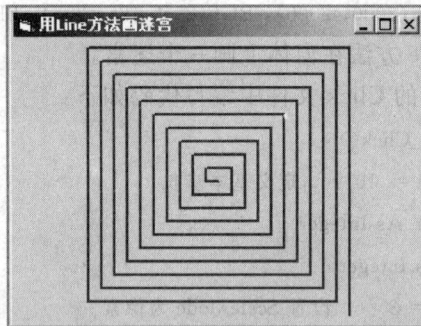

图 8.6 绘制迷宫

说明：

(1) 对象名。为可选项，它可以是窗体、图片框或框架。默认是具有焦点的窗体。

(2) Step。为可选项，用于指定圆的中心坐标(x，y)是相对于当前图形点(CurrentX，CurrentY)。有 Step，则表示相对于当前位置的偏移量；无 Step，则表示相对于原点的偏移量。

(3) (x，y)。为必选项，以(x，y)为圆心，用指定的"半径"和"颜色"画一个圆；省略参数"颜色"时，则以对象的 ForeColor 属性设置的颜色画圆。例如：

```
Circle (1500, 1500), 1000
```

2. 椭圆

用 Circle 方法绘制椭圆的格式如下：

　　对象名. Circle Step(x，y)，半径，颜色，，，纵横比

其中，参数"纵横比"为必选项，决定所画椭圆纵轴与横轴的比值。当比值大于 1 时，绘制扁形椭圆(垂直方向大于水平方向)；当比值小于 1 时，绘制椭圆；当比值等于 1 时，绘制圆。例如：

```
Circle (1500, 1500), 1000, RGB(255, 125, 255), , , 2
```

在参数"纵横比"前有三个逗号不能省略，实际上还有两个参数未写出，在画圆弧时要用到这两个参数。

3. 弧和扇形

弧和扇形既有相同点，也有不同点。弧看作是有圆或椭圆的边线中截取的一部分；而扇形还要在弧的基础上，从弧的两端再分别引一条到圆心的直线，它是封闭的图形。

用 Circle 方法绘制弧和扇形的格式如下：

　　对象名. Circle(x，y)，半径，颜色，起始角，终止角，纵横比

画弧时,起始角和终止角均为正,从起点至终点按逆时针方向画弧;画扇形时,起始角和终止角均为负,从起点至终点按逆时针方向画扇形。

说明:

(1) 起始角和终止角以弧度为单位。

(2) 起始角和终止角的符号必须一致,即要么同正要么同负。

(3) 负值仅仅表示画扇形,不表示数学上的不同象限。

例如:

Const PI As Single = 3.1415926

Circle (1500, 1500), 1000, RGB(0, 0, 0), 1 / PI, 2 * PI / 2

Circle (1500, 1500), 1000, RGB(0, 0, 0), −1 / PI, −2 * PI / 2

8.4.4　DrawMode 属性

在 Visual Basic 的 Form、Picture、Line 及 Shape 等窗体或控件中都有一个绘图模式属性 DrawMode,用来设置绘图模式,即确定绘图方法的输出外貌。Visual Basic 提供 16 种 DrawMode,通常使用的 DrawMode 值为 13,其意义为用户指定的颜色为何值,就直接用该颜色画出。DrawMode 属性常用的设置值如表 8.8 所示。

表 8.8　　　　　　　　　　　　DrawMode 属性常用设置值

设置值	含　义
4	画出相反的直线样式
6	表示绘图模式为反转,即显示颜色的反相
7	Xor 笔。显示出直线样式和现存显示的区别。用这种模式绘制对象两次,将精确地恢复该处原来的背景
11	无操作,效果相当于关掉了绘画
13	使用由 ForeColor 前景色指定的颜色

巧妙的使用 DrawMode 属性,可以构造出许多特殊的绘图效果。

8.5　应用实例

8.5.1　图形绘制

在 Visual Basic 中提供了相当强的绘图功能,可以在窗体或图形框中利用各种方法和属性绘制各种图形,灵活使用这些绘图方法及属性不仅可以完成许多特殊的功能,而且可以为程序界面增加许多活力。

【例 8.4】 绘制一个具有立体感效果的三角锥体,以(m,n)作为锥体的顶点坐标。

新建工程,在窗体上添加一个图片框控件 PicTaper,将它的 Height 属性值和 Width 属性值分别设置为 3300、3200,并在窗体的 Click 事件中编写如下代码:

```
Private Sub Form_Click()
    Dim m As Integer, n As Integer
    Dim i As Integer
    PicTaper. DrawWidth = 1
    PicTaper. DrawStyle = 0
    PicTaper. BackColor = RGB(210, 150, 0)
    PicTaper. Cls
    m = 1500
    n = 100
    For i = 0 To 1200
        PicTaper. Line (m,n+2.5 * i)−(m+i/2,n+2 * i),RGB(180,180,180)
        PicTaper. Line (m,n+2.5 * i)−(m−i/2,n+2 * i),RGB(80,80,80)
    Next i
End Sub
```

运行程序,在窗体上单击鼠标,运行结果如图 8.7 所示。

8.5.2　动画设计

动画是一种运动的模拟,实现方法是在屏幕上快速地显示一组相关的图像。因此实现动画的基础是图像的显示和使图像快速、定时地移动或变化。

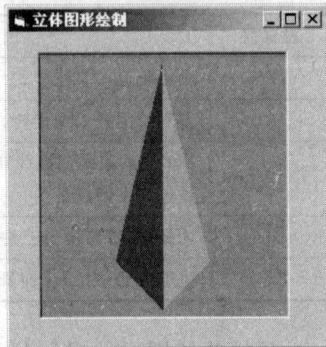

图 8.7　三角锥体

在 Visual Basic 中,LoadPicture 函数可以将 bmp、ico 和 wmf 等格式的图像文件装入内存,并将函数返回值赋给 PictureBox 控件或 Image 控件的 Picture 属性,从而在 PictureBox 控件或 Image 控件中显示图像。

使图像移动或变化的基本方法有三种:

(1) 改变图像的 Top 及 Left 属性来移动图像。

(2) 调用 LoadPicture 函数装载不同的图像,并赋给 PictureBox 控件或 Im-

age 控件的 Picture 属性,以实现图像的变化。

（3）修改 PictureBox 控件或 Image 控件的 Width 属性或 Height 属性,以实现图像大小的变化。

另外,还应使用 Timer 控件的 Interval 属性设置定时间隔,以决定图像的变化或移动速度。

【例 8.5】　编写一个模拟行星绕太阳运动的程序。已知行星运动的椭圆方程为:

$$x = x_0 + r_x \cos \alpha,\ y = y_0 + r_y \sin \alpha$$

其中,x_0、y_0 为椭圆圆心坐标;r_x 为水平半径;r_y 为垂直半径;α 为圆心角。

在窗体 frmAnimate 中添加两个形状控件 shpSun 和 shpPlanet,以及一个时钟控件 Timer1。根据表 8.9 设置各控件的属性。

表 8.9　　　　　　　　　动画程序对象属性设置

对 象 名	属 性	值
frmAnimate	Caption	"动画演示"
shpSun	Shape	3—Circle
	FillStyle	0—Solid
	FillColor	红色
	Height	650
	Width	650
shpPlanet	Shape	3—Circle
	FillStyle	0—Solid
	FillColor	蓝色
	Height	300
	Width	300
Timer1	Interval	100

编写 Form_Load()、Timer1_Timer()事件过程如下:

```
Private Sub Form_Load()
    '让 shpSun 位于窗体中央
    shpSun. Left = frmAnimate. ScaleWidth / 2 — shpSun. Width / 2
```

```
        shpSun. Top = frmAnimate. ScaleHeight / 2 - shpSun. Height / 2
        '计算椭圆轨道的水平半径
        rx = frmAnimate. ScaleWidth / 2 - shpPlanet. Width / 2
        '计算椭圆轨道的垂直半径
        ry = frmAnimate. ScaleHeight / 2 - shpPlanet. Height / 2

        '将 shpPlanet 的起始位置定位在水平的 0 度位置上
        shpPlanet. Left = frmAnimate. ScaleWidth / 2 + rx - shpPlanet. Width / 2
        shpPlanet. Top = frmAnimate. ScaleHeight / 2 - shpPlanet. Height / 2
    End Sub
    Private Sub Timer1_Timer()
        Dim x As Single, y As Single
        alfa = alfa + 0.05
        '画行星的运行轨迹
        Circle (frmAnimate. ScaleWidth / 2, frmAnimate. ScaleHeight / 2), rx, -
            RGB(0, 0, 255), , , ry / rx
        x = frmAnimate. ScaleWidth / 2 + rx * Cos(alfa)      '椭圆的 x 坐标
        y = frmAnimate. ScaleHeight / 2 + ry * Sin(alfa)     '椭圆的 y 坐标
        shpPlanet. Left = x - shpPlanet. Width / 2
        shpPlanet. Top = y - shpPlanet. Height / 2

    End Sub
```

程序运行结果如图 8.8 所示。

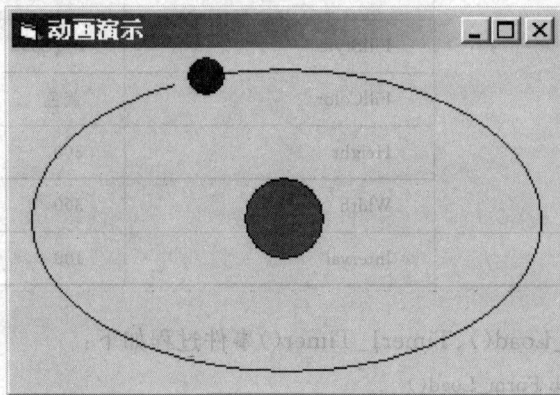

图 8.8   行星运行模拟

本章小结

　　坐标系统是图形设计的基础,在 Visual Basic 中,坐标系统分为三类,即缺省规格、标准规格和自定义规格。

　　计算机中一般采用 RGB 颜色模式,红、绿、蓝三种颜色的成分取值都在 0 到 255 之间。

　　Visual Basic 中与图形有关的控件有图片框(PictureBox)、图像框(Image)、线条控件(Line)和形状控件(Shape)。能作为图形容器的对象有窗体和图片框,它们既可以作为各种图形控件的载体,也可以作为各种绘图方法的操作对象。

　　在 Visual Basic 中进行图形处理主要有三种方式:显示已经存在的图形;使用绘图控件绘制图形;使用绘图方法绘制图形。可以利用窗体、图片框或图形控件显示图片,还用直线控件 Line、形状控件 Shape 来绘制图形,也可以使用绘图方法创建变化灵活的图形。常用的绘图方法有 Pset 方法、Point 方法、Line 方法、Circle 方法、PaintPicture 方法等。

习　题　8

1. 选择题

　　(1) 坐标度量单位可以通过 _____ 来改变。

　　A. DrawStyle 属性　　B. DrawWidth 属性　　C. ScaleWidth 属性　　D. ScaleMode 属性

　　(2) 以下的属性和方法中_____可重新定义坐标系。

　　A. DrawStyle 属性　　B. DrawWidth 属性　　C. Scale 方法　　　　D. ScaleMode 属性

　　(3) 下面_____对象具有绘图方法。

　　A. Image　　　　　　B. Line　　　　　　　C. PictureBox　　　　D. Frame

　　(4) 如果在图片框上使用绘图方法绘制一个圆,则图片框的属性中,哪个不会对此圆的外观产生影响:_____

　　A. BackColor　　　　B. ForeColor　　　　C. DrawWidth　　　　D. DrawStyle

　　(5) 调用一次 Circle 方法,不能绘制出下面哪个图形:_____

　　A. 圆弧　　　　　　B. 椭圆弧　　　　　　C. 扇形　　　　　　　D. 螺旋线

2. 判断题

　　(1) Visual Basic 提供的几种标准坐标系统的原点都是在绘图区域的左上角,如果要把坐标原点放在其他位置,则必须使用自定义坐标系统。　　　　　　　　(　　)

　　(2) 使用长整形数表示的颜色数要比使用 RGB 函数返回的颜色数多。　　(　　)

　　(3) 窗体和图片框的绘图方法所绘制的图形的外观会受到对象某些属性的影响。

　　　　　　　　　　　　　　　　　　　　　　　　　　　　　　　　　(　　)

(4) 已知窗体的 FillColor＝RGB(255,0,0)红,Forecolor＝RGB(0,255,0)绿,FillStyle＝0(solid)语句 Circle(200,100),500,,,,2 的输出结果是绿边红心的长椭圆。　　　　(　　)

3. 编程题

(1) 绘制小时钟程序,利用 Timer 控件来控制指针的转动。

(2) 在窗体上绘制如图 8.9 所示李萨如曲线,其方程为:$\begin{cases} x=C*\sin(2\theta) \\ y=C*\sin(3\theta) \end{cases}$,其中 $C>0$。

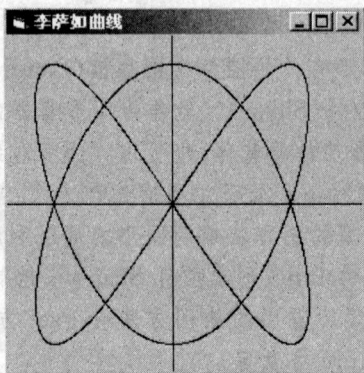

图 8.9　李萨如曲线

第 9 章 文 件

  磁盘文件是永久存储信息的重要方式。Visual Basic 提供了功能齐全的文件操作语句和函数,能够实现文件的拷贝、删除、改名和移动等操作。本章首先介绍了和文件有关的概念,接着比较系统地介绍了操作和访问文件的方法,使应用程序可以同 Windows 的资源管理器一样自由地查看磁盘、目录和文件等信息。

9.1　文件的概念

  变量可以在应用程序的各个部分之间保存数据并且传递信息,使程序完成预定的功能。但是,变量的值是保存在内存中的,程序关闭或系统断电都会使变量的值立即丢失。因此,应用程序在工作过程中或工作完成时,应该把处理得到的结果输出到某种介质中,供该应用程序或者其他程序以后使用。

  磁盘文件是永久存储信息的重要方式。程序和数据都是以文件的形式存放在外部存储介质的,如磁盘、磁带、光盘等。

  所谓"文件",是指存放在外部介质上以文件名为标识的数据集合。例如,用 Word 或 Excel 编辑制作的文档就是一个文件,文件通常放到磁盘、光盘、磁带等介质上。

  可以从不同的角度对文件分类。根据文件内容,可以分为程序文件和数据文件两大类。本章介绍的内容,主要针对数据文件。

9.1.1　文件说明及文件结构

  每一个文件都应当有一个文件名,用以标识这个文件。计算机的文件管理系统不允许同一介质的同一个路径中有两个相同的文件名,否则就无法区别。但不同介质或同一介质的不同路径可以有同名的文件,因为查找文件是按介质和路径进行的。在具体介绍文件的操作之前,先介绍如何对文件命名,然后介绍 Visual Basic 中文件的一般结构和种类。

1. 文件名

完整的文件名由盘符、路径和文件引用名构成。其中，盘符为磁盘所在的驱动器号，如 A,B,C,D 等。如果在格式中不写盘符和路径，意味着是当前盘的当前路径。例如：

C:\\MyProject\\Ball. vbp

.. \\Grades. qtr

文件引用名由两部分组成，即文件基本名和扩展名，由扩展名前的小数点将两者隔开。文件基本名表示文件的内容提要；扩展名表示文件的类型。例如，Visual Basic 窗体文件的扩展名为.frm，工程文件的扩展名为.vbp，标准模块文件的扩展名为.bas，可执行文件的扩展名为.exe 等。

文件基本名和扩展名可用英文字母、数字及某些特殊字符表示。在 Windows 环境中，文件名不区分大小写字母。

2. 数据文件结构

为了有效地存取数据，数据必须以某种特定的方式存放，这种特定的方式称为文件结构。不同的文件有不同的结构，只要按照文件结构存取，就能读取或写入数据。这里介绍由记录组成的文件，其记录由字段组成，字段又由字符组成。

（1）字符（Character）。是构成文件的最基本单位。字符可以是数字、字母、特殊符号或单一字节。

注意：Visual Basic 支持双字节字符，当计算字符串长度时，一个西文字符和一个汉字都作为一个字符计算。

（2）字段（Field）。也称域，由若干个字符组成，用来表示一项数据。例如，准考证号"20060005"就是一个字段，它由 8 个字符组成；姓名"王鹏"也是一个字段，它由两个汉字字符组成，如表 9.1 所示。

（3）记录（Record）。由一组相关的字段组成。例如，高考成绩中，每个人的姓名、准考证号、语文、数学等各门课程成绩以及总分字段等构成一个记录，如表 9.1 所示。

（4）文件（File）。是由记录构成，一个文件含有一个以上的记录。例如，在高考成绩文件中有若干个人的信息，每个人的信息是一个记录，如表 9.1 所示。

表 9.1　　　　　　　　　　　　高考成绩文件

姓　名	准考证号	语文	数学	外语	政治	物理	化学	生物	总分
王　鹏	20060005	89	87	67	89	90	76	85	583
张冬青	20060006	78	65	80	78	91	67	84	543

9.1.2　文件的分类

根据不同的标准,文件可分为不同的类型。

1. 依据文件内容分类

依据文件的内容,可分为程序文件和数据文件。

程序文件存放的是可以由计算机执行的程序,包括源文件和可执行文件。在 Visual Basic 中,扩展名为.exe、.frm、.vbp、.vbg、.bas 和.cls 的文件都是程序文件。

数据文件用来存放普通的数据。例如,学生考试成绩、职工工资、商品库存等。这类数据必须通过程序来存取和管理。

2. 依据文件的组织形式分类

依据文件的组织形式可分为顺序文件和随机文件。顺序文件的结构比较简单,文件中的记录一个接一个地存放。但顺序文件的维护困难,为了修改文件中的某个记录,必须把整个文件读入内存,修改完后再重新写入磁盘。顺序文件只能按顺序从头到尾读/写文件中的数据,适用于有一定规律且不经常修改的数据。

随机存取文件又称直接存取文件,简称随机文件或直接文件。在访问随机文件中的数据时,可以根据需要访问文件中的任一记录。在随机文件中,每个记录的长度是固定的,记录中的每个字段的长度也是固定的。随机文件的每个记录都有一个记录号。在读写数据时,只要指定记录号,就可以直接存取任意指定的记录。随机文件的优点是数据的存取较为灵活、方便,速度较快,容易修改;缺点是所占空间较大,程序设计繁琐。

3. 依据存储信息的形式分类

根据存储信息的形式,可以分为 ASCII 文件和二进制文件。ASCII 文件又称文本文件,它以 ASCII 方式保存文件。其中字符和数字用其对应的 ASCII 码存储,汉字存储则使用双字节的汉字字符集编码。这种文件可以用字处理软件建立和修改(必须按纯文本文件保存)。

二进制文件是以机内存储数据的形式存储的。例如,十进制整数 10000,在内存中以二进制形式存储,占 2 个字节。如果以 ASCII 形式存放在磁盘上,每个字符占 1 个字节,共占 5 个字节。若按二进制形式输出到磁盘上,只占 2 个字节。

二进制文件不具有可读性,不能用文本编辑器建立或修改;但它所占空间较小,节省输入输出时机内存储格式与 ASCII 码的转换时间。

4. 依据操作方式分类

依操作方式的不同细分为三类：

（1）顺序访问文件。适用于读写在连续块中的文本文件。

顺序访问是为普通的文本文件的使用设计的，它是一系列的 ASCII 码格式的文本行，数据按顺序排列存放，与文档中出现的顺序相同。每行的长度可以变化，是最简单的文件结构，任何文本编辑器都可以读写这种文件。文件中每一个字符都被假设为代表一个文本字符或者文本格式序列，比如换行符（NL）。

（2）随机访问文件。适用于读写有固定长度记录结构的文本文件或者二进制文件。

随机访问时，打开的文件认为是由相同长度的记录集合组成。可用用户定义的类型来创建由各种各样的字段组成的记录，且每个字段可以有不同的数据类型。

（3）二进制访问文件。适用于读写任意有结构的文件。

二进制访问时，允许使用文件来存储所希望的数据。除了没有数据类型或者记录长度的含义以外，它与随机访问很相似。然而，为了能够正确地对它检索，必须精确地知道数据是如何写到文件中的。二进制存取可定位到文件的任何字节位置，即定位到字符；二进制存取从文件中读出数据或向文件中写入数据的长度，取决于 Get 或 Put 语句中变量的长度；二进制访问中的 Open 语句没有指定记录长度，即使指定记录长度也被忽略。

9.2　文件系统控件

为了管理计算机中的文件，Visual Basic 提供了文件系统控件。下面介绍这些控件的功能、用法及如何用它们开发应用程序。

在 Windows 应用程序中，当打开文件或将数据存入磁盘时，通常要打开一个对话框。利用这个对话框，可以指定文件、目录及驱动器名，方便地查看系统的磁盘、目录及文件等信息。为了建立这样的对话框，Visual Basic 提供了三个控件，即驱动器列表框（Drive ListBox）、目录列表框（Directory Listbox）和文件列表框（File Listbox），如图 9.1 所示。利用这三个控件，可以编写文件管理程序。

图 9.1　文件系统控件

9.2.1　驱动器列表框控件

驱动器列表框(Drive ListBox)控件是一个包含有效驱动器的下拉列表控件,运行时用它选择一个有效的磁盘驱动器。该控件列出计算机上所有硬盘、软盘、光盘驱动器,甚至网络共享驱动器,并在每个驱动器号前显示不同类型的图标。用户可以根据需要从中选择一个驱动器。

1. 驱动器列表框控件的属性

(1) Name 属性。驱动器列表框控件的标识名。

(2) Drive 属性。驱动器列表框控件最重要和常用的属性就是 Drive 属性。Drive 属性只能用程序代码设置,不能通过属性窗口设置。其格式为:

　　　对象名.Drive =驱动器名

其中,"驱动器名"是可选项,用来指定驱动器,如果省略则 Drive 属性值是当前驱动器。如果所选择的驱动器在当前系统中不存在,则产生错误。

(3) Enabled 属性。返回或设置一个值,该值用来确定控件是否能够对用户产生的事件做出反应。

(4) Visible 属性。返回或设置对象为可见或隐藏的值。

2. 驱动器列表框控件的事件——Change 事件

Change 事件在改变驱动器选择时发生。当选择一个新的驱动器或者通过代码改变 DriverListBox 控件的 Drive 属性的设置时,都将引发 Change 事件。可以在 Change 事件过程中协调各控件间显示的数据或使它们同步。

驱动器列表框的默认名称为 Drive1,其 Change 事件过程的开头为 Drive1_Change()。指示一个控件的内容已经改变。

Change 事件处理过程的语法为:

　　　Private Sub 对象名_Change(index As Integer)

其中,index 用来惟一地标识一个在控件数组中的控件,当不使用控件数组时参数为空。

9.2.2　目录列表框控件

目录列表框(DirListBox)控件用来显示当前驱动器上的目录结构,刚建立时显示当前驱动器的顶层目录和当前目录。

1. 目录列表框控件的属性

(1) Name 属性。目录列表框控件的对象标识名。

(2) Path 属性。在目录列表框中只能显示当前驱动器上的目录。如果要显示其他驱动器上的目录,必须改变路径,即重新设置目录列表框的 Path 属性。

Path 属性适用于目录列表框和文件列表框,用来返回或设置当前列表框中当前选定的目录路径。其格式为:

　　　　对象名.Path="路径"

其中,"路径"属于可选项,是一个指示路径的字符串。例如:

　　　　C:\Windows\System

如果省略"路径",则显示当前路径。例如:

　　　　Dirl.Path="C:\\MSOffice"

将重新设置路径,于目录列表框中显示 C 盘上 MSOffice 目录下的目录结构。

改变 Path 属性只能在程序代码中设置,不能在属性窗口中设置。如果要在程序中对指定目录及其上下级目录进行操作,就要用到 List、ListCount 和 ListIndex 等属性,这些属性使用方法与列表框(ListBox)控件基本类似。

2. 目录列表框控件的事件

(1) Change 事件。对目录列表框来说,可以显示分层的目录列表。当前目录(即 Path 属性的值)被改变时将引发 Change 事件。

(2) Click 事件。当用户单击目录列表框时触发此事件。

9.2.3　文件列表框控件

文件列表框(File ListBox)控件中可以显示由 Path 属性指定的目录下的文件,用于文件名的选择。文件列表框的默认控件名是 File1。

1. 文件列表框控件的属性

(1) Pattern 属性。Pattern 属性用来设置在执行时要显示的某一种类型的文件,可以在设计阶段用属性窗口设置,也可以通过程序代码设置。在默认情况下,Pattern 的属性值为 ＊.＊,即所有文件。在设计阶段,建立了文件列表框后,查看属性窗口中的 Pattern 属性,可以发现其默认值为 ＊.＊。如果把它改为 ＊.EXE,则在执行时文件列表框中显示的是 ＊.EXE 文件。在程序代码中设置 Pattern 的格式如下:

　　　　对象名.Pattern ＝ 属性值

当 Pattern 属性改变时,将产生 PatternChange 事件。

(2) FileName 属性。FileName 属性用来在文件列表框中设置或返回某一选定的文件名称。其格式如下:

　　　　对象名.FileName ＝文件名

其中,文件名可以带有路径,可以有通配符,因此可用它设置 Drive,Path 或 Pattern 属性。

（3）ListCount 属性。ListCount 属性返回控件内所列项目的总数。该属性不能在属性窗口中设置，只能在程序代码中使用。其格式为：

对象名.ListCount

（4）ListIndex 属性。用来设置或返回当前控件上所选择的项目的"索引值"（即下标）。该属性只能在程序代码中使用，不能通过属性窗口设置。在文件列表框中，第一项的索引值为 0，第二项为 1，依次类推。如果没有选中任何项，则 ListIndex 属性的值将被设置为—1。其格式为：

对象名.ListIndex＝索引值

（5）List 属性。在程序设计阶段，可以在属性窗口中的 List 属性处为文件列表框添加初始项目。在程序运行时，可以使用 List 属性来改变控件现有项目的文字。其格式为：

对象名.List(索引)＝字符串表达式

其中，"控件"可以是组合框、列表框、驱动器列表框、目录列表框或文件列表框；在 List 属性中存有文件列表框中所有项目的数组，可用来设置或返回各种列表框中的某一项目；"索引"是某种列表框中项目的下标（从 0 开始）。

例如，显示给定目录下指定类型的文件列表的程序段为：

```
For i＝0 To File1.ListCount
    Print File1.List(i)
Next i
```

该例用 For 循环输出文件列表框 File1 中的所有项目。

（6）Path 属性。返回或设置当前列表框中当前选定的文件的路径。当 Path 值改变时，会引发一个 PathChange 事件。

（7）FileName 属性。选定文件的名称。

2．文件列表框控件的事件——PathChange 事件

当文件列表框对应的目录（即 Path 属性值）变化时，触发 PathChange 事件。

9.2.4 三个文件系统控件的联动

在实际应用中，驱动器列表框、目录列表框和文件列表框往往需要同步操作，这可以通过属性的改变引发 Change 事件来实现。例如，使驱动器列表框、目录列表框同步的操作代码如下：

```
Private Sub Drive1_Change()
    Dir1.Path＝Drive1.Drive      '当驱动器改变时，设置目录路径
End Sub
```

类似地，使文件列表框与目录列表同步的操作代码如下：

```
Private Sub Dir1_Change()
    File1. Path＝Dir1_Path        '当目录改变时,设置文件路径
End Sub
```

关于三个文件系统控件配合使用,可见例 9.1。

9.3　文件读写的传统方式

在 Visual Basic 中,对数据文件的操作按下述步骤进行:

(1) 打开(或建立)文件。一个文件必须先打开或建立后才能使用。如果一个文件已经存在,则打开该文件;如果不存在,则建立该文件。

文件打开后,都有相应的文件号与打开的文件相关。文件号是一个整数,它可以看成是文件的代表。文件在进行读写时,都需要指定文件号。

(2) 进行读和写操作。在文件处理中,把内存中的数据传输到相关联的外部设备(例如磁盘)并作为文件存放的操作叫做写数据;把数据文件中的数据传输到内存程序中的操作叫做读数据。

(3) 关闭文件。将数据写入磁盘,并释放相关的资源。

在 Visual Basic 中,以上数据文件的操作是通过有关的语句和函数实现的。

9.3.1　顺序文件

1. 顺序文件的打开

如前所述,在对文件进行操作之前,必须先打开或建立文件。Visual Basic 用 Open 语句打开或建立一个文件。打开或建立一个顺序文件的格式为:

　　Open 文件名 For 方式 As ＃ 文件号 Len＝记录长度

其中,Open,For, As 以及 Len 为关键字;"文件名"为必选项。其他参量的含义如下:

(1) 方式。是可选项,指定文件的输入输出方式。对于顺序文件,可能的取值有 Input、Output 和 Append。

① Input:表示以只读方式打开文件。当指定的文件不存在时会出错。

② Output:表示以写的方式打开文件。如果文件不存在,就创建一个新的文件;如果文件已经存在,则删除文件中的已有数据,从头开始写入数据。

③ Append:表示以添加的方式打开文件。如果文件不存在,就创建一个新的文件;如果文件已经存在,则用 Append 方式打开文件时,文件指针被定位在文件末尾,当对文件执行写操作时,写入的数据附加到原来文件的后面。

（2）文件号。属于必选项，是一个整型表达式，其值在 1～511 的范围内。执行 Open 语句时，打开文件的文件号与一个具体的文件相关联，其他输入输出语句或函数通过文件号与文件发生关系。文件号前面的"♯"号可省略。

（3）记录长度。属于可选项，是一个整型表达式，指定数据缓冲区的大小。对顺序文件，"记录长度"指出要装入缓冲区的字符数，与各个记录的大小无关。

例如，使用 Open 语句打开顺序文件的语句为：

'建立并打开一个新的数据文件，使数据可以写到该文件中

Open "Price. dat" For Output As ♯1

'打开一个已存在的数据文件，使新写入的记录附加到文件的后面

Open "Price. dat" For Append As ♯1

'打开已存在的数据文件，以便从文件中读出数据

Open "Price. dat" For Input As ♯1

2．顺序文件的关闭

文件的读写操作结束后，应将文件关闭。关闭一个数据文件时，首先把文件缓冲区中的所有数据写到文件中；然后释放与该文件相联系的文件号，以供其他 Open 语句使用。

文件关闭通过 Close 语句来实现。其格式为：

Close ♯文件号，♯文件号……

其中，"文件号"是可选项。如果指定了文件号，则把指定的文件关闭；如果不指定文件号，则把所有打开的活动文件统统关闭。例如，关闭文件号为 1 的文件，其语句为：

Close ♯1

3．顺序文件的读操作

顺序文件的读操作由 Input ♯ 语句和 Line Input ♯ 语句实现。

（1）Input ♯ 语句。Input ♯ 语句从一个顺序文件中读出一行数据，并把这些数据依次赋给程序变量。其格式为：

Input ♯ 文件号，变量列表

其中，"变量列表"由一个或多个变量组成。从数据文件中读出的数据依次赋给这些变量，因此应与文件中数据项的类型匹配。

例如，从文件中读出三个数据项，分别赋给 A，B，C 三个变量，其语句为：

Input ♯1,A,B,C

（2）Line Input ♯语句。Line Input ♯语句从顺序文件中读取一个完整的行，并把它赋给一个字符串变量。其格式为：

Line Input ♯ 文件号，字符串变量

在文件操作中,Line Input 是十分有用的语句,它可以读取顺序文件中一行的全部字符,直至遇到回车符为止。此外,对于以 ASCII 码存放在磁盘上的各种语言源程序,都可以用 Line Input 语句逐行地读取。

(3) Input $ 函数。Input $ 函数返回从指定文件中读出具有 n 个字符的字符串。其格式为:

Input $(n,♯文件号)

Input $ 函数执行所谓"二进制输入"。它把一个文件作为非格式的字符流来读取。例如,它不把回车换行符看做是一次输入操作的结束标志。因此,当需要用程序从文件中读取单个字符时,或者是用程序读取一个二进制的或非 ASCII 码文件时,使用 Input $ 函数较为适宜。

例如,从文件号为 1 的文件中读取 100 个字符,并把它赋给变量 x $,其语句为:

x $ = Input $ (100,♯1)

【例 9.1】 使用文件系统控件制作简易的文本浏览器,要求任意选定某个文本文件,所选定文件的完整路径显示在一个文本框中,而该文件的内容显示在另一个文本框中。

(1) 界面设计。在窗体 frmFile 上添加一个驱动器列表框控件 Drive1,一个目录列表框控件 Dir1,一个文件列表框控件 File1 和两个文本框控件 txtFile、txtFileText,以及五个标签控件。程序界面如图 9.2 所示,对象属性设置略。

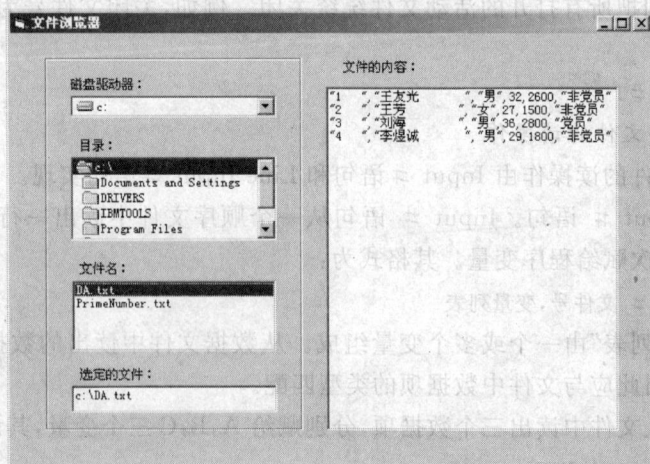

图 9.2　简易文本浏览器

(2) 编写程序代码。

```
Private Sub form_load()
```

```
        file1. Pattern = "* . txt"
End Sub
Private Sub drive1_change()
        Dir1. Path = Drive1. Drive
End Sub
Private Sub dir1_change()
        file1. Path = Dir1. Path
End Sub
Private Sub file1_Click()
        Dim wholef As String, oneline As String
        If Right(file1. Path, 1) <> "\" Then
            txtFile. Text = file1. Path + "\" + file1. FileName
        Else
            txtFile. Text = file1. Path + file1. FileName
        End If
        Open txtFile. Text For Input As #1
        Do While Not EOF(1)
            Line Input #1, oneline
            wholef = wholef + oneline + Chr $ (13) + Chr $ (10)
        Loop
        txtFileText. Text = wholef
        Close
End Sub
```

（3）运行程序。程序运行后,用户首先在驱动器列表中选择驱动器;然后在目录列表中选择目录;最后在文件列表框中选择某一个文本文件。但选定文件后,被选文件的完整路径就会显示在文本框 txtFile 中,而文件的内容就会显示在文本框 txtFileText 中。

4. 顺序文件的写操作

顺序文件的写操作由 Print ♯ 或 Write ♯ 语句来完成。

（1）Print ♯ 语句。Print ♯ 语句与 Print 方法的功能类似,Print 方法所"写"的对象是窗体、打印机或图片框,而 Print ♯ 语句所"写"的对象是文件。其格式为:

　　　Print ♯ 文件号,输出列表

其中,"文件号"是必选项;"输出列表"是可选项,一般是用","或";"分隔的数值或字符串表达式,分别对应紧凑格式和标准格式,省略该项的情况下,将向文件中写入一个空行。

(2) Write # 语句。和 Print # 语句一样,用 Write # 语句可以把数据写入顺序文件中。其格式为:

　　　　Write # 文件号,输出列表

说明:

① "文件号"和"输出列表"的含义同 Print # 命令相同,但"输出列表"中的各项只能以逗号分开。当使用 Write # 语句时,文件必须以 Output 或 Append 方式打开。

② Write # 语句与 Print # 语句的功能基本相同,其主要区别为:当用 Write # 语句向文件写数据时,数据在磁盘上以紧凑格式存放,自动地在数据项之间插入逗号,并给字符串加上双引号;在最后一项被写入后,就插入一个回车换行符 Chr(13)+Chr(10);用 Write # 语句写入的正数的前面没有空格。

例如,将变量 A,B,C 的值写入文件号为 1 的文件中,其语句为:

　　　　Write #1,A,B,C

【例 9.2】　在 D 盘根目录下建立一个顺序文件"Score. txt",用来记录学生的学号、姓名以及数学、英语、计算机三门课程的成绩。

新建工程,在窗体的 Click 事件中编写代码:

```
Private Sub Form_Click()
        Dim sNumber As String, sName As String
        Dim Maths As Integer, English As Integer, Computer As Integer
        Dim i As Integer, n As Integer, p As String
        Open "d:\Score. txt" For Output As #1
        n = InputBox("请输入学生人数")
        For i = 1 To n
                p = "输入第" + Str(i) + "个人的信息"
                sNumber = InputBox("学号", p)
                sName = InputBox("姓名", p)
                Maths = InputBox("数学成绩", p)
                English = InputBox("英语成绩", p)
                Computer = InputBox("计算机成绩", p)
                Write #1, sNumber, sName, Val(Maths), Val(English), Val(Computer)
        Next i
        Close #1
```

End Sub

程序运行后,单击窗体,出现输入框,要求输入学生人数,如图 9.3 所示。

输入学生人数后,在其后出现的各个对话框中依次输入每个学生的学号、姓名和各门课程的成绩。例如,当输入学生人数为 2 时,则需要连续输入两个学生的信息后,不

图 9.3 输入学生人数

再弹出输入框。输入完毕后,通过资源管理器打开"D:\Score. txt",可以看到输入入的学生信息被记录在该文件中。

【例 9.3】 读出例 9.2 所建文件"D:\Score. txt"中的内容,并显示在窗体上。

新建工程,在窗体的 Click 事件中输入如下代码:

```
Private Sub Form_Click()
    Dim stuNumber As String, stuName As String
    Dim Maths As Integer, English As Integer, Computer As Integer
    Me. Print "学号","姓名","数学","英语","计算机"
    Open "d:\Score. txt" For Input As #1
    Do
        Input #1, stuNumber, stuName, Maths, English, Computer
        Me. Print stuNumber, stuName, Maths, English, Computer
    Loop Until EOF(1)      '用 EOF 函数测试文件的结束状态
    Close #1
End Sub
```

程序运行后,单击窗体,窗体上将显示各个学生的学号、姓名和各门课程的成绩,如图 9.4 所示。

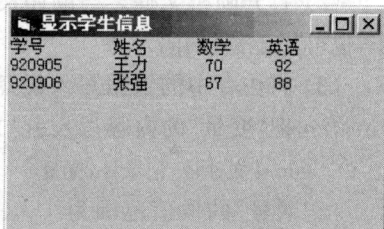

图 9.4 读取文件内容

9.3.2 随机文件

随机文件有以下特点:

(1) 随机文件的记录是定长记录,只有给出记录号 n,才能通过"$(n-1) \times$ 记录长度"计算出该记录与文件首记录的相对地址。因此,在用 Open 语句打开文件时,必须指定记录的长度。

(2) 每个记录划分为若干个字段,每个字段的长度等于相应变量的长度。

(3) 各变量(数据项)要按一定格式置入相应的字段。

1. 随机文件的打开和关闭

(1) 随机文件的打开。打开随机文件也可使用 Open 语句。其格式为：

　　Open 文件名 For Random As ♯ 文件号 Len＝记录长度

其中，For Random 表示打开随机文件，这是默认方式，可以省略；其余各项与打开顺序文件相同。

例如，按随机方式打开或建立一个文件，其语句为：

　　Open "Price. dat" For Random As ♯1

(2) 随机文件的关闭。随机文件的关闭同样使用 Close 语句。

2. 随机文件的写操作

随机文件的写操作步骤为：

(1) 自定义数据类型。随机文件由固定长度的记录组成，每个记录含有若干个字段。可以把记录中的各个字段放在一个记录类型中，记录类型用 Type…End Type 语句定义。但是，Type…End Type 语句只能在标准模块中使用。

例如，建立一个记录学生成绩的文件，则一个学生记录可以定义名为 Student 的用户定义类型，包括学号、姓名和平均成绩三个字段，定义语句如下：

```
Type Student
    Num As String * 4
    Name As String * 10
    AveScore As Integer
End Type
```

(2) 打开随机文件。与顺序文件不同，打开一个随机文件后，既可用于写操作，也可用于读操作。

(3) 将内存中的数据写入磁盘。随机文件的写操作通过 Put 语句来实现。Put 语句把"变量"的内容写入由"文件号"所指定的磁盘文件中。其格式为：

　　Put ♯文件号,记录号,变量

"记录号"的取值范围为 $1\sim(2^{31}-1)$，即 $1\sim2147483647$，是需要写入的记录编号。若文件中已有此记录，则该记录将被新数据覆盖；若记录中无此记录，则在文件中添加一条新记录。如果省略"记录号"，则写入数据的记录号为上次读或写的记录的记录号加 1。

"变量"通常是一个自定义类型的变量，也可以是其他类型的变量。

(4) 关闭文件。关闭文件使用 Close 语句，与顺序文件相同。

3. 随机文件的读操作

从随机文件中读取数据的操作与写文件的操作的步骤类似，只是把 Put 语句用 Get 语句来代替。Get 语句把由"文件号"所指定的磁盘文件中的数据读到"变量"中。其格式为：

　　　Get ♯ 文件号,记录号,变量

　　"记录号"是指要读的记录的编号。如果省略"记录号",则读取下一个记录,即最近执行 Get 语句后的记录,或由最近的 Seek 函数指定的记录。省略"记录号"后,逗号不能省略。

　　4. 记录的增加与删除

　　(1) 增加记录。在随机文件中增加记录,实际上是在文件的末尾附加记录。其方法是:先找到文件最后一个记录的记录号,然后把要增加的记录写到它的后面。

　　(2) 删除记录。在随机文件中删除一个记录时,并不是真正执行删除操作,而是把下一个记录重写到要删除的记录上,其后的所有记录依次前移。

9.3.3　二进制文件

　　利用二进制存取可以获取任一文件的原始字节,即不仅能获取 ASCII 文件,而且能读取或修改以非 ASCII 码格式存盘的文件,如图像文件(. bmp)。

　　1. 打开和关闭二进制文件

　　打开二进制文件使用 Open 语句,其格式为:

　　　Open 文件名 For Binary As ♯ 文件号

　　关闭已打开的二进制文件,使用 Close 语句。

　　二进制存取打开的文件被作为非格式化的字节序列处理,又称为"流式文件"的处理方式。因此,二进制文件本身不必涉及记录,除非把文件中的每个字节看成一个记录。

　　2. 读写二进制文件

　　读写二进制文件可用读写随机文件的语句,即:

　　　Get|Put ♯ 文件号,位置,变量

其中,"变量"可以是任何类型,包括变长字符串和记录类型;"位置"指明下一个 Get 或 Put 操作在文件中的位置。

　　二进制文件中的"位置"相对于文件开头而言,第一个字节的"位置"是 1,第二个字节的"位置"是 2,……。如果省略"位置",则 Get 和 Put 操作将文件指针从第一个字节到最后一个字节顺序进行扫描。

　　Get 语句从文件中读出的字节数等于"变量"的长度;同样,Put 语句向文件中写入的字节数与"变量"的长度相同。例如,如果"变量"为整型,则 Get 语句就把读取的 2 个字节赋给该变量;如果"变量"为单精度型,则 Get 就读取 4 个字节赋给该变量。因此,如果 Get 和 Put 语句中没有指定"位置",则文件指针每次移过一个与"变量"长度相同的距离。

二进制文件与随机文件的不同之处是:二进制存取可以移到文件中的任一字节位置上,然后根据需要读、写任意个数的字节;而随机存取每次只能移到一个记录的边界上,读取固定个数的字节(一个记录的长度)。

二进制文件只能通过 Get 语句或 Input $ 函数读取数据,而 Put 则是向以二进制方式打开的文件中写入数据的惟一方法。

【例 9.4】 假设在 C 盘根目录下有一个文件"MyPic. bmp",编写一个程序,复制该文件到"C:\MyPic_bak. bmp"。

新建工程,在窗体的 Click 事件中输入如下代码:

```
Private Sub Form_Click()
        Dim char As Byte
        Open "C:\MyPic. bmp" For Binary As ♯1      '打开源文件
        Open "C:\MyPic_bak. bmp" For Binary As ♯2      '打开目标文件
        Do While Not EOF(1)
                Get ♯1,, char      '从源文件读出一个字节
                Put ♯2,, char      '将一个字节写入目标文件
        Loop
        Close ♯1
        Close ♯2
    End Sub
```

程序运行后,单击窗体,即可完成文件的复制。

本章小结

所谓"文件",是指存放在外部介质上以文件名为标识的数据集合。

根据不同划分方式,文件可分为不同的类型。根据文件的内容,可分为程序文件和数据文件;根据文件的组织形式,可分为顺序文件和随机文件;根据存储信息的形式,可以分为 ASCII 文件和二进制文件;根据操作方式,可以分为顺序访问文件、随机访问文件和二进制文件。

在 Visual Basic 中,常用的文件系统控件有驱动器列表框(Drive ListBox)、目录列表框(Directory Listbox)和文件列表框(File Listbox)。对数据文件的操作按下述步骤进行:打开或建立文件、进行读和写操作、关闭文件。

习　题　9

1. 填空题

(1) 已知 D 盘根目录下文本文件 in. txt 中的文本行数不超过 50,本程序段在其每一行首添加行号,再写入同一目录下名为 out. txt 的文本文件中。请在横线处填入适当内容。

```
Dim fn As String , strA(50)
Dim int1 As Integer , int2 As Integer
fn = "D:\in. txt"
Open _____ As ♯1
Open "D:\out. txt" For Output As ♯2
int1 = 0
Do Until EOF(1)
        int1 = int1 + 1
        Line _____
Loop
For int2 = 1 To int1
        Print _____
Next
Close
```

(2) 以下是命令按钮的 cmdBegin Click 过程,求 1−100 之间的所有质数。质数的个数显示在窗体上,质数从小到大依次写入顺序文件 C:\PrimeNumber. txt 中,在横线处填上缺少的内容。

```
Private Sub cmdBegin_Click()
    Dim intNum As Integer , int1 As Integer , int2 As Integer
    Open "c:\PrimeNumber. txt"      For Output As ♯1
    intNum = 0
    For int1 = 2 To 100
        For int2 = 2 To int1 / 2
            If _____ Then
                Exit For
            End If
        Next
        If int2 > int1 \ 2 Then
            intNum = intNum + 1
```

```
            _____
         End If
      Next
      Print _____
   Close ♯1
End Sub
```

2. 简答题

(1) 解释顺序文件、随机文件、二进制文件，并区分各自的特点及读/写方法的异同。

(2) 在 Visual Basic 中，文件操作的一般步骤是什么？

(3) 顺序文件的读写操作通过什么语句实现？

(4) 随机文件与顺序文件有什么区别？ 如何对随机文件进行读写操作？

(5) 二进制文件与随机文件有什么差别？

(6) 简述数据文件的结构。

(7) 为什么修改顺序文件的数据时，要先将数据读入内存进行修改，然后再将修改后的数据重新写入文件？

(8) 简述在随机文件中增加一个记录的主要操作过程。

3. 选择题

(1) 向一个顺序文件中写数据时，_____是从文件末尾添加的方式，打开顺序文件。

A. Input   B. Output   C. Write   D. Append

(2) 在 Visual Basic 中三种文件访问方式的类型是_____。

A. 顺序、随机、二进制   B. 顺序、随机、文本

C. 数据库、文本、随机   D. 顺序、文本、二进制

(3) _____ 文件是由一组长度相等的记录组成的。

A. 顺序   B. 随机   C. 二进制   D. 任何

(4) 创建一个 FSO 对象可以通过将一个变量声明为_____对象类型来实现。

A. FileSystemObject   B. File

C. TextStream   D. Folder

(5) 随机访问的文件是由一组相同长度的记录组成的。记录可由标准的数据类型的单一字段组成，或者由用户自定义类型变量所创建的各种各样的字段组成。每个字段的数据类型可以不同，但长度是_____。

A. 任何   B. 数组

C. 不固定的   D. 固定的

(6) 以下哪种方式打开的文件，只能读不能写：_____。

A. Input   B. Output   C. Random   D. Append

4. 编程题

(1) 创建简单的文本编辑器，其功能要求如下：

① 可以通过"文件系统控件"选择文件的路径，也可以输入文件的路径。

② 可以读取所选择的文件,也可以将文本框中编辑的文件保存到磁盘上。

(2) 建立一个学生成绩文件,每个记录包括学号、姓名、性别以及高数、英语的成绩,分别将其存入顺序文件、随机文件(要求数据从键盘输入)。

第 10 章　数据库访问技术

    Visual Basic 提供了丰富的数据库访问功能，通过数据控件，将控件绑定到不同类型的数据源，即可实现数据库应用程序的功能。本章介绍了关系数据库的基本概念、Visual Basic 提供的数据控件、控件的绑定方法和链接数据库的应用程序设计。通过本章的学习，了解数据库应用程序设计的基本方法和步骤，可以进行数据库应用程序的开发和设计工作。

10.1　数据库访问基础

10.1.1　关系数据库基本知识

    为了记载信息，人们使用各种物理符号及其组合来表示信息，这些符号及其组合就是数据。数据的形式多样，如数值数据、文字数据、声音数据和图像数据等。数据库技术的基本思想是对数据实行集中的、统一的、独立的管理，使用户最大限度地共享数据资源。

    关系数据库模型将数据表示为表的集合。不管表在数据库文件中的物理存储方式如何，它都可以看作一组由行和列构成的表。关系数据库通过建立简单表之间的关系来定义结构。

    1. 表、字段和记录

    关系数据库中的数据是有结构的数据集合，表 10.1 为记录教师基本信息的"教师信息表"。

表 10.1　　　　　　　　　　　　　　　**教师信息表**

编号	姓名	性别	职称	出生日期	籍贯
1101	张博文	男	副教授	09/01/62	北京市
1102	赵伟	男	讲师	11/07/74	山东省
1103	刘学芳	女	讲师	03/27/75	陕西省
1104	王田联	男	教授	12/07/59	山西省

　　这是一张记录教师信息的二维表,表的每一行都记录了一名教师的相关数据,在数据库中称为记录。而表的每一列称为字段,是描述教师属性的同类型数据项,如编号、姓名、性别等。

　　2. 键

　　键是表中的一个或一组字段,用来惟一的标识表中的行。

　　3. 关系

　　数据库可以由多个表组成,表和表之间可以通过键相互关联,构成一对一关系、多对一关系和一对多关系。

　　例如,除教师档案表外,还可以构成描述教师任课信息的"教师任课表",教师信息表和教师任课表可以通过教师编号建立起对应关系。

10.1.2　建立数据库

　　建立数据库的目的是为了有效地利用已有的数据信息。因此,在建立数据库时,总是首先对用户所提供的信息和要求进行分析,对现实世界的事物进行抽象,然后根据关系数据库设计原则确定需要建立几个数据库、每个数据库应包含几个表、每个表应包含哪些字段以及表之间如何建立关联等一系列问题,最后利用已有的工具完成数据库的创建,并以文件的方式加以保存。

　　Visual Basic 中使用的数据库可以用多种方法来创建。例如,使用 ADO 数据访问对象可以创建数据库;使用 SQL 语言或 Access 应用程序也可以创建数据库。对于 Jet 数据库,一般情况下先使用 Microsoft Access 应用程序创建好数据库,再在 Visual Basic 应用程序中直接使用,因为利用 Microsoft Access 创建和维护数据库要方便得多。

　　下面主要介绍利用 Microsoft Access 建立数据库的方法。

　　Microsoft Access 是 Office 的套装软件之一,只要安装了 Office 套装软件,在"Microsoft Office"程序组中就可以找到 Microsoft Access 程序。使用 Microsoft Access 建立数据库时,首先要对用户应用程序的要求进行分析,确定需要建立几个数据库,每个数据库应包含几个表,每个表应包含哪些字段,在这些工作做完后,就可以打开 Access 应用程序,完成数据库的建立。

　　下面介绍使用 Access 2003 建立"教师管理"数据库的过程,操作系统为 Windows 2003。

　　1. 启动 Access

　　在 Windows 2003 操作系统中,单击 Windows 任务栏中的"开始"按钮,依次选择"所有程序"→"Microsoft Office"→"Microsoft Office Access 2003",进入 Microsoft Access 2003 主窗口,如图 10.1 所示。

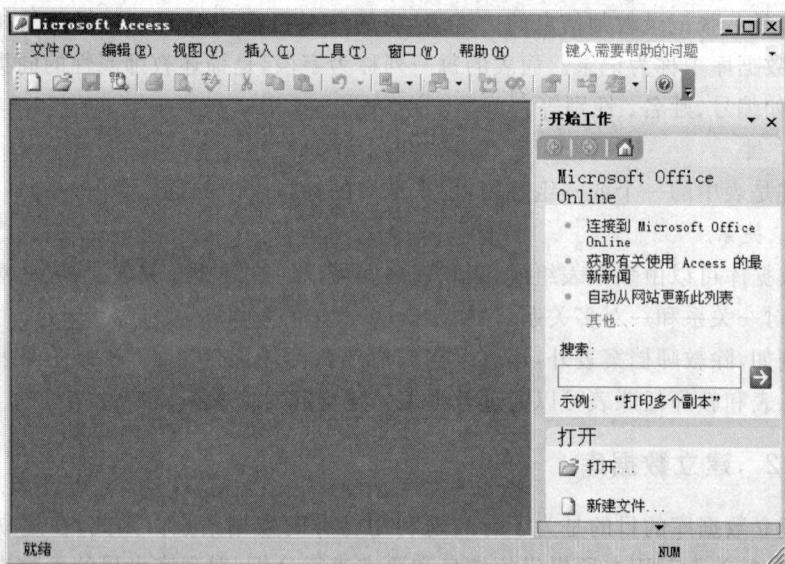

图 10.1　Microsoft Access 2003 主窗口

2. 建立数据库

（1）在应用程序窗口中，选择"文件"菜单中的"新建…"菜单项，在主窗口右侧出现"新建文件"任务窗格，如图 10.2 所示。

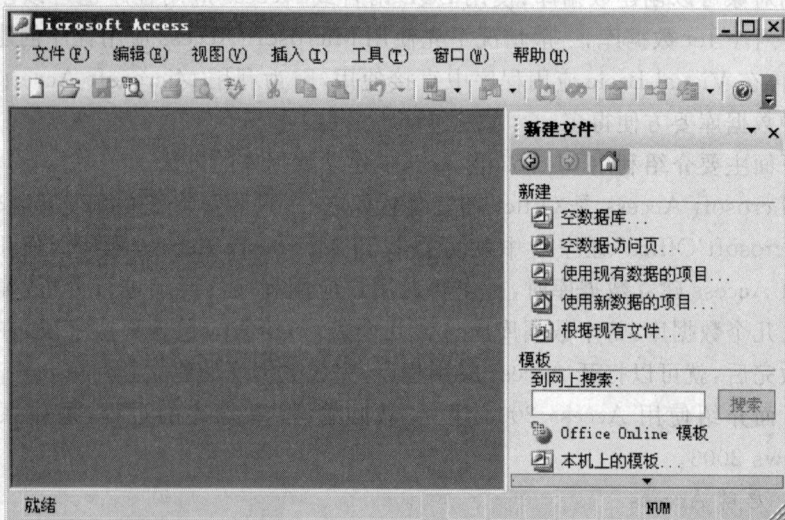

图 10.2　"新建文件"任务窗格

（2）在"新建文件"任务窗格中选择"空数据库"，弹出"文件新建数据库"对话框,如图 10.3 所示。

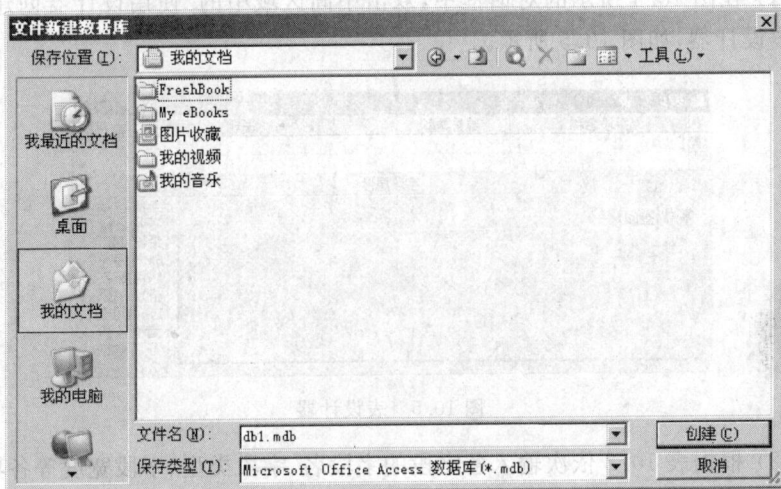

图 10.3　"文件新建数据库"对话框

　　(3) 在图 10.3 所示的对话框中,在"保存位置"中选择好路径,如"C:\",输入数据库文件名"教师管理",单击"创建"按钮。弹出如图 10.4 的对话框,该对话框的标题栏中显示的是数据库名为"教师管理",右侧的对象列表中显示的是数据库中允许的对象类型。在默认状态下,"表"被选中,表示向数据库中添加数据表。

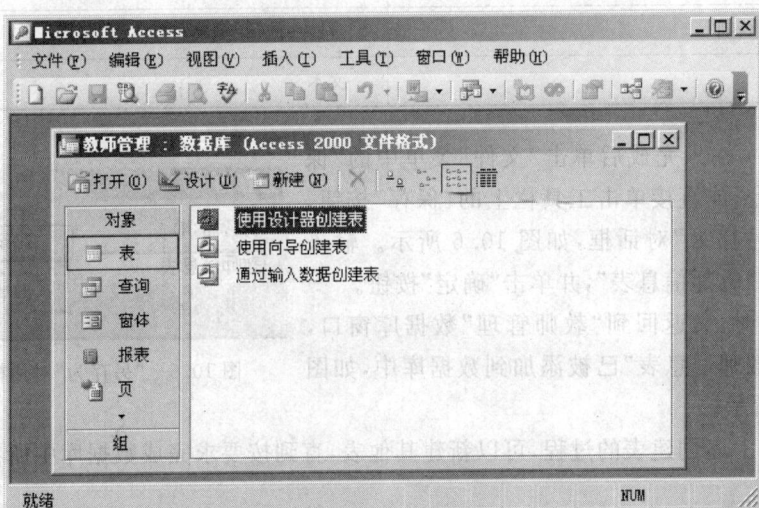

图 10.4　"创建表"对话框

3. 创建数据库表

（1）在图 10.4 所示的对话框中，双击中间区域中的"使用设计器创建表"，打开表设计器，如图 10.5 所示。

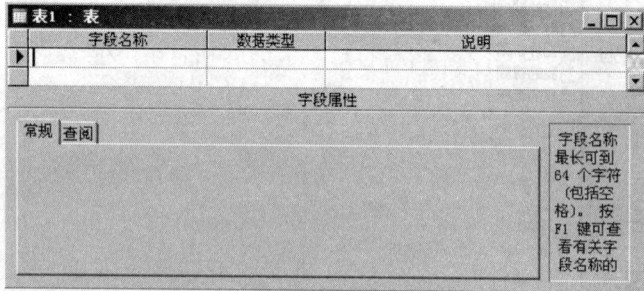

图 10.5　表设计器

（2）根据表 10.2 依次输入各字段的字段名、字段类型、字段宽度等各项。

表 10.2　　　　　　　　　　　　　　教师信息表的设计

字段名称	数据类型
编号	文本
姓名	文本
性别	文本
职称	文本
出生日期	日期/时间
籍贯	文本

（3）输入完成后单击"文件"菜单中的"保存"命令，或直接单击工具栏上的"保存"按钮，弹出"另存为"对话框，如图 10.6 所示。输入表名称"教师信息表"，并单击"确定"按钮。

此时，又返回到"教师管理"数据库窗口，并且"教师信息表"已被添加到数据库中，如图 10.7 所示。

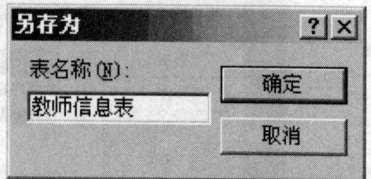

图 10.6　"另存为"对话框

按上述创建表的过程，可以新建其他表，直到按要求完成数据库中所有表的设计。

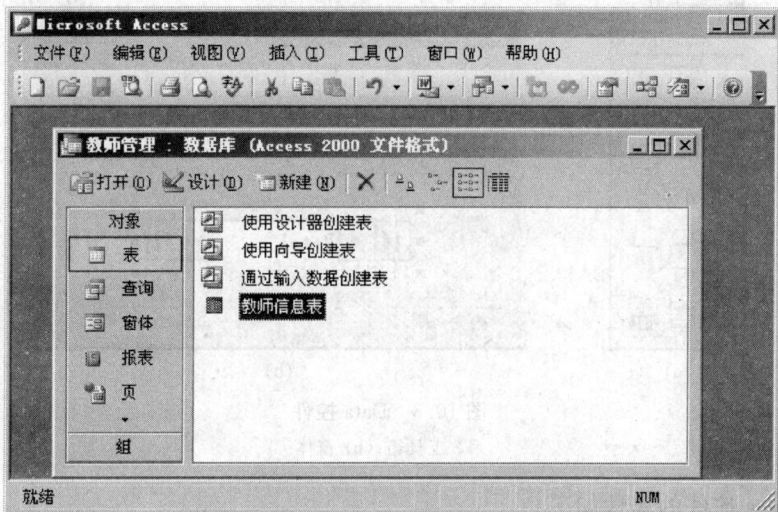

图 10.7 添加表后的数据库窗口

10.2 Data 控件

在编制 Visual Basic 数据库应用程序时,经常使用 Data 控件和绑定控件。Visual Basic 通过 Data 控件与数据库链接,再通过绑定到 Data 上的控件显示和使用数据库中的记录数据。

10.2.1 Data 控件

Data 控件是 Visual Basic 工具箱上的常用控件,使用 Microsoft 的 Jet 数据库引擎实现数据访问,与 Access 所用的数据库引擎相同。Data 控件使用户可以无缝地访问很多标准的数据库格式,而且无需编写任何代码。Data 控件适用于较小的数据库,如 Microsoft Access、Microsoft Excel、Microsoft Visual Fox-pro、Lotus 等,也可以使用 Data 控件访问标准的 ASCII 文本文件。

Data 控件在工具箱和窗体上的外观如图 10.8 所示。Data 控件上有四个按钮,用于移动表中的记录指针,以获取不同位置的记录。从左至右分别是:"移动到第一条记录"、"移动到前一条记录"、"移动到后一条记录"和"移动到最后一条记录"。

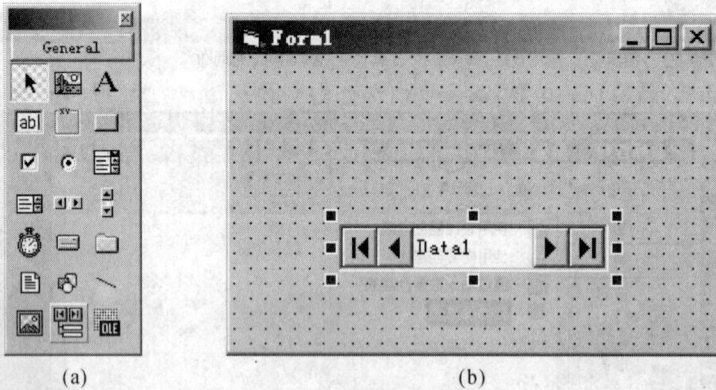

图 10.8　Data 控件
(a) 工具箱；(b) 窗体

Data 控件的属性如下：

(1) DatabaseName 属性。DatabaseName 属性用于设置 Data 控件的数据源的位置及名称，语法格式为：

　　　对象名.DatabaseName＝路径名

其中，对象名指定被添加的 Data 控件名称；路径名指定数据库文件的位置及名称。例如：

　　　Data1.DatabaseName＝"C:\VB\学生档案库.mdb"

(2) RecordSource 属性。RecordSource 属性用于设置 Data 控件的库表，语法格式为：

　　　对象名.RecordSource＝表名

其中，对象名指定被添加的 Data 控件名称；表名指定 Data 控件链接数据库的具体表的名称。例如：

　　　Data1.RecordSource＝"学生档案表"

(3) Connect 属性。Connect 属性用于指定链接的数据库类型，语法格式为：

　　　对象名.Connect＝数据库类型

其中，数据库类型指定链接的数据库类型，对于 Microsoft Access 的数据库可默认该属性。

(4) DefaultType 属性。DefaultType 属性用于设置控件所使用的数据源的类型值。缺省值为 2(dbUseJet)，使用 Jet 类型的数据源。值为 1(dbUseODBC) 时，必须在 Connect 属性中指定 ODBC 连接的字符串。

(5) ReadOnly 属性。ReadOnly 属性设置为 True 时，数据源为只读访问而打开，不能进行数据的修改。

10.2.2　数据绑定控件

1. 数据绑定控件

上面介绍了使用 Data 控件可以链接指定的数据库和表,但若显示或使用数据库表中的数据,还必须使用数据绑定控件。数据绑定控件通过数据控件连接到数据源上,用来显示或使用数据源中的数据。

常用的数据绑定控件有:文本框(TextBox)、标签(Label)、复合列表(ComboBox)、列表框(ListBox)、图像框(Image)、复选框(CheckBox)等。

2. 数据绑定控件的属性

(1) DataSource 属性。DataSource 属性用来设置数据源。通过选择应用程序中的数据控件,将数据绑定控件连接到提供记录的数据源上。

(2) DataField 属性。DataField 属性用来设置数据绑定控件绑定到的字段名。

3. 数据绑定控件与数据控件的连接

在程序中使用数据绑定控件的步骤如下:

(1) 在要绑定 Data 控件的同一窗体中增加一个绑定控件。

(2) 设置其 DataSource 属性,以指定要绑定的 Data 控件。

(3) 设置其 DataField 属性,以指定链接库表中的字段。

例如:

Text1. DataSource="Data1"

Text1. DataField="姓名"

【例 10.1】　使用 Data 控件设计一个简单的教师信息管理程序,程序界面如图10.9所示。

在程序窗体中添加一个 Frame 控件 Frame1、一个 Data 控件 Data1、六个标签控件 Label1～Label6 和六个文本框控件 txtCode、txtName、txtSex、txtRank、txtBirth、txtHometown,窗体和各控件属性设置如表 10.3 所示。

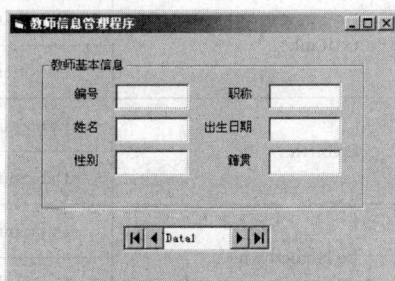

图 10.9　教师信息管理程序界面

表 10.3　　　　　　　　　属性设置

对　象	属　性	值
frmMain	Caption	"教师信息管理程序"
Label1	Caption	"编号"

对　象	属　性	值
Label2	Caption	"姓名"
Label3	Caption	"性别"
Label4	Caption	"职称"
Label5	Caption	"出生日期"
Label6	Caption	"籍贯"
Data1	Connect	Access
	DatabaseName	C:\教师管理.mdb
	RecordSource	教师信息表
txtCode	DataSource	Data1
	DataField	编号
txtName	DataSource	Data1
	DataField	姓名
txtSex	DataSource	Data1
	DataField	性别
txtRank	DataSource	Data1
	DataField	职称
txtBirth	DataSource	Data1
	DataSource	Data1
txtHometown	DataSource	Data1
	DataField	籍贯

　　运行程序，单击窗体上 Data 控件的向前、向后、到记录集头或到记录集尾的按钮，程序可以进行数据浏览的工作。修改窗体上显示的内容，移动记录指针，再重新回到原来的记录位置，可发现记录的内容已经被修改并写回到数据库中。程序运行界面如图 10.10 所示。

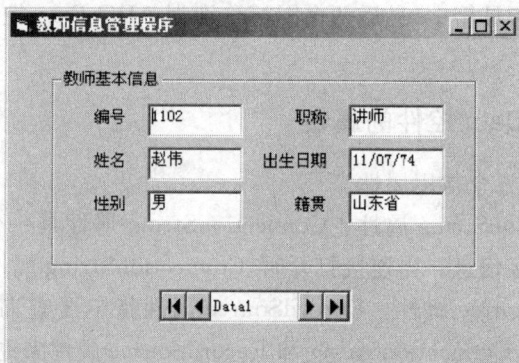

图 10.10　教师信息管理程序的运行

10.3　ADO Data 控件和 DataGrid 控件

ADO Data 控件使用 ActiveX 数据对象（ADO）来快速建立数据绑定控件和数据提供者之间的连接，数据提供者可以是任何符合 OLEDB 规范的数据源。DataGrid 控件也是一个 ActiveX 控件，是一种类似于电子数据表的绑定控件，可用来显示 ADO 控件中 Recordset 对象的记录集信息。

使用"工程"菜单中"部件"命令，打开"部件"对话框，在"控件"选项卡中选中"Microsoft ADO Data Control 6.0（OLEDB）"，在工具箱上添加 ADO Data 控件；选中"Microsoft DataGrid Control 6.0"选项，在工具箱上添加 DataGrid 控件，如图 10.11 所示。添加两控件后的工具箱如图 10.12 所示。

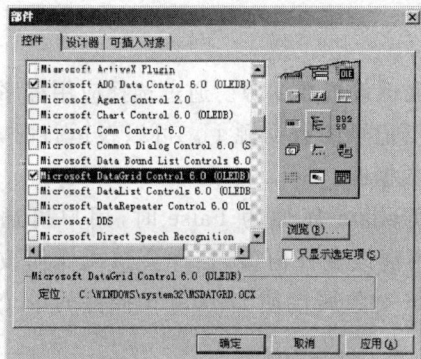

图 10.11　添加 ADO Data 控件和
DataGrid 控件

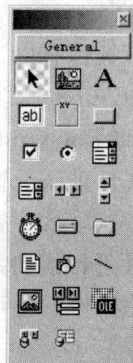

图 10.12　添加 ADO Data 控件和
DataGrid 控件后的工具箱

在图 10.12 工具箱中,最后两个图标分别为 ADO Data 控件和 DataGrid 控件。

10.3.1　ADO Data 控件的属性

ADO 控件有五个常用属性。

(1) ConnectionString 属性。ConnectionString 属性是一个字符串,用来建立到数据源的连接信息。当连接打开时,ConnectionString 属性为只读。

(2) RecordSource 属性。RecordSource 属性指定要查询的记录集。运行时,可动态地设置 ConnectionString 和 RecordSource 属性来更改数据库。

(3) Recordset 属性。利用 Recordset 属性,可以使用 Recordset 对象的方法、属性和事件,连接与访问数据库中的记录。一个 Recordset 对象代表一个数据库表里的记录,或运行一次查询所得的记录的结果,用来操作查询返回的结果集,可以在结果集中添加、删除、修改和移动记录。

(4) Password 属性。Passowrd 属性用来设置 Recordset 对象创建过程中所使用的口令。

(5) UseName 属性。UseName 属性是用户名称。当数据库受密码保护时,需要指定该属性。这个属性可以在设置 ConnectionString 属性时设置。

10.3.2　DataGrid 控件的属性

设计时,DataGrid 控件只需少量代码或无需代码,就可以快速配置。设置了 DataGrid 控件的 DataSource 属性后,就会根据数据源的记录集中的信息自动设置控件的列标头。用户可以编辑该网络的列,删除、重新安排、添加列标头或调整任意列的宽度等。运行过程中,还可以更改控件的 DataSource 来查看不同数据源的内容。

DataGrid 控件有以下常用属性。

(1) DataSource 属性。DataSource 属性设置数据源。通过选择应用程序中的数据控件,将 DataGrid 控件连接到提供记录的数据源上。可以在运行时,将 DataSource 属性重新设置为一个不同的数据源。

(2) AllowUpdate 属性。当 AllowUpdate 属性为 False 时,用户可通过 DataGrid 控件进行滚动并选择数据,但不能改变任何值,控件会忽视任何改变网格中数据的操作。也可以使用 Column 对象属性使 DataGrid 控件的单个列成为只读的。

(3) AllowAddNew 和 AllowDelete 属性。当 AllowAddNew 和 AllowDelete 属性为 True 时,允许用户通过 DataGrid 控件向记录集中添加新记录或删

除一条选中的记录。

【例 10.2】　使用 ADO Data 控件和 DataGrid 控件设计一个简单的通信录程序,程序界面如图 10.13 所示。

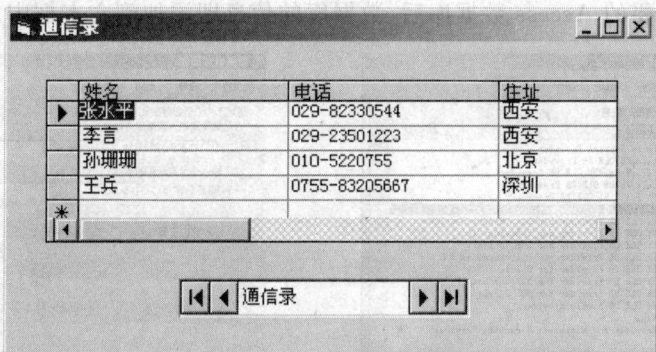

图 10.13　通信录程序

(1) 创建一个名为"Address"的 Access 数据库,在其中创建一个名为"通信录"的数据表,包括"姓名"、"电话"、"住址"等信息。

(2) 新建工程,在窗体上添加一个 ADO Data 控件和一个 DataGrid 控件。

(3) 设置 ADO Data 控件的属性。选中窗体 frmMain 上的 ADO Data 控件,单击鼠标右键,选择"ADODC 属性"菜单项,打开如图 10.14 所示的"属性页"对话框。

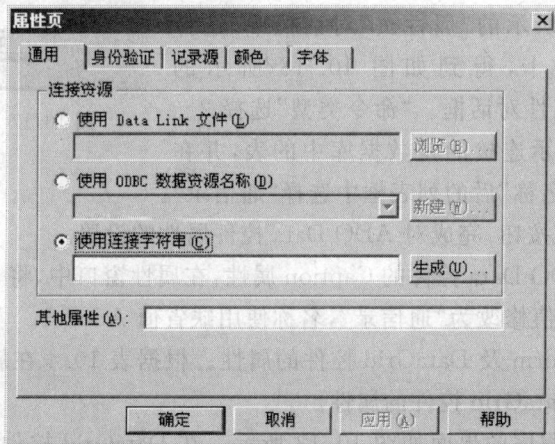

图 10.14　ADO 控件的"属性页"对话框

① 设置 ADO Data 控件的 ConnectionString 属性:在"通用"选项卡上选中第三个单选按钮"使用连接字符串",单击其后的"生成"按钮,弹出如图 10.15 所

示的"数据连接属性"对话框,可根据需要选择希望链接的数据源,由于使用了 Access 数据库,可选择 Microsoft Jet 4.0 数据引擎。

　　单击"下一步"按钮,进入如图 10.16 所示的界面,设置要连接的数据库信息。选定需要的 Access 数据库后,数据库的信息即添加到文本框中。

图 10.15　设置数据提供者　　　　　　图 10.16　选择数据库

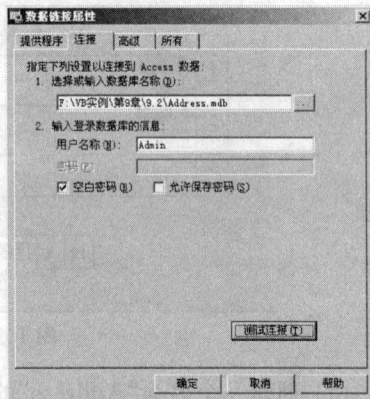

　　单击"测试连接"按钮,可以测试是否能正常连接到数据库上。当出现如图 10.17 所示的对话框时,表明设置正常。

　　② 设置 ADO Data 控件的 RecordSource 属性:在图 10.14 所示的"属性页"对话框中,选择"记录源"选项卡,得到如图 10.18 所示的 RecordSource 属性对话框。"命令类型"选择 2— adCmdTable,表示连接的是数据库中的表,并在 "表或存储过程名称"后的列表框中选择"通信录"。

图 10.17　连接成功

　　单击"确定"按钮,完成对 ADO Data 控件属性的设置。

　　③ 设置 ADO Data 控件的 Caption 属性:在属性窗口中,将 ADO Data 控件的 Caption 属性值修改为"通信录",名称使用缺省值 Adodc1。

　　(4) 设置 Form 及 DataGrid 控件的属性。根据表 10.4 在属性窗口中分别设置 Form 及 DataGrid 控件的属性。

　　运行程序,程序的界面如图 10.13 所示。在 DataGrid 控件中,显示了所有的信息。通过 DataGrid 控件,不仅可以实现信息的显示和浏览,还可以方便的完成信息的添加、删除或修改等操作。

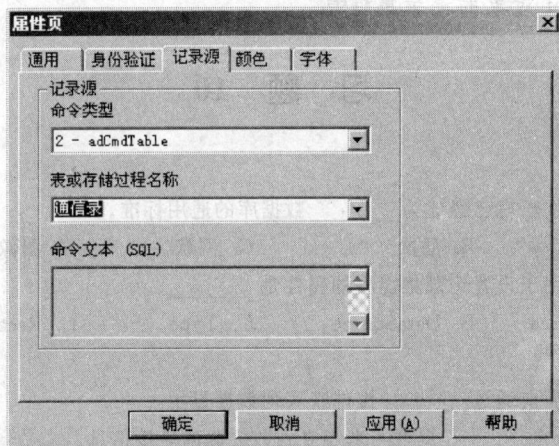

图 10.18　设置 ADO Data 控件的 RecordSource 属性

表 10.4　　　　　　　　　　　　　　属性设置

对　　象	属　　性	值
frmMain	Caption	"通信录"
DataGrid 控件	Name	DataGrid1
	DataSource	Adodc1
	AllowUpdate	True
	AllowAddNew	True
	AllowDelete	True

本章小结

　　关系数据库模型将数据表示为表的集合。不管表在数据库文件中的物理存储方式如何,都可以看作一组由行和列构成的表。

　　Visual Basic 中使用的数据库可以用多种方法来创建,如使用 ADO 数据访问对象,可以使用 SQL 语言或 Access 应用程序创建数据库。

　　Visual Basic 提供了各种管理数据的工具和方式,使用数据控件可以方便的建立与数据库的连接。Visual Basic 提供的常用的数据控件包括 Data 控件和 ActiveX 数据对象(ADO Data),通过使用它们可以将数据源连接到数据绑定控件。DataGrid 控件是一种类似于电子数据表的 ActiveX 控件,可用来显示 ADO

控件中 Recordset 对象的记录集信息。

习　题　10

1. 选择题

(1) 结构化查询语言已经成为_____数据库的通用标准。

A. 关系　　　　　　B. 层次　　　　　　C. 网状　　　　　　D. 图像

(2) 数据控件用于设置记录集类型的属性是_____。

A. RecordSource　　B. DataSource　　C. Type　　　　D. RecordSetType

2. 填空题

(1) 数据控件需要通过_____控件来实现数据显示。

(2) ADO 控件的_____属性用来建立到数据源的连接信息。

(3) 当 DataGrid 控件的_____属性为 True 时,允许用户通过向记录集中添加新记录。

3. 简答题

(1) 说明什么是关系型数据库,说明记录、字段、键的含义。

(2) 如何设置数据绑定控件的数据源属性?

(3) 如何进行 ADO 控件各项属性的设置?

4. 编程题

编写一个数据库访问程序。已知一个数据库,其中有一个名为"个人信息"的数据表,其字段包括"序号"、"姓名"、"性别"和"出生年月"。要求能够实现"增加"、"删除"和"修改"功能,并可实现按各种字段进行排序和查找。

第 11 章　程序调试与错误处理

　　程序中的错误一般分为编译错误、运行错误和逻辑错误。这些错误不但影响程序的质量,而且可能会导致系统的崩溃或者产生灾难性的后果。许多大型的软件都在错误检测上投入相当大的人力物力。Visual Basic 提供了一套简单实用的调试程序工具以捕捉和处理错误的语句。本章介绍了 Visual Basic 集成开发环境中调试程序和在程序执行中处理错误的方法。熟练掌握了这些知识,对于应用软件的开发将有很大的帮助。

11.1　程序调试

　　所谓程序调试,就是通过编译或跟踪找出程序的错误,并且给予改正。程序调试是开发应用程序不可缺少的步骤。

11.1.1　三种操作模式

　　在 Visual Basic 集成开发环境中,编写、调试程序有三种操作模式:设计模式、运行模式和中断模式。

　　(1) 设计模式。Visual Basic 启动后自动进入设计模式,系统在主窗口的标题栏上显示"设计"字样。在设计模式下,可以在窗体上建立控件,设置控件的属性,输入事件驱动程序或其他程序,利用属性窗口设置断点,设置监视点和建立监视表达式等。

　　(2) 运行模式。当程序编译完成(即界面设计和代码输入结束)后,可以对程序进行调试。调试程序需要进入运行模式。进入运行模式有三种方法:

　　① 选择"运行"菜单中的"启动"命令。

　　② 单击工具栏上的"启动"按钮。

　　③ 按 F5 键。

　　进入运行模式之后,系统主窗口标题栏上的"设计"变为"运行",并开始编译、执行程序。程序运行成功后,系统还处在运行模式。若想退出运行模式返回设计模式,可以选择"运行"菜单中的"结束"命令,或单击工具栏上的"结束"按钮,或关闭运行窗体。需要说明的是:在运行模式下,只能对程序进行测试,观察程序的运行情况,而不能修改程序代码。

(3) 中断模式。中断模式使程序在运行过程中中断执行,返回编辑状态。在集成开发环境下,从运行模式进入中断模式有三种操作方法:

① 选择"运行"菜单中的"中断"命令。

② 单击工具栏上的"中断"按钮。

③ 按 Ctrl＋Break 组合键。

进入中断模式后,程序在当前位置中断执行,在标题栏上显示"break"字样。此时,可以编译程序,包括编译程序代码和控件。若想从断点开始继续执行程序,则可以选择"运行"菜单中的"继续"命令,或按 F5 键。若希望重新执行,则可以选择"运行"菜单中的"重新启动"命令,或单击工具栏上的"启动"按钮。

11.1.2　错误的分类

应用程序中出现的错误一般可分为编译错误、运行错误和逻辑错误三种。

(1) 编译错误。编译错误是由于程序编写时出现语法问题而产生的错误。例如,写漏写错字符、关键字拼错、括号不配对、遗漏语法成分、表示符未定义等都属于语法错误。Visual Basic 编译程序能检测到这种错误,并以蓝色反相(蓝底白字)显示出错部分。

【例 11.1】　从键盘上输入三角形的三条边,求三角形的面积。编写程序,检查有无编译错误,并对程序进行调试和修改。

① 用户界面设计。在窗体 frmArea 上放置名称为 cmdBegin 和 cmdExit 两个命令按钮控件,并将它们的 Caption 属性分别设置为"开始"和"结束"。

② 编写程序代码。程序代码如下:

```
Option Explicit
Private Sub cmdBegin_Click()
    Dim a!, b!, c!, p!, s!
    a = InputBox("请输入三角形的第一条边:")
    b = InputBox("请输入三角形的第二条边:")
    c = InputBox("请输入三角形的第三条边:")
    If a + b > c And b + c > a And a + c > b Then
        p = (a + b + c) / 2
        s = Sqrt(p * (p - a) * (p - b) * (p - c))
        Print "三角形的三条边为:"; a; b; c
```

```
            Print "三角形的面积为:"; s
        Else
            Print "不能构成三角形!"
    End Sub
    Private Sub cmdExit_Clik()
        End
    End Sub
```

③ 程序调试与运行。单击工具栏上的"启动"按钮,程序开始编译执行。程序运行后,单击"开始"按钮,系统开始执行 cmdBegin_Click()事件过程。执行到语句"s=Sqrt(p＊(p－a)＊(p－b)＊(P－c))"时系统会检测到程序"子程序或函数未定义"的错误,如图 11.1(a)所示。

系统以蓝色反相显示错误的部分,并弹出消息框显示出错信息。单击"确定"按钮,系统进入中断模式。这时,可以对程序进行修改。修改完后,单击工具栏上的"启动"按钮,重新运行程序。

在大多数情况下,程序出现编译错误时,系统会以反相显示程序出错的部分。有时,没有将错误定位到真正出错的位置,而是反相显示出错部分的附近位置。因此,若没有发现反相显示部分的错误,就应检查该部分前后的内容,确定出现错误的位置,找出错误的原因。例如,在继续运行例 11.1 的程序中,屏幕显示如图 11.1(b)所示。系统以反相显示"End Sub",但并不是"End Sub"有错,而是前面的 If 语句块缺了"End If"。

另外,Visual Basic 提供了设置"自动语法检测"功能,可以在用户编辑程序时同步进行语法检测。例如,在输入例 11.1 程序中的 If 语句块时,若输入语句"If a＋b＞c And b＋c＞a a＋c＞b"后按 Enter 键,屏幕马上弹出消息框,显示错误信息,如图 11.1(c)所示。可以看到,出错部分的字体为红色。此时,单击"确定"按钮,可修改错误并继续编辑程序。

若当前系统没有设置"自动语法检测"功能,可以通过以下操作步骤设置"自动语法检测"功能:

选择"工具"菜单中"选项"命令,弹出"选项"对话框;在"编辑器"选项卡中选中"自动语法检测"选项;单击"确定"按钮即可。

(2) 运行错误。有时候程序没有出现语法错误问题,但程序执行到某一个语句时无法进行下去,这种错误称为运行错误。简单的运行错误有:除数为 0,对负数求平方根,对负数求对数,溢出或类型不匹配等。

【例 11.2】　计算 s＝1＋1/2＋1/3＋…＋1/100000 的值,编写程序,检查有无运行错误,并予以调试。

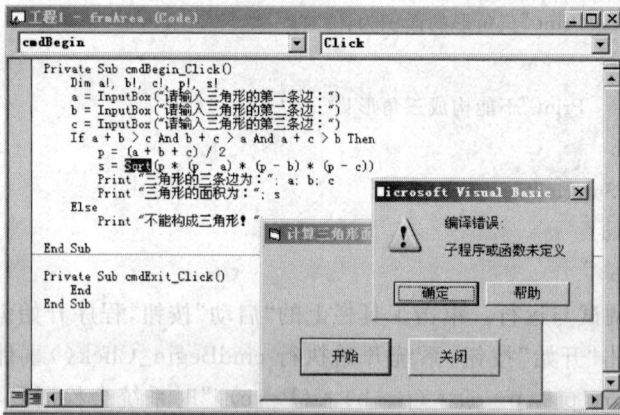

(a)

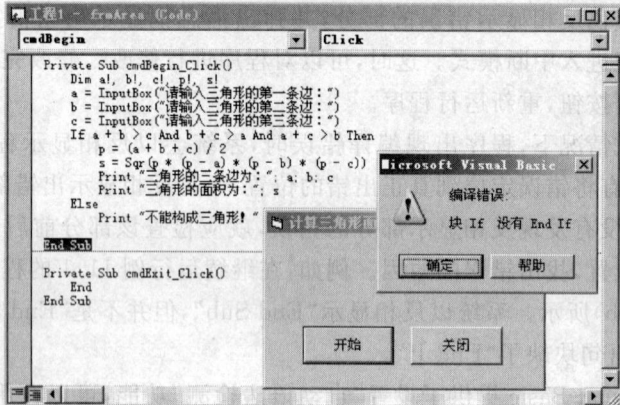

(b)

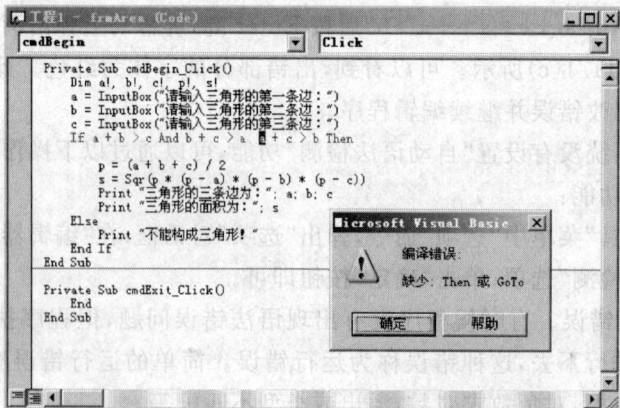

(c)

图 11.1　编译错误

① 用户界面设计。在窗体上放置名称为 cmdCompute 和 cmdExit 的命令按钮控件，并将它们的 Caption 属性分别设置为"计算"和"退出"。

② 编写程序代码。程序代码如下：

```
Option Explicit
Private Sub cmdCompute_Click()
        Dim i%, s!
        s=0
        For i=1 To 100000
                s=s+1/i
        Next i
        print"s=";s
End Sub
Private Sub cmdExit_Click()
        End
End Sub
```

③ 程序调试及运行。单击工具栏上"启动"按钮后，程序开始编译执行。程序运行后，单击"计算"按钮，系统开始执行 cmd-Compute_Click()事件过程。执行到 For 语句时，出现溢出错误。这种错误就是运行错误，屏幕显示如图 11.2 所示。

图 11.2　运行错误

此时，应当单击"调试"按钮，进入中断模式，把语句"Dim i%，s!"修改为"Dim i& s!"。按 F5 键，再次运行就会得出正确结果。

（3）逻辑错误

程序运行既没有出现编译错误，也没有出现运行错误，但得出的结果是错误的，这种错误称为逻辑错误。解题的算法不对、程序设计错误或错误的运算符等都会引起逻辑错误。

【例 11.3】　输入 100～999 之间的三位整数，求出该整数的百位数、十位数和个位数。编写程序并予以调试。

① 用户界面设计。在窗体上放置名称为 cmdBegin 和 cmdExit 的命令按钮控件，并将它们的 Caption 属性分别设置为"开始"和"结束"。

② 编写程序代码。程序代码如下：

```
Option Explicit
Private Sub cmdBegin_Click()
```

```
        Dim i%, a%, b%, c%
        Print：Print：Print
        i＝InputBox("请输入 100～999 之间的整数:")
        Print Tab(10);"输入的整数为:";i
        Print
        a＝i/100
        b＝(i－a＊100)/10
        c＝i－a＊100－b＊10
        Print Tab(10);i;"的百位数为:"a
        Print Tab(10);i;"的十位数为:"b
        Print Tab(10);i;"的个位数为:"c
    End Sub
    Private Sub cmdExit_Click()
        End
    End Sub
```

③ 程序调试及运行。程序运行后,单击"开始"按钮,执行 cmdBegin_Click
()事件过程。在调用 InputBox 函数时,用户需输入一个整数,例如输入 789,则
执行程序之后,在窗体上输入的结果如下:

```
输入的整数为:789
789 的百位数为:8
789 的十位数为:－1
789 的个位数为:－1
```

通过分析可以知道这些结果都是错误的,这种错误就是逻辑错误。经检查
程序发现,语句"a＝i/100 和 b＝(i－a＊100)/10"中的运算符"/"应为"\"。修改
后为"a＝i\100 和 b＝(i－a＊100)\10",重新运行程序,得出正确结果。

逻辑错误与前面两种错误不同,系统无法给出程序中产生逻辑错误的信息。
因此,逻辑错误是最难检查和定位的错误,也是程序员必须避免的错误。为此,
Visual Basic 提供了一些调试手段、调试工具和调试窗口等,以便用户检查、跟踪
和改正这类错误。

11.1.3　程序中断

在 Visual Basic 中,设置了程序中断、跟踪、设置监视点和监视表达式等机
制,帮助程序员调试程序。这些是缩小错误所在范围、快速排错的有效手段。

调试程序时,经常需要在某个关键地方暂停执行,以便找出程序中的错误。

暂停程序执行常用设置断点和使用 Stop 语句两种方法。

（1）设置断点。所谓断点，就是在程序的运行中要暂时停止的语句。断点可以在设计模式中设置，也可以在中断模式中设置，有三种常用的方法。

① 在代码窗口中，将光标定位到需要设置断点的语句，然后选择"调试"菜单中的"切换断点"命令，或按 F9 键。

② 在代码窗口中，将鼠标指针移到需要设置断点的程序行左边的灰色区域。此时，指针变成左指箭头。然后单击鼠标左键，这时系统就把该程序行设置为断点。

③ 在代码窗口中，将鼠标指针移到需要设置断点的程序行左边，并单击鼠标右键。此时，系统弹出一个菜单。在这个菜单中，选择"切换/断点"命令，把该程序行设置为断点。

无论使用哪一种方法设置断点，断点的相应语句都变为粗体并反相显示，同时在代码窗口的左边灰色区域中出现一个圆点。

设置断点的方法也可以用来取消断点。用上述三种方法为一程序行设置断点时，若该程序行不是断点，则设置为断点；否则，该操作取消断点。

如果要取消所有断点，可以选择"调试"菜单中的"清除所有断点"命令或按 Ctrl＋Shift＋F9 组合键。

设置程序断点的作用是对程序分段测试。程序在断点处暂停执行后，可以检查程序中相关变量和表达式的当前值。

【例 11.4】　计算 $y=\mathrm{Sqr}(x^2-1)$ 的值，其中 x 值从键盘上输入。编写程序并设置断点。

① 用户界面设计。在窗体上放置名称为 cmdBegin 和 cmdExit 的命令按钮控件，并将它们的 Caption 属性分别设置为"开始"和"结束"。

② 编写程序代码。程序代码如下：

```
Option Explicit
Private Sub cmdBegin_Click()
    Dim x!, y!
    x=InputBox("x=")
    y=Sqr(x^2-1)
    print"x=";x;chr(13);"y=";y
End Sub
Private Sub cmdExit_Click()
    End
End Sub
```

③ 程序调试及运行。打开代码窗口,在语句"y＝Sqr(x^2－1)"处设置断点,如图 11.3(a)所示。运行程序后,单击"开始"按钮,执行 cmdBegin_Click() 事件过程。当执行到语句"y＝Sqr(x^2－1)"时,系统暂停程序的执行,进入中断模式。语句"y＝Sqr(x^2－1)"以黄色反相显示,语句左边灰色区域出现一个向右箭头指向断点。屏幕显示如图 11.3(b)所示。

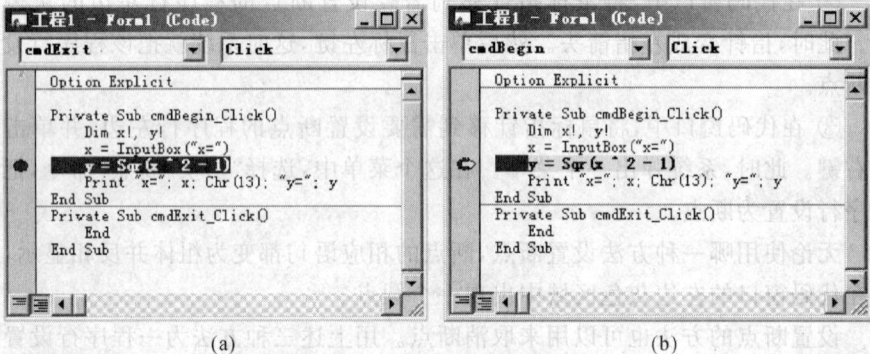

(a)   (b)

图 11.3 设置断点

若要检查变量 x 的值,只要把鼠标指针移到 x 处,系统立即把 x 值显示出来。此时还尚未执行语句"y＝Sqr(x^2－1)",因此 y 的值为 0。

(2) 使用 Stop 语句。在 Visual Basic 中有一个专门用于调试程序的 Stop 语句,功能是暂停程序的执行,并进入中断模式。

例如,在例 11.4 程序中,语句"y＝Sqr(x^2－1)"之后加上一个 Stop 语句,如图 11.4 所示。Stop 语句以黄色反相显示。当执行到 Stop 语句时,系统暂停执行,即把这个语句当做一个断点。此时,只要把鼠标移到 x 或 y 处,即可显示出它们的值。

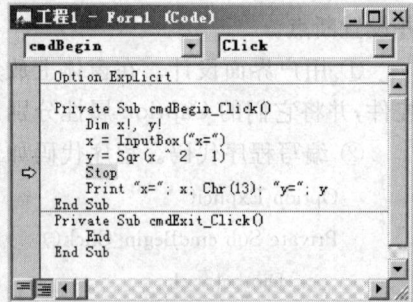

图 11.4 使用 stop 语句

值得注意的是:若使用 Stop 语句设置断点,则当程序调试完成之后,应当删除 Stop 语句,否则程序无法正常运行。

在断点或 Stop 语句之后,若要继续执行程序,可以选择"运行"菜单的"继续"命令或按 F5 键。此时,系统将从断点处重新开始执行程序。

11.1.4 程序的跟踪

所谓程序跟踪,就是观察系统执行程序的过程。使用跟踪手段调试程序,可以按语句执行先后顺序来检查每一个语句的执行情况,以便找到发生错误的语句。

在 Visual Basic 中,跟踪程序常用单步执行和过程单步两种方式。

(1)单步执行。单步执行实际上就是控制系统按程序中语句的执行顺序每次只执行一个语句,然后根据执行的结果来判断语句是否正确。

在设计模式下,启动单步执行功能可以使用如下操作方法:

① 选择"调试"菜单中的"逐语句"命令。

② 单击"调试"工具条上的"逐语句"按钮。

③ 按 F8 功能键。

启动单步执行功能之后,系统立即进入运行模式,系统开始执行事件驱动程序中的语句,并自动切换到中断模式。每启动一次单步执行功能,系统就会执行一个可执行语句,并把下一个可执行语句设置为"待执行语句"。要想按程序执行语句的先后顺序检查每个语句的执行情况,就要多次启动单步执行功能。每执行一个语句后,都可以检查变量或表达式的当前值。若发现语句有错误,可以立即进行修改。通常,使用功能键 F8 更易于操作,每按一次 F8 键,便执行一个语句。

【例 11.5】 把一组数据存放到一维数组 a 中,求这组数中的最大值,并求最大值在数组中的位置。编写程序,并按单步执行程序跟踪。

① 用户界面设计。在窗体上放置名称为 cmdBegin 和 cmdExit 的命令按钮控件,并将它们的 Caption 属性分别设置为"开始"和"结束"。

② 编写程序代码。程序代码如下:

```
Option Explicit
Private Sub cmdBegin_Click()
    Dim a As Variant, max%, max1%
    Dim i%
    a = Array(90, 67, 76, 88, 93, 56, 77, 85, 60, 65)
    max = a(0): max1 = 0
    For i = 1 To UBound(a)-LBound(a)
        If a(i) > max Then max = a(i): max1 = i
    Next i
    Print "最大值:"; max, "下标:"; max1
```

```
End Sub
Private Sub cmdExit_Click()
    End
End Sub
```

③ 程序调试及运行。单击"调试"菜单中的"逐语句"命令,或按 F8 键,进入单步运行模式。程序运行之后,单击"开始"按钮,cmdBegin_Click()事件过程开始单步执行,系统切换到中断模式。

重复选择"逐语句"命令或按 F8 键,执行当前语句,把下一个可执行语句设置为"待执行语句",直至跟踪程序的整个过程。待执行语句以黄色反相显示,如图 11.5 所示。

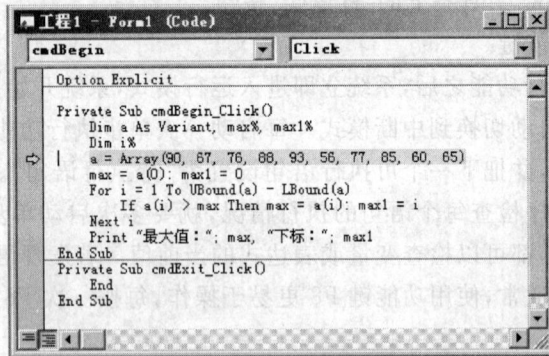

图 11.5　单步运行

(2) 过程单步。如果确信执行某个过程不会产生错误,可以使用过程单步快速跟踪调试程序。过程单步与单步执行十分相似,只是过程单步把过程与调用语句仅作为一步,而不进入被调用过程跟踪内部的语句。

在设计模式下,启动过程单步功能可采用如下各种操作方法:

① 选择"调试"菜单中的"逐过程"命令执行。

② 单击"调试"工具条上的"逐过程"按钮。

③ 按 Shift＋F8 组合键。

【例 11.6】　求 s＝(5!＋8!)/7! 的值。对该问题编写程序,并采用过程单步功能执行程序跟踪。

① 用户界面设计。在窗体上放置名称为 cmdCompute 和 cmdExit 的命令按钮控件,并将它们的 Caption 属性分别设置为"计算"和"退出"。

② 编写程序代码。程序代码如下:

```
Option Explicit
```

```
Private Sub fac(ByVal n% ,ByRef f&)
Dim i% , t&
        t=1
        for i=1 To n
            t=t ∗ i
        Next i
        f = t
End Sub
Private Sub cmdCompute_Click()
        Dim s!, f1& , f2& , f3&
        Call fac(5, f1)
        Call fac(8, f2)
        Call fac(7, f3)
        s=(f1 + f2) / f3
        Print"s=";s
End Sub
Private Sub cmdExit_Click()
        End
    End Sub
```

③ 程序调试及运行。单击"调试"菜单中的"逐过程"命令,或按 Shift＋F8 组合键,进入过程单步运行模式。在程序运行窗口中,单击"计算"按钮,cmd-Compute_Click()事件过程开始按过程单步执行。当系统切换到中断模式时,再次选择"逐过程"命令或按 Shift＋F8 组合键,系统把"Call fac(5, f1)"作为待执行语句。继续选择"逐过程"命令或按 Shift＋F8 组合键,执行语句"Call fac(5, f1)",并把下一条语句"Call fac(8,f2)"作为待执行语句。

待执行语句以黄色反相显示,如图 11.6 所示。此时,可以把光标移到 f1 处检查 f1 的值。连续按 Shift ＋ F8 组合键就能跟踪程序执行的整个过程。

11.1.5　监视点与监视表达式

在 Visual Basic 中,监视点与监视表达式也是调试程序的重要手段。

(1) 监视点。与断点类似,使用监视点也可以中断程序的执行。但是,监视点是有条件的中断,如可以设置某个条件成立时才中断程序的执行。监视点实际上是一个表达式。当该表达式的值为 Ture 时,程序中断执行。

监视点通过监视窗口设置。操作步骤为:

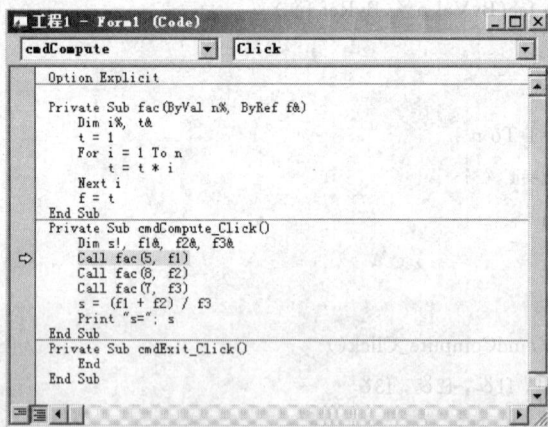

图 11.6　过程单步

选择"调试"菜单中的"添加监视"命令,此时屏幕弹出一个"添加监视"对话框,如图 11.7(a)所示。该对话框分为三部分:"表达式"文本框、"上下文"和"监视类型"两个框架。在"表达式"文本框中输入表达式。在"上下文"框架中指定要监视的过程和模块。在"监视类型"框架中选择"当监视值为真时中断"选项。单击"确定"按钮。

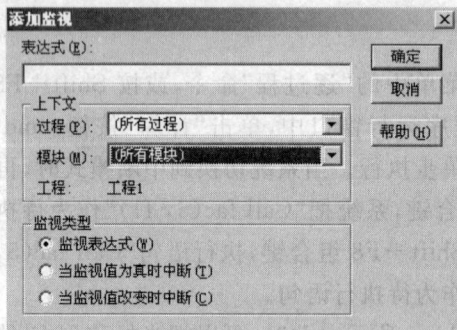
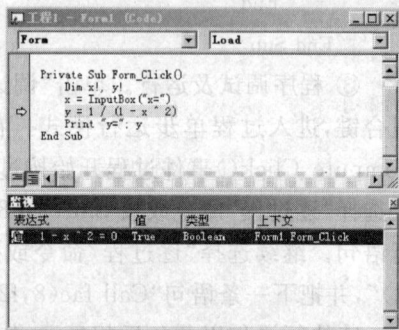

(a)　　　　　　　　　　　　　　　　　　　(b)

图 11.7　监视点及使用

(a)"添加监视"对话框;(b)使用监视点示例

【例 11.7】　求 $y = 1/(1-x^2)$ 的值,x 从键盘上输入。要求设置监视点监视表达式 $1-x^2$ 的值的变化。若 $1-x^2 = 0$,中断程序的执行。

根据题意,编写程序代码如下:

```
Option Explicit
Private Sub Form_Click()
```

```
Dim x!, y!
x=InputBox("x=")
y=1/(1-x^2)
Print"y=";y
End Sub
```

输入 Form_Click 事件过程,然后设置监视点。设置监视点的过程为:选择"调试"菜单上的"添加监视"命令,屏幕显示"添加监视"对话框。在"表达式"文本框中输入表达式"1-x^2=0";在"上下文"框架中的"过程"下拉列表框中选择"Form_Click";在"模块"下拉列表框中选择窗体名"Form1";在"监视类型"框架中选择"当监视值为真时中断"选项;单击"确定"按钮。运行程序后,单击窗体,执行 Form_Click()事件驱动程序。执行到语句"x=InputBox("x=")"时,若输入 0.5,则输出结果为"y=1.333333"。若输入 1,则监视点"1-x^2=0"的值为真,程序中断执行。断点在语句"y=1/(1-x^2)"处,屏幕显示如图 11.7(b)所示。

(2)监视表达式。使用监视表达式和单步执行功能也可以监视表达式的值的变化。监视表达式的值也是通过监视窗口设置的。设置监视表达式的步骤为:选择"调试"菜单中的"添加监视"命令,打开"添加监视"对话框。在"表达式"文本框中输入变量名或表达式;在"上下文"框架中指定要监视的过程和模块;在"监视类型"框架中选择"监视表达式"选项;单击"确定"按钮。

选择变量作为监视表达式时,除了可以直接在"添加监视"窗口中输入该变量的名字外,也可以在程序中先双击该变量,然后选择"调试"菜单中的"添加监视"命令执行。这时,该变量就会在"表达式"文本框中,按"确定"按钮,该变量成为监视表达式。若监视表达式为程序中的表达式,除了可以直接在"添加监视"窗口中输入外,也可以先在程序中选定该表达式,然后选择"调试"菜单中的"添加监视"命令。这时,该表达式就出现在"表达式"文本框中,单击"确定"按钮后,该表达式成为监视表达式。

11.1.6　调试窗口

Visual Basic 有三个调试窗口:立即窗口、本地窗口和监视窗口。对监视窗口已经做过介绍。这里主要介绍立即窗口和本地窗口的使用。

(1)立即窗口。调试程序时,立即窗口不仅可以用来检查变量或控件属性的值,而且能够修改变量和控件属性的值,还可以测试过程。当系统进入中断模式或程序执行到 Debug.Print 语句之后,将自动打开立即窗口。也可以使用如下各种操作方法打开立即窗口。

　　① 选择"视图"菜单中的"立即窗口"命令。

　　② 单击"调试"工具条上的"立即窗口"按钮。

　　③ 按 Ctrl＋G 组合键。

　　在调试程序中,可使用立即窗口输出变量、控件属性或表达式的值。为此,可以在程序中插入 Debug. Print 语句,也可以在程序运行之后直接在立即窗口输入 Print 命令。

　　【例 11.8】　在程序中使用 Debug. Print 语句。

```
Option Explicit
Private Sub Form_Click()
    Dim a%, b%, c%
    a = 20: b = 4
    Debug. Print c
    c = a * b
    Debug. Print c
    c = a / b
    Debug. Print c
End Sub
```

　　输入代码并运行程序后,单击窗体,系统执行 Form_Click()事件驱动程序。执行结果如图 11.8(a)所示。

　　【例 11.9】　用 Print 命令检查变量和表达式值。

　　假设有如下程序代码:

```
Option Explicit
Private Sub Form_Click()
    Dim i%, s%
    s=0
    For i=1 To 5
        s=s+i
    Next i
    Print "s="; s
End Sub
```

　　输入事件过程后,按 F8 键单步运行程序,系统自动打开立即窗口。单击窗体,执行 Form_Click()的事件过程。连续按 F8 键跟踪程序的执行,每执行一个语句之后,都进入中断模式,这时可以在立即窗口中输入 Print 命令,检查所关心的变量或表达式的值。例如,若执行 For 语句之后要检查一下 i 的值是多少,可以在立即窗口中输入命令"Print i",然后按 Enter 键。此时,i 的值就显示出来了,如图 11.8(b)所示。

需要注意的是:程序中的语句"Print ″s=″;s"是作用于窗体的 Print 方法,相当于"Form. Print ″s=″;s";在立即窗口中输入的"Print i"是立即执行命令。

另外,使用立即窗口也可以修改变量或控件属性的值。

【例 11.10】　编写求 $y=\ln x$ 的值的程序。要求当输入的 x 值为负数时,在立即窗口中把 x 修改为 $-x$,然后继续执行程序。

编写程序代码如下:

```
Option Explicit
Private Sub Form_Click()
    Dim x!, y!
    x=InputBox("x=")
    Debug. Print"x=";x
    y=Log(x)
    Debug. Print"x=";x, "y=";y
End Sub
```

输入事件过程,并把语句"y=Log(x)"设置为断点。单击工程栏上的"启动"按钮,程序开始执行,立即窗口打开。单击窗体,系统开始执行 Form_Click()事件过程。执行到语句"x=InputBox("x=")"时,输入 x 的值为 -10。执行语句"y=Log(x)"时,程序中断执行。

此时,把光标移到立即窗口,在立即窗口中输入语句"x=−x"并按 Enter 键,然后按 F5 键继续执行程序,输出结果如图 11.8(c)所示。

(2) 本地窗口。在中断模式下,可以用本地窗口显示当前过程使用的变量的名字、类型及其值,也可以显示当前窗体各个控件的属性的名字、类型及其值。

【例 11.11】　求 2~100 之间的所有素数。编写程序代码,并利用本地窗口对当前值进行检查。

① 用户界面设计。在窗体上放置名称为 cmdBegin 和 cmdExit 的命令按钮控件,并将它们的 Caption 属性分别设置为"开始"和"结束"。

② 编写程序代码。程序代码如下:

```
Private Sub cmdBegin_Click()
    Dim m&, i&, f%
    For m=2 To 100
        f=0
        For i=2 To Sqr(m)
```

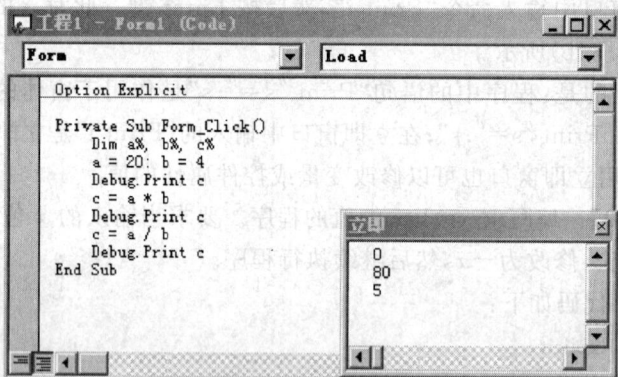

(a)

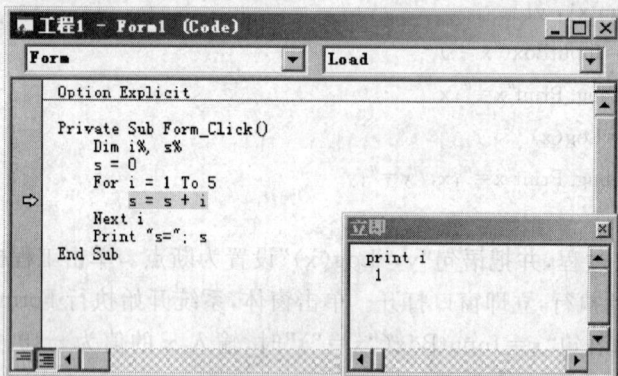

(b)

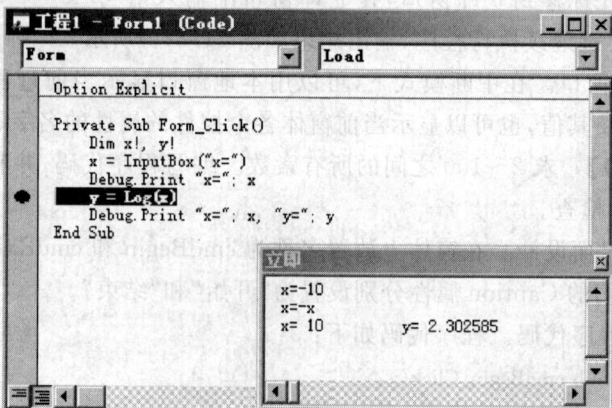

(c)

图 11.8　立即窗口

(a) 使用 Debug Print 语句；(b) 使用 Print 命令；(c) 修改变量值

```
                If m Mod i＝0 Then
                    f＝1
                    Exit For
                End If
            Next i
            If f＝0 Then
                Debug. Print m;"是素数！"
            End If
        Next m
    End Sub
    Private Sub cmdExit_Click()
        End
    End Sub
```

③ 程序调试及运行。在语句"Exit For"处设置断点并运行程序。单击程序窗体中的"开始"按钮，系统执行 cmdBegin_Click()事件过程，当执行到语句 Exit For 时，程序的执行中断。这时，选择"视图"菜单中的"本地窗口"命令，屏幕显示如图 11.9 所示。

在本地窗口中，显示了事件过程 cmdBegin_Click()全部变量的名字、类型和当前值。单击本地窗体中"Me"前面的"＋"号，展开其中的内容，可以把当前窗体各个控件的类型、属性和当前值全部显示出来。这时，可以对这些变量和属性的当前值进行检查和修改，并按 Enter 键确认。然后，单击"运行"菜单中的"继续"命令或按 F5 键，程序从断点处继续执行。

图 11.9　本地窗口

需要说明的是：当程序的执行从一个过程切换到另一个过程时本地窗体的内容也随之变化。

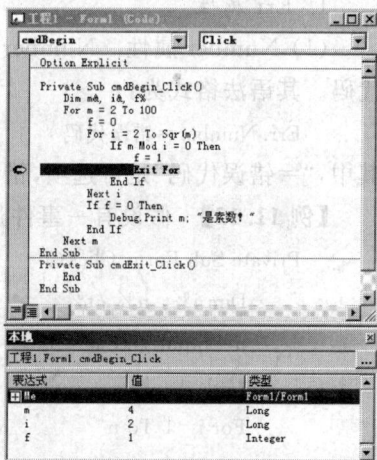

11.2　错误处理

在 Visual Basic 集成开发环境中运行程序，若遇到运行错误，系统将会报告错误信息,并进入中断模式。这时,程序员可以检查和修改程序。经过编译后的应用程序一般是在 Windows 环境下运行的,当遇到运行错误,也将报告错误信息。程序出错后,程序将结束运行,返回 Windows。为了避免这种情况的发生,Visual Basic 提供了错误处理功能,专门用于程序员处理在操作系统环境执行程序时可能出现的运行的错误。

　　这里主要介绍与错误处理有关的基本内容,如 Err 对象、设置错误陷阱语句、Resume 语句等。

11.2.1　Err 对象

　　Err 是 Visual Basic 中的一个对象。运行程序时,若发生运行错误,系统会自动把与错误有关的一些信息存放到 Err 对象的属性中。如果在执行程序的过程中发生运行错误,可以查找 Err 对象的属性,以便确定产生错误的原因。

　　Err 对象有自己的属性和方法,但没有事件。

　　1. Err 属性

　　(1) Number 属性。Number 属性用来返回或设置运行时出现错误的错误代码。其语法格式为:

　　　　Err. Number＝错误代码

其中,"＝错误代码"是可选项,错误代码为 0～65535 之间的整数。

　　【例 11.12】　假设有一事件过程如下:

```
Private Sub Form_Click()
    Dim i%, n%, t%
    n=InputBox("n=")
    t=1
    For i=1 To n
        t=t * i
    Next i
    Debug. Print n;"! =";t
End Sub
```

　　程序运行之后,单击窗体,系统执行 Form_Click()事件过程。执行到语句"n＝InputBox ("n=")"时,屏幕出现输入对话框。此时,输入 8,按 Enter 键,程序继续执行。程序执行到 For 语句块时,出现溢出错误,系统报告错误信息。这时,单击"调试"按钮,然后在立即窗口中输入"print Err. Number"使用 Number属性查看溢出错误的错误代码,输出值为 6,它表示错误类型代码,如图 11.10所示。不同的错误代码表示了不同的出错的原因,详见附录 3。

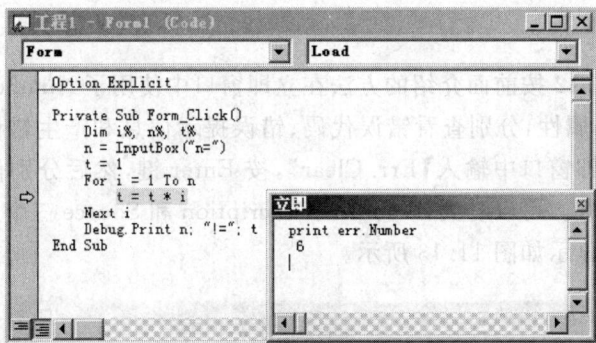

图 11.10　Number 属性

（2）Description 属性。Description 属性用来返回或设置与运行时错误相关的描述字符串。这个字符串实际上就是错误提示信息。其语法格式为：

　　　Err. Description

对于例 11.12,可以在立即窗口中使用 Description 属性来查看系统设置的错误提示信息,如图 11.11 所示。

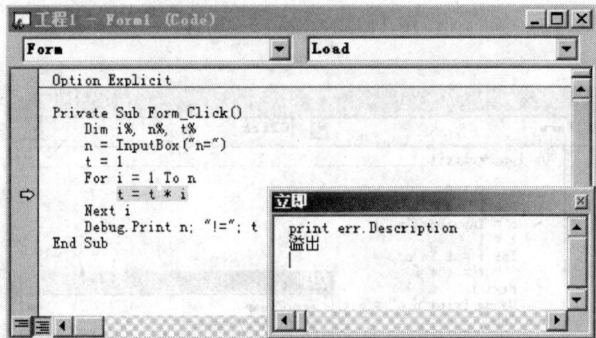

图 11.11　Description 属性

（3）Sources 属性。Sources 属性返回或设置一个字符串,指明产生错误的对象或应用程序名称。其语法格式为：

　　　Err. Sources=字符串表达式

其中,"字符串表达式"是可选项。

对于例 11.12 可以在立即窗口中使用 Sources 属性来查看产生错误的应用程序名称,如图 11.12 所示。

2. Err 方法

（1）Clear 方法。Clear 方法用来清除 Err 对象的全部属性值。其语法格式为：

　　Err.Clear

对于例 11.12 按前面介绍的方法在立即窗口中使用了 Number、Description 和 Source 三个属性,分别查看错误代码、错误提示信息和产生错误的应用程序名称。再在立即窗口中输入"Err.Clear",按 Enter 键,然后分别使用三个属性来查看错误信息。可以看到,Number、Description 和 Source 三个属性的值都被删除了。屏幕显示如图 11.13 所示。

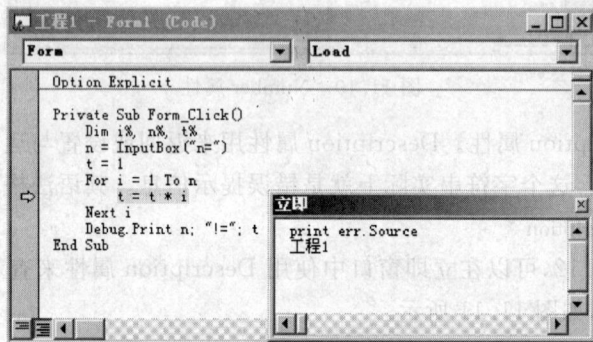

图 11.12　Sources 属性

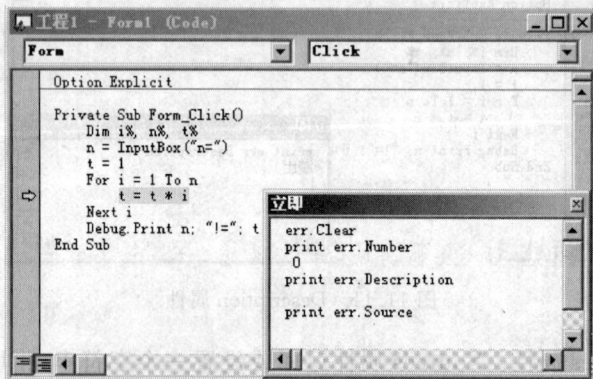

图 11.13　Clear 方法

　　(2) Raise 方法。Raise 方法用来模拟产生运行错误。其语法格式为:

　　Err.Raise Number, Source, Description

其中,参数 Number 为必选项,Source 和 Description 为可选项,它们的类型和含义如下:

　　① Number:是一个长整形数值,表示模拟运行产生错误的错误代码。

② Source：是一个字符串表达式，指定产生错误的对象或应用程序的名字。若不指定 Source，则 Source 为产生错误时对象或应用程序的名字。

③ Description：是一个字符串表达式，指定报告错误时提示信息的文字描述，若不指定，则 Description 的值为"应用程序定义的错误或对象定义的错误"。

【例 11.13】　使用 Raise 方法模拟产生除数为 0 的错误。

根据题意，编写程序代码如下：

```
Option Explicit
Private Sub Form_Click()
    Err. Raise 11，，"出现除数为 0 的错误"
End Sub
```

程序运行之后，单击窗体，执行 Form_Click()事件过程。执行到语句"Err. Raise11，，"出现除数为 0 的错误""时，系统报告错误信息，屏幕显示如图 11.14 所示。

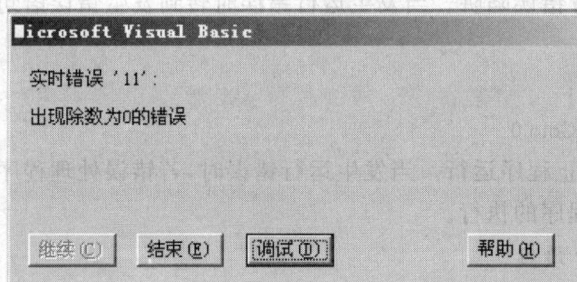

图 11.14　Raise 方法

11.2.2　运行时的错误处理

一些错误可以通过调试排除，另一些错误只能根据问题的性质和程序员的经验估计出错的可能性。所谓运行时的错误处理，就是在程序运行过程中设置错误陷阱，捕捉可能出现的错误，并编写相应的程序，从而进行适当处理。实现错误处理功能需要做如下工作：① 在程序中设置错误陷阱，使得当程序运行时能捕捉到错误，转向执行错误处理程序段。② 编写错误处理程序段。③ 错误处理程序执行完之后，返回程序适当位置，重新开始程序运行。

1. On Error 语句

On Error 语句用于设置错误陷阱。On Error 语句有三种格式，功能也有所不同。

（1）格式 1：

　　　　On Error Goto 行号或行标号

　　功能为:设置错误陷阱,并由行号或行标号给定错误处理程序段的入口语句。当运行程序发生错误时,系统能捕捉错误,转到错误处理程序段执行。例如:

　　　　On Error Goto 100

当运行程序发生错误时,其功能是转到行号为 100 的语句执行。

　　又如:

　　　　On Error Goto ErrorHandler

当运行程序发生错误时,其功能是转到标号为 ErrorHandler 的语句去执行。

　　需要说明的是:使用 On Error 语句设置错误陷阱以后,无论检测到什么错误,都会转到错误处理程序段去执行。

　　(2) 格式 2:

　　　　On Error Resume Next

　　功能为设置错误陷阱。当发生运行错误时转到发生错误语句的下一个语句执行。

　　(3) 格式 3:

　　　　On Error Goto 0

　　功能为:停止程序运行。当发生运行错误时,若错误处理程序段不能处理这种错误就停止程序的执行。

　　2. Resume 语句

　　当错误处理程序段执行完之后,使用 Resume 语句返回程序的适当位置继续执行。Resume 语句有几种不同的格式,分别用来指定程序恢复执行的位置。

　　(1) 格式 1:

　　　　Resume

　　功能为:返回发生错误的语句继续执行。

　　(2) 格式 2:

　　　　Resume Next

　　功能为:返回发生错误的下一个语句继续执行。

　　(3) 格式 3:

　　　　Resume 行号或行标号

　　功能为:返回由行号或行标号所标识的语句去执行。

　　3. 错误处理程序段

　　实现错误处理功能必须要编写一段能处理错误的程序,这段程序成为错误处理程序段。其一般格式为:

　　　　　＜入口行号或行标号＞：
　　　　　　　＜语句 1＞
　　　　　　　＜语句 2＞
　　　　　　　　⋮
　　　　　　　＜语句 n＞
　　　　　　　＜Resume 语句＞
　　例如，以下程序是一个错误处理程序段。
　　　　ErrorHandler：
　　　　　　x＝－x
　　　　　　Resume
需要注意的是：错误处理程序段内不能再设错误陷阱。也就是说，错误陷阱不能
嵌套。
　　实际编写程序时，错误处理程序应当放在不会被应用程序正常执行到的地
方。一般放在 Exit Sub（或 Exit Function）和 End Sub（或 End Function）之间。
也就是说，含有错误处理程序段的过程（包括事件过程、子过程和函数过程）的一
般格式为：
　　　　＜过程开始语句＞
　　　　　　＜正常执行的语句＞
　　　　Exit Sub
　　　　＜入口行号或行标号＞：
　　　　　　＜语句 1＞
　　　　　　＜语句 2＞
　　　　　　　⋮
　　　　　　＜语句 n＞
　　　　　　＜Resume 语句＞
　　　　＜End Sub＞

本章小结

　　应用程序中出现的错误一般可以分为三种：编译错误、运行错误和逻辑错
误。所谓程序调试，就是通过编译或跟踪找出程序的错误，并且给予改正。在
Visual Basic 中，设置了程序中断、跟踪、设置监视点和监视表达式等机制帮助程
序员调试程序。
　　当经过编译后的程序在 Windows 环境下运行时遇到运行错误，将报告错误

信息,返回 Windows。为了避免这种情况的发生,需要进行错误处理。由程序员处理在操作系统环境执行程序时可能出现的运行的错误。Visual Basic 提供了 Err 对象、设置错误陷阱语句、Resume 语句等错误处理方法。

习　题　11

(1) 语法错误是什么? 语法错误什么时候出现? 当检测到语法错误时,会出现什么情况?

(2) 什么是断点? 在 Visual Basic 程序中,断点通常定位在哪里? 当查看程序清单时,如何识别是否设置了断点?

(3) 普通监视值、快速监视值和立即监视值之间有何区别? 每一种类型的监视值各出现在何处?

(4) 如果立即窗口没有显示出来,请描述三种打开立即窗口的方法。

(5) 请用三种不同的方法,描述使用 Step Into 在断点上步进执行程序。

(6) 请用三种不同的方法,描述使用 Step Over 在断点上步进执行程序。

(7) 请用三种不同的方法,描述使用 Step Out 在断点上步进执行程序。

(8) 创建一个 Visual Basic 工程,来计算下述多项式。

$$Y=[(x-1)/x]+[(x-1)/x]^2/2+[(x-1)/x]^3/3+[(x-1)/x]^4/4+[(x-1)/x]^5/5$$

其中 x 为正数(也就是 $x>0$)。用一个错误处理程序来阻止输入不恰当的 x 值。采用步进执行程序,验证其是否能正确计算。

第 12 章　　实验与实训

12.1　熟悉 Visual Basic 6.0 集成开发环境

12.1.1　实验目的

（1）掌握 Visual Basic 6.0 的启动和退出方法。

（2）熟悉 Visual Basic 6.0 集成开发环境，初步掌握菜单栏、工具栏等的使用。

（3）掌握开发一个简单应用程序的基本步骤。

12.1.2　实验内容与步骤

编写一个程序，当单击窗体后在窗体上显示"这是我的第一个 Visual Basic 程序"。

1. 启动 Visual Basic 6.0 中文版

Visual Basic 与一般的 Windows 应用程序一样，可以使用"开始"菜单中的"程序"命令启动。操作步骤如下：

（1）单击 Windows 任务栏中的"开始"按钮，在弹出的菜单中选择"程序"菜单项，然后选择"Microsoft Visual Basic 6.0 中文版"程序组中的"Microsoft Visual Basic 6.0 中文版"程序，即可启动 Visual Basic 6.0。

（2）Visual Basic 6.0 启动后，首先显示"新建工程"对话框，如图 12.1 所示。

（3）选择"新建"选项卡中的"标准 EXE"项，单击"打开"按钮，或直接双击"标准 EXE"项，进入 Visual Basic 6.0 的可视化集成开发环境，如图 12.2 所示。

这时，Visual Basic 自动建立一个新的工程文件"工程 1"和一个空的窗体 Form1。

2. 添加事件响应代码

（1）双击 Form1 窗体，弹出"代码编辑器"窗口，如图 12.3 所示。

图 12.1　"新建工程"对话框

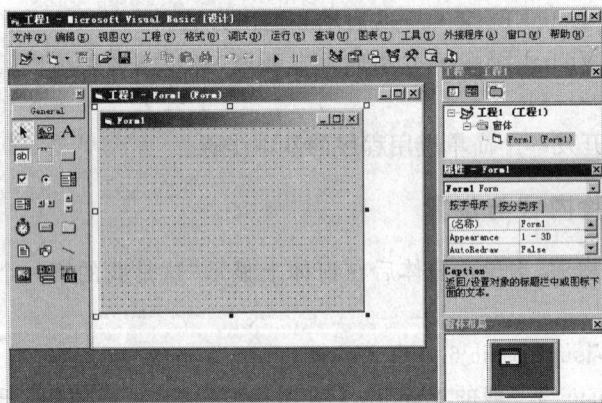

图 12.2　Visual Basic 6.0 可视化集成开发环境

　　（2）在对象列表框中选择 Form，在过程列表框中选择 Click，在"Form_Click()"事件过程中加入以下语句：

　　Form1. Print "这是我的第一个 Visual Basic 程序"

则窗口如图 12.4 所示。

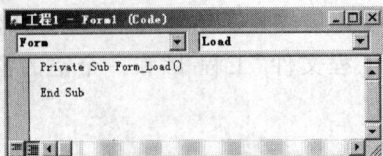

图 12.3　代码编辑器窗口

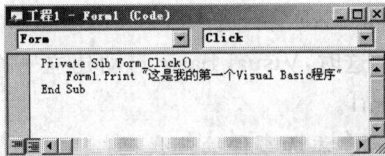

图 12.4　编写程序代码

3. 设置窗体起始位置

（1）单击"视图"菜单中的"窗口布局窗口"命令调出"窗体布局窗口"，在窗体布局窗口中有一个计算机屏幕，屏幕上有一个窗体 Form1，如图12.5所示。

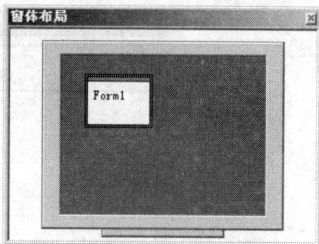

（2）当把鼠标指针放置到窗体 Form1 上时，它会变为十字箭头形状，这时按住鼠标按钮可以拖动窗体，将窗体定位到希望它出现的位置。程序运行后，将在屏幕出现对应窗体布局窗口的位置。

图 12.5　窗体布局窗口

4. 保存工程

（1）首先根据实际情况在计算机中建立一个自己用以保存工程的文件夹，可以把本工程的内容保存在此文件夹中，以便以后使用。例如，建立"D:\VB-Folder"文件夹来保存此工程。

（2）在 Visual Basic 6.0 集成环境中，单击"文件"菜单中的"保存工程"命令，出现"文件另存为"对话框，如图 12.6 所示。在"保存在"列表框中选择路径"D:\VBExample"，在"文件名"中输入窗体名"frmFirst.frm"。

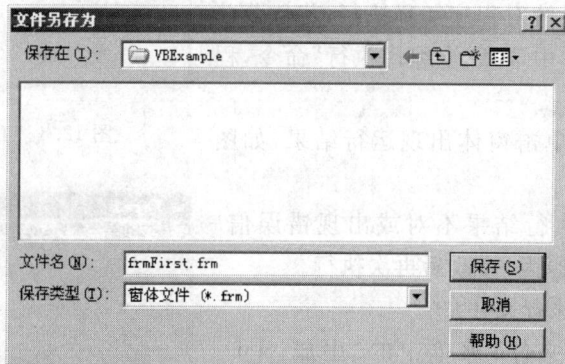

图 12.6　"文件另存为"对话框

（3）单击"保存"按钮，出现如图 12.7 所示的"工程另存为"对话框。

（4）在"文件名"中输入工程名"vbpFirst.vbp"，单击"保存"按钮，就完成了保存工程工作。

（5）单击"视图"菜单中的"工程资源管理器"命令，调出工程资源管理器窗口，就可以看到所保存的窗体及工程名出现在其中，如图 12.8 所示。其中，窗体Form1(frmFirst.frm)表示窗体的逻辑名称为"Form1"，而保存的磁盘文件名为

"frmFirst. frm"。

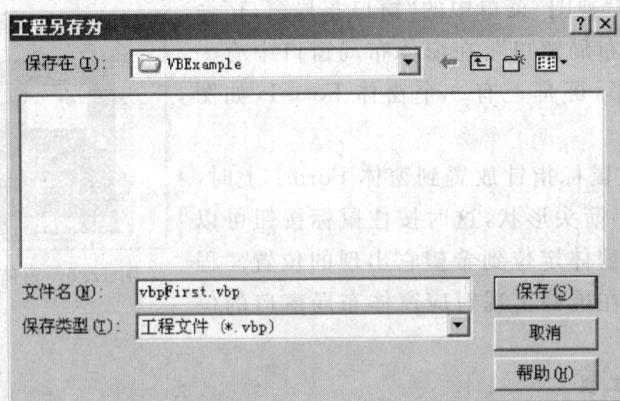

图 12.7　"工程另存为"对话框

5. 运行程序

运行 Visual Basic 程序有三种方法：

(1) 单击工具栏上的"启动"按钮。

(2) 按 F5 功能键。

(3) 从菜单栏的"运行"菜单中选择"启动"命令,这时系统对程序解释执行,若从菜单栏的"运行"菜单中选择"全编译执行"命令,程序编译执行。

图 12.8　工程窗口

运行程序,单击窗体出现运行结果,如图12.9 所示。

如果发现执行结果不对或出现错误信息,则应该查找原因,修改后再次执行。

6. 生成可执行文件

(1) 选择"文件"菜单中的"生成 vbp-First. exe"命令,出现"生成工程"对话框,如图 12.10 所示。

(2) 单击"确定"按钮,即编译生成"vbps12.exe"文件。该文件可脱离 Visual Basic 环境,在 Windows 操作系统下独立运行。

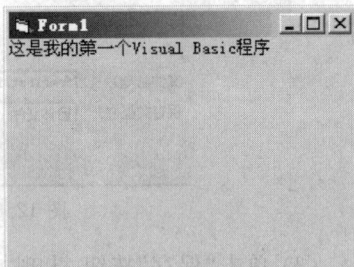

图 12.9　程序运行结果

7. 退出 Visual Basic

单击 Visual Basic 主窗口右上角的"关闭"按钮,或者选择"文件"菜单中的"退出"命令,Visual Basic 会自动判断用户是否修改了工程的内容,并询问用户是否保存文件或直接退出。

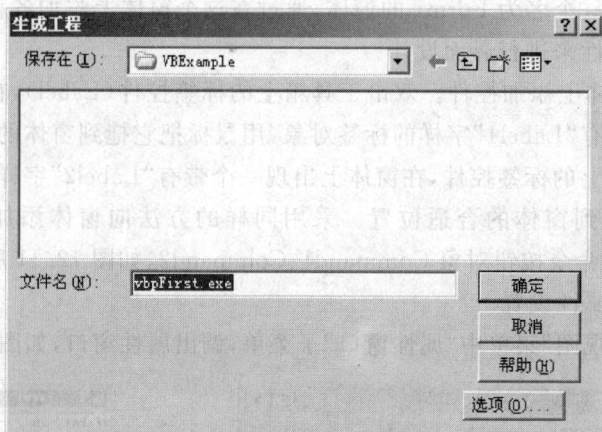

图 12.10 生成可执行文件

思考与练习

自己动手熟悉 Visual Basic 集成开发环境,认识 Visaul Basic 开发环境的各个部分,了解工具箱窗口、工程窗口、属性窗口和布局窗口等的使用。

12.2 窗体与常用控件

12.2.1 实验目的

(1)掌握界面设计的方法。
(2)初步掌握常用控件和属性窗口的使用。
(3)初步掌握简单程序的设计过程。

12.2.2 实验内容与步骤

开发一个把华氏温度转化为摄氏温度的简单程序。把华氏温度转化为摄氏温度的计算公式为:$C=5/9(F-32)$。其中 F 表示华氏温度值,C 表示摄氏温度值。

1. **启动 Visual Basic 6.0**

按启动 Visual Basic 6.0 方法同 12.1 节。

2. 界面设计

系统提供一个名为 Form1 的窗体,通过在这个窗体上添加各种控件和设置每个控件的属性来进行界面设计。

(1) 在窗体上添加控件。双击工具箱上的标签控件(Label),在窗体 Form1 上出现一个带有"Label1"字样的标签对象,用鼠标把它拖到窗体的合适位置;再次双击工具箱上的标签控件,在窗体上出现一个带有"Label2"字样的标签对象,用鼠标把它拖到窗体的合适位置。采用同样的方法向窗体添加文本框控件 Text1、Text2,命令按钮对象 Command1、Command2,如图 12.11 所示。

(2) 控件属性设置。

① 单击"视图"菜单中"属性窗口"子菜单,调出属性窗口,如图 12.12 所示。

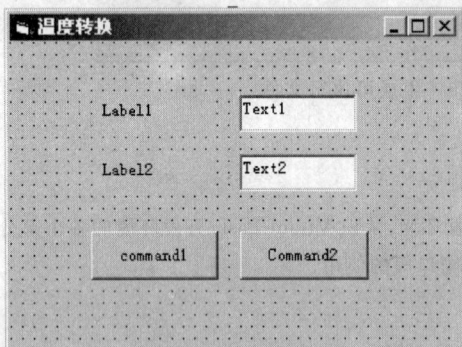

图 12.11　添加控件　　　　　　图 12.12　属性窗口

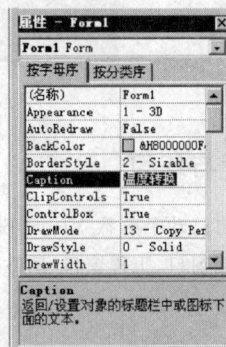

② 在属性窗口顶部的"对象下拉列表框"中依次选择 Form1、Command1 和 Command2、Text1、Text2 控件对象,依次将名称改为 frmConvert、cmdBegin、cmdEnd、txtFahDegree、txtCelDegree,并按照表 12.1 设置各控件的属性。

这样,用户界面的设计就完成了。

表 12.1　　　　　　　　调色板程序对象属性设置

对 象 名	属 性	值
frmConvert	Caption	"温度转换"
Label1	Caption	"华氏温度:"
Label2	Caption	"摄氏温度:"
txtFahDegree	Text	清空
txtCelDegree	Text	清空
cmdBegin	Caption	"转换"
cmdEnd	Caption	"关闭"

3. 编写程序代码

双击窗体 frmConvert,打开代码编辑窗口。

在"cmdBegin_Click()"事件过程中加入以下程序代码:

```
Private Sub cmdBegin_Click()
    txtCelDegree. Text = 5 / 9 * (txtFahDegree. Text − 32)
            '华氏温度转换成摄氏温度公式
End Sub
```

在"cmdEnd_Click()"事件过程中加入以下程序代码:

```
Private Sub cmdEnd_Click()
    End
End Sub
```

4. 保存工程

保存工程方法同 12.1 节。

5. 运行程序

(1) 单击工具栏上的"启动"按钮,运行程序,用户界面如图 12.13 所示。

(2) 在"华氏温度"标签后输入数据,单击"转换"按钮,则可以显示出对应的摄氏温度,如图 12.14 所示。

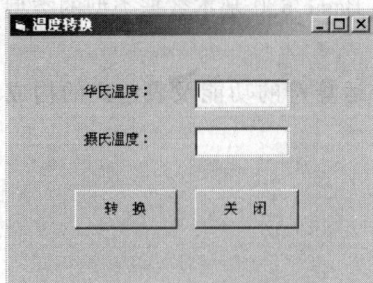

图 12.13 输入数据　　　　图 12.14 显示结果

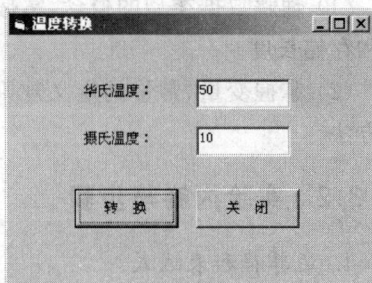

(3) 单击"关闭"按钮可以结束程序执行。

6. 生成可执行文件

选择"文件"菜单中的"生成工程 1. exe"命令,出现"生成工程"对话框,单击"确定"按钮,即编译生成"*. exe"文件。该文件可脱离 Visual Basic 环境,在 Windows 操作系统下独立运行。

7. 退出 Visual Basic

单击 Visual Basic 主窗口右上角的"关闭"按钮,或者选择"文件"菜单中的"退出"命令,Visual Basic 会自动判断用户是否修改了工程的内容,并询问用户是否保存文件或直接退出。

思考与练习

（1）为了增加程序的可读性，在程序中对象和控件命名也要符合一定的规则。例如，命名可分为前缀和主名，前缀表示命名对象的类型，主名表示命名对象的含义。书附录中的附表 1.1 给出 Visual Basic 中主要控件命名前缀。例如，cmdOk 表示"确定"按钮控件，txtInput 表示受用户输入的文本框等。请根据上述原则，将本题中使用到的控件重新命名。

（2）设计程序，显示自己的姓名、学号、班级等信息，如图 12.15 所示。

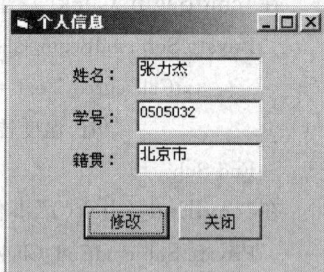

图 12.15　显示个人信息

12.3　数据类型、运算符和表达式

12.3.1　实验目的

（1）理解数据类型的概念，掌握 Visual Basic 6.0 基本数据类型的类型关键字和存储长度。

（2）掌握变量、常量的定义规则和各种运算符的功能及表达式的构成和求值方法。

12.3.2　实验内容与步骤

1. 运算符和表达式.

（1）手工求出以下各表达式的值，然后在 Visual Basic 6.0 集成开发环境的立即窗口中计算，并输出这些表达式的值。

① 5\2 　　　　　　　　　　　　　② (3＋6)\2

③ 5 mod 2 　　　　　　　　　　　④ 18\4 * 4.0^2/1.6

⑤ "abc"&"123"&"abc" 　　　　　　⑥ not 3＞5

⑦ "ab" ＞"ac" 　　　　　　　　　⑧ 6＞4 and 4＜6

⑨ "xyz"＋"438" 　　　　　　　　⑩ "china"＞＝"Canada"

⑪ "abc"＜＝"abc"&"123" 　　　　⑫ 3 * 4＞4And5＝5

（2）在立即窗口中计算和输出表达式的值的步骤：

① 启动 Visual Basic 6.0，进入集成开发环境。

② 在设计模式,选择"视图"菜单中的"立即窗口"命令。

③ 在立即窗口中使用 Print 方法计算和输出题中各式的值。其中 Print 方法的使用格式为:

　　Print 要计算和输出的式子 <回车>

例如,要计算 5\2,可在立即窗口中输入:

　　Print 5\2

回车后就在下一行输出此表达式的值,如图 12.16 所示。

依此方法可以在立即窗口下一行继续验证其他式子的值。

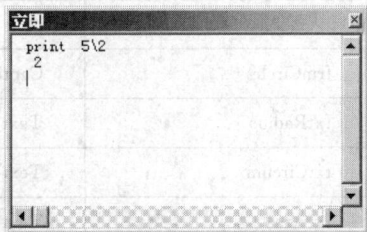

图 12.16　用立即窗口验证运算符功能

2. 函数

参考 Visual Basic 6.0 的运算符以及运算符优先级的介绍,对于下面给出的函数式子,首先手工计算各式的值;然后在 Visual Basic 6.0 集成开发环境的立即窗口中验证各式子的值;最后进行比较来理解所用到的运算符的功能及运算符的优先级。

(1) Int(−1234.5678)　　　　　　(2) Fix(1234.5678)

(3) Val("12.34")　　　　　　　　(4) Cint(1234.5678)

(5) Abs(−100)　　　　　　　　　(6) Sgn(−100)

(7) Sqr(Sqr(16))　　　　　　　　(8) Left("Visual Basic 6.0",6)

(9) Mid("Visual Basic 6.0",8,5)　(10) InStr(1," Visual Basic 6.0","Basic")

(11) String(3,"＄")　　　　　　　(12) Int((100 ∗ Rnd)＋1)

3. 计算圆的周长和面积

设计开发一个小程序,从键盘上输入圆的任一半径,可以根据要求分别计算此圆的周长和面积。

启动 Visual Basic 6.0,进入 Visual Basic 6.0 集成开发环境。

(1) 设计程序界面。

① 在设计模式,从工具箱依次向窗体 Form1 上添加以下控件:三个按钮控件 Command1、Command2、Command3,三个文本框控件 Text1、Text2、Text3,以及三个标签控件 Label1、Label2 和 Label3,并把它们拖到合适的位置,如图 12.17 所示。

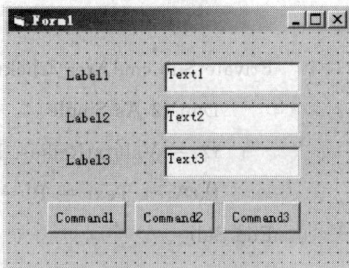

② 修改窗体 Form1 名称为 frmCircle,依次修改文本框对象名称为:txtRadius、txtCircum

图 12.17　添加控件

和 txtArea，按钮对象名称为：cmdCircum、cmdArea 以及 cmdExit。

　　③ 根据表 12.2 修改窗体和所添加的控件的属性值，以达到界面设计的值。

表 12.2　　　　　　　　　　　对象属性设置

对　象　名	属　　性	值
frmCircle	Caption	"计算圆的周长和面积"
txtRadius	Text	清空
txtCircum	Text	清空
txtArea	Text	清空
cmdCircum	Caption	"计算周长"
cmdArea	Caption	"计算面积"
cmdExit	Caption	"退出"
Label1	Caption	"半径："
Label2	Caption	"周长："
Label3	Caption	"面积："

　　（2）编写程序代码。双击窗体，打开代码窗口，分别在声明部分、cmdCircum_Click()、cmdArea_Click()、cmdExit_Click()中添加以下代码。

```
Option Explicit
Const PI = 3.14159
Private Sub cmdCircum_Click()
    Dim r1 As Single
    r1 = Val(txtRadius. Text)
    txtCircum. Text = 2 * PI * r1
End Sub

Private Sub cmdArea_Click()
    Dim r2 As Single
    r2 = Val(txtRadius. Text)
    txtArea. Text = PI * r2 * r2
End Sub

Private Sub cmdExit_Click()
```

　　　　　End

　　　End Sub

　　程序运行界面如图 12.18 所示,输入圆
的半径,即可计算周长和计算面积。等计算
结束后,单击"退出"按钮结束本程序。

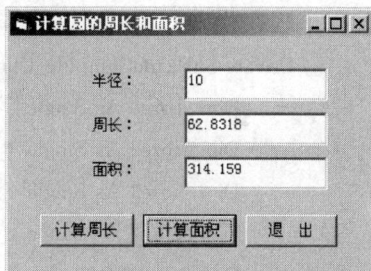

思考与练习

　　(1) 验证第三章习题中的运算符和表达式的值。

图 12.18　运行界面

　　(2) 设计开发一个小程序用以验证自动变量和静态变量的区别,要求程序简单并易操
作。

　　(3) 设计一个程序,从键盘上输入一个学生 Visual Basic 程序设计课程的期中、平时和期
末三个成绩(三个成绩都是百分制),然后按期中占 20%,平时占 30%,期末占 50% 的比例,
计算并显示出这个学生的总评成绩。要求输入用文本框控件完成,输出结果用标签控件方法
完成。

12.4　程序基本控制结构

12.4.1　实验目的

　　(1) 理解顺序、选择和循环结构程序设计的特点及应用。

　　(2) 掌握与理解数据的输入、输出方法。

　　(3) 掌握常用控制语句的使用。

　　(4) 理解数组的概念和用途,掌握数组的定义和使用。

12.4.2　实验内容与步骤

1. 顺序结构

　　设计一个程序,从键盘上输入一个学生 Visual Basic 程序设计课程的期中、
平时和期末三个成绩(三个成绩都是百分制),然后按期中占 20%,平时占 30%,
期末占 50% 的比例,计算并显示出这个学生的总评成绩。

　　要求输入用 InputBox 函数完成,输出结果用 Print 方法完成。

　　(1) 界面设计。在窗体 frmScore 上添加两个按钮控件 cmdCompute 和 cm-
dExit,并根据表 12.3 修改它们的属性,设计完成后的界面如图 12.19 所示。

　　(2) 编写事件代码。打开代码窗口,在 cmdCompute_Click() 事件过程中添

加以下程序代码：

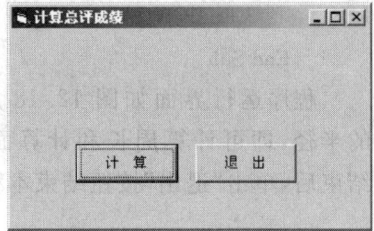

图 12.19　界面设计

```
Private Sub cmdCompute_Click()
    Dim score1 As Single
    Dim score2 As Single
    Dim score3 As Single
    Dim score4 As Single
    Dim score As Single
    score1 = InputBox("请输入 Visual Basic 程序设计课程的平时成绩:")
    score2 = InputBox("请继续输入本课程的期中考试成绩:")
    score3 = InputBox("请最后输入本课程的期末考试成绩:")
    score = score1 * 0.3 + score2 * 0.2 + score3 * 0.5
    Print "该学生的成绩统计如下:"
    Print "平时:" & Str(score1) & "," & "期中:" & Str(score2) & ","; "期末:" &
        Str(score3)
    Print "总评成绩为:" & Str(score)
End Sub
```

表 12.3　　　　　　　　　　　　　　　　对象属性表

对　象　名	属　性	Caption
frmScore	Caption	"计算总评成绩"
cmdCompute	Caption	"计算"
cmdExit	Caption	"退出"

在 cmdExit_Click()事件过程中添加以下程序代码：

```
Private Sub cmdExit_Click()
    End
End Sub
```

（3）运行程序。运行程序后，单击"计算"按钮后，会弹出"请输入 Visual Basic 程序设计课程的平时成绩:"的输入框，如图 12.20 所示。

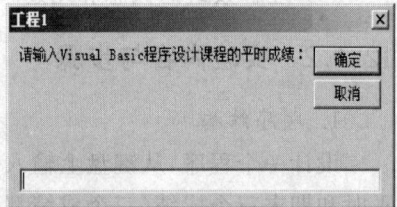

图 12.20　输入平时成绩

在其文本框中输入平时成绩，并按"确定"按钮，接着会弹出"请继续输入本课程的期中考试成绩:"输入框，在其文本框中输入期中考试成绩并按"确定"按钮；最后会弹出"请最后输入本课程的期末考试成绩:"输入框，在其文本框中输入期末考试成绩并按"确定"按钮。这时就会在窗体上显示计算结果信息，如图

12.21 所示。

2. 选择结构

编程输入 x 的值，然后计算函数 y 的值。其中：

$$y=\begin{cases}1+x & x\geqslant 0 \\ 1-2x & x<0\end{cases}$$

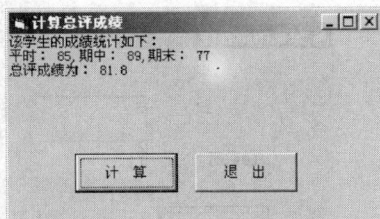

图 12.21　程序运行结果

（1）算法分析。该题是数学中的一个分段函数，它表示当 x≥0 时，用公式 y＝1＋x 计算 y 的值；当 x＜0 时，用公式 y＝1－2x 计算 y 的值。在选择条件时，即可以选择 x≥0 作为条件，也可以选择 x＜0 作为条件。在此题中，选择 x≥0 作为选择条件。此题的流程图如图 12.22 所示。

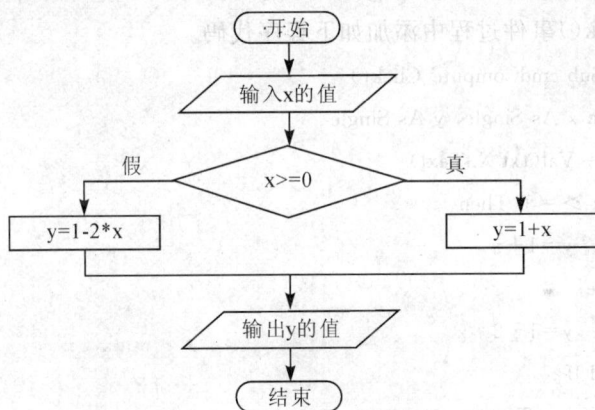

图 12.22　算法流程图

（2）界面设计。在窗体 frmCompute 上添加两个标签 Label1、Label2，两个文本框 txtX、txtValue，和两个命令按钮 cmdCompute、cmdExit，并按照表 12.4 修改各控件属性值。程序界面如图 12.23 所示。

表 12.4　　　　　　　　　　　　　　　　对象属性表

对象名	属性	值
frmCompute	Caption	"分段函数程序"
txtX	Text	清空
txtValue	Text	清空
Label1	Caption	"x:"
Label2	Caption	"函数值:"
cmdCompute	Caption	"计算"
cmdExit	Caption	"退出"

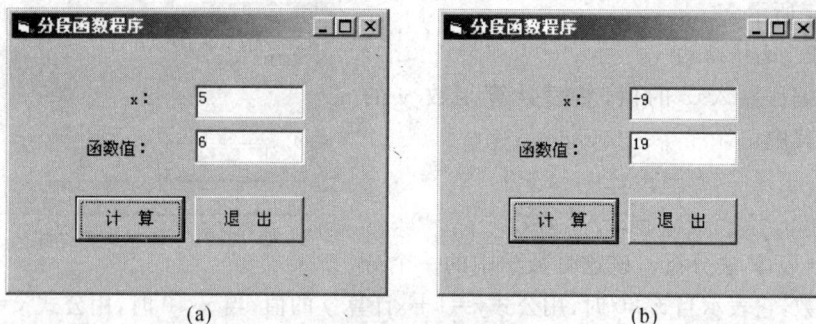

图 12.23　运行程序

（3）编写程序代码。双击窗体打开代码窗口，在 cmdCompute_Click() 和 cmdExit _Click()事件过程中添加如下程序代码。

```
Private Sub cmdCompute_Click()

    Dim x As Single, y As Single

    x = Val(txt X. Text)

    If x >= 0 Then

        y=1+x

    Else

        y=1-2 * x

    End If

    txtValue. Text = y

End Sub

Private Sub cmdExit_Click()

    End

End Sub
```

（4）运行程序。程序运行界面如图 12.23 所示。在文本框中输入 x 的值，单击"计算"按钮后，即输出函数结果。

3. 循环结构

编程计算 2^n 的值，其中 n 由用户输入。

（1）算法分析。从键盘输入 n 的值，然后用 Do 循环实现连乘运算。设 k 为循环控制变量，用变量 s 存放运行结果，因为是进行连乘运算，所以变量 s 的初值一定要赋初值 1，而不能赋初值 0。

（2）界面设计。在窗体 frmCompute 上添加一个标签控件 Label1，两个文本框控件 txtN、txtValue，两个按钮控件 cmdCompute、cmdExit，各个控件属性设置如表 12.5 所示。具体界面的设计由读者自己完成。

表 12.5　　　　　　　　　　　　对象属性表

对 象 名	属 性	值
frmCompute	Caption	"乘方计算程序"
txtN	Text	清空
txtValue	Text	清空
Label1	Caption	"n:"
Label2	Caption	"函数值:"
cmdCompute	Caption	"计算"
cmdExit	Caption	"退出"

（3）编写程序代码。打开代码窗口,在 cmdCompute_Click( )和 cmdExit_Click( )事件过程分别添加以下程序代码。

```
Private Sub cmdCompute_Click()
    Dim n As Integer, s As Integer, k As Integer
    k = 1
    s = 1
    n = Val(txtN. Text)
    Do While k <= n
        s = s * 2
        k = k + 1
    Loop
    txtValue. Text = s
End Sub
Private Sub cmdExit_Click()
    End
End Sub
```

（4）运行程序。启动程序后,在文本框中输入 n 值,单击"计算"按钮,即输出 2^n 的值。

思考与练习

（1）在第一个例子(计算学生总评成绩)中,当弹出输入框时,如果按"取消"会出现什么结果。想一想这是为什么,应如何改进。

（2）编写程序,计算某数学函数 $f(x)$。已知:$f(x)=x^3+2x^2+3x+1$,该函数定义在区间[−2,1]上,也就是说若 x 的取值大于 1 或小于−2 则提示该函数无意义,否则计算函数值并输出。

（3）任意给定一年,判断该年是否是闰年,并能够判断某月某日是这一年的第几天。

（4）铁路托运行李,从甲地到乙地,规定每张客票托运费计算方法是行李重量不超过 50 kg 时,按每千克 0.25 元收费;超过 50 kg 而不超过 100 kg 时,其超过部分按每千克 0.35 元收费;超过 100 kg 时,其超过部分按每千克 0.45 元收费。编写程序,输入行李重量,计算并输出托运的费用。

（5）编程计算前 N 个自然数之和。

（6）从键盘上输入一串字符,以"?"结束,并对输入字符中的字母个数和数字个数进行统计。

12.5　数组的使用

12.5.1　实验目的

（1）理解数组的用途。

（2）掌握定长数组的定义和使用。

（3）掌握使用单重或二重循环结构控制数组元素的下标,按一定规律变化来处理一维和二维数组元素的程序设计方法。

（4）掌握与数组处理有关的常用算法,如冒泡排序和选择排序算法。

12.5.2　实验内容与步骤

1. 字符串重排

用 InputBox 函数输入一个 n 位整数,依次取出整数中的每一位数存放在数组中,然后按从小到大对数组中每一个元素排序输出。例如,输入"54321",则输出"12345"。

（1）算法分析。首先用 for 语句和 mid 函数依次分离出一个 n 位数的每一位,分别放入数组中。然后对数组中的元素排序,按从大到小的顺序输出。按排序的方法可以分为两种:

① 选择排序的方法:从 n 个元素中选出一个最小的元素与第一个数交换,再选出一个次小的数与第二个数交换,依此类推。若前面$(n-1)$个元素的位置已确定,则剩下的元素也确定,所以外循环 i 的值为 1 To$(n-1)$,而内重循环某一 i 始终与其后的元素比较,由于 i 前面的位置已确定,所以 i 与$(i+1)$到 n 的元素比较,即内循环 i 的值为$(i+1)$To n。

② 冒泡排序法：基本思想是：首先，比较 a_1 和 a_2 的值，若 $a_1>a_2$，则交换；然后，比较 a_2 和 a_3，若 $a_2>a_3$ 则交换，依此类推，直至 a_{n-1} 和 a_n 比较完。重复以上过程，从 a_1、a_2 开始比较，依次比较前 $n-1$ 个元素，直至所有元素比较完。与选择排序类似，若后面 $n-1$ 个元素的位置已确定，则剩下的元素数已确定，所以外循环 i 的值为 1 To$(n-1)$，而内循环的某一 i 始终与 $i+1$ 在比较，由于是后面的元素先沉下来，所以内循环 i 的值为 1 To$(n-i)$，始终从第一个元素开始比较。当一次比较完成后，只要对余下的前 $n-1$ 个元素比较。

（2）界面设计。在窗体上添加两个命令按钮 cmdSort、cmdExit，分别用于排序和退出程序。程序界面设计和属性设置请参照前面各例自行完成。

（3）编写程序代码。采用选择排序法和冒泡排序法分别编写程序代码。

① 选择排序法：

```
Private Sub cmdSort_Click()
    Dim i As Integer, j As Integer, k As Integer, temp As Integer, p As Integer
    Dim str As String, a(1 To 6) As Integer, n As Integer
    str = InputBox("请输入一个正整数")
    n = Len(str)
    For i = 1 To n
        a(i) = Val(Mid(str, i, 1))
    Next i
    For i = 1 To n - 1
        For j = i + 1 To n
            If a(i) > a(j) Then temp = a(i)：a(i) = a(j)：a(j) = temp
        Next j
    Next i
    For i = 1 To n
        Print a(i);
    Next i
End Sub
Private Sub cmdExit_Click()
    End
End Sub
```

② 冒泡排序法：

```
Private Sub cmdSort_Click()
    Dim i As Integer, j As Integer, k As Integer, temp As Integer, p As Integer
```

```
        Dim str As String, a(1 To 6) As Integer, n As Integer
        str = InputBox("请输入一个正整数")
        n = Len(str)
        For i = 1 To n
            a(i) = Val(Mid(str, i, 1))
        Next i
        For i = 1 To n − 1
          For j = 1 To n − i
            If a(j) > a(j+1) Then temp=a(j):a(j)=a(j+1):a(j+1)=temp
          Next j
        Next i
        For i = 1 To n
            Print a(i);
        Next i
    End Sub
    Private Sub cmdExit_Click()
        End
    End Sub
```

(4) 运行程序。启动程序后,单击"开始"按钮,这时会弹出输入框,输入一个 n 位数($n\leqslant 6$),按下"确定"按钮,窗体就会显示出结果。单击"退出"按钮,则会退出程序。

2. 构造国际象棋棋盘

在窗体上创建一个 Pictrue1 控件,然后在 Pictrue1 控件中建立一个标签控件数组的第 1 个控件 Label1(0)。在运行时,采用为标签控件数组添加成员的方法,在 Pictrue1 控件中形成国际象棋的棋盘。要求 Pictrue1 控件的高度略小于窗体的高度,棋盘由红黄相间,在调整窗体的大小时,棋盘的大小相应按比例调整。运行界面参见图 12.24。

图 12.24　国际象棋程序运行界面

(1) 界面设计。创建一个 Pictrue1 控件。在 Pictrue1 控件内创建一个 Label1 控件,将其 Caption 属性清空,Index 属性值设置为 0,建立 Label1 控件数组。国际象棋共有 64 格,一个 Label1 控件数组的成员相当于一格。其他 Label1 控件数组的成员在程序运行时由 Load 事件产生。设计时控件的位置任意,运行时再由程序调整。

(2) 编写事件代码。产生 Label1 控件数组的其他 63 个成员的代码放在 Form_Load()事件中：

```
Private Sub Form_Load()
    Dim m As Integer
    For m = 1 To 63
        Load Label1(m)      '产生 Label1 控件数组的其他 63 个成员
        Label1(m). Visible = True
        '将 Label1 控件数组的其他 63 个成员设置为可见
    Next
End Sub
```

设置各控件属性值的代码放在 Form_Resize()事件中：

```
Private Sub Form_Resize()
Dim m As Integer, n As Integer
Picture1. Height = ScaleHeight - 200      'picture1 的高度略小于窗体高度
Picture1. Width = Picture1. Height      '产生方形棋盘
Picture1. Left = ScaleLeft + (ScaleWidth - Picture1. ScaleWidth)/2
                                        '棋盘水平居中
Picture1. Top = ScaleTop + (ScaleHeight - Picture1. ScaleHeight)/2
                                        '棋盘垂直居中
For m = 0 To 7
    For n = 0 To 7
        '为方格设置不同的颜色
        If m Mod 2 = 0 Then
            If n Mod 2 = 0 Then
                Label1(8 * m + n). BackColor = &HFFFF&      '黄色
            Else
                Label1(8 * m + n). BackColor = &HFF&      '红色
            End If
        Else
            If n Mod 2 = 0 Then
                Label1(8 * m + n). BackColor = &HFF&
            Else
                Label1(8 * m + n). BackColor = &HFFFF&
```

```
                        End If
                End If
                Label1(8 * m + n). Width = Picture1. ScaleWidth/8　'设置方格的宽度
                Label1(8 * m + n). Height = Picture1. ScaleHeight/8'设置方格的高度
                '设置方格的左边位置
                Label1(8 * m + n). Left = Picture1. ScaleLeft + Picture1. ScaleWidth / 8 * n
                '设置方格的顶端位置
                Label1(8 * m + n). Top = Picture1. ScaleTop + Picture1. ScaleHeight / 8 * m
        Next
        Next
        End Sub
```

思考与练习

(1) 输入一系列字符串,按递减次序排列输出。

(2) 从键盘上输入 10 个数,并放入一个一维数组中,然后将其前五个元素与后五个元素对换,即第 1 个元素与第 10 个元素互换,第 2 个元素与第 9 个元素互换……第 5 个元素与第 6 个元素互换。分别输出数组原来各元素的值和对换后各元素的值。

(3) 设定一个 5 行 5 列的矩阵,首先给这个矩阵赋值,其值为对应元素的行坐标和列坐标之和,然后在窗体上以 5 行 5 列的方式输出。

(4) 设有 A,B 两组数据:

A:2,8,7,6,4,28,70,25

B:79,27,32,41,57,66,78,80

编写一个程序,把上面两组数据分别读入两个数组中,然后把两个数组中对应下标的元素相加,即 2+79,8+27……25+80,并把相应的结果放入第三个数组中,最后输出第三个数组的值。

12.6　过程和函数

12.6.1　实验目的

(1) 理解程序中使用过程的好处。

(2) 掌握子过程和函数过程的定义及其调用。

(3) 掌握参数传递中值传递和地址传递的区别。

(4) 了解递归的概念和使用方法。

12.6.2　实验内容与步骤

1. 利用函数计算数学公式

编写一个程序计算 $C=m!/(n!(m-n)!)$，在计算的过程中，要求阶乘用函数实现。其中 m 和 n 的值由键盘输入。

（1）算法分析。本题可先定义一个函数过程 factor(n)用来计算 $n!$，然后在程序中对此过程进行三次调用，分别计算 $m!$、$n!$ 和 $(m-n)!$。然后用这三个值进行运算得出结果。

（2）界面设计。在窗体 frmFunction 上添加三个标签 Label1、Label2、Label3，三个文本框 txtM、txtN、txtC 和两个命令按钮 cmdCompute、cmdExit，并按表 12.6 所示设置各个控件属性，程序界面如图 12.25 所示。

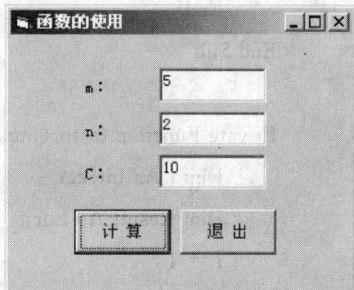

图 12.25　程序运行界面

表 12.6　　　　　　　　　　对象属性表

对　象　名	属　　性	值
frmFunction	Caption	"函数的使用"
Label1	Caption	"m:"
Label2	Caption	"n:"
Label3	Caption	"C:"
txtM	Text	清空
txtN	Text	清空
txtC	Text	清空
cmdCompute	Caption	"计算"
cmdExit	Caption	"结束"

（3）编写程序代码。在代码窗口内输入以下程序代码：

```
Private Sub cmdCompute_Click()
    Dim m As Integer
    Dim n As Integer
    Dim c As Integer
    m = Val(txtM. Text)
    n = Val(txtN. Text)
```

```
        c = factor(m) / (factor(n) * factor(m - n))
        txtC. Text = c
    End Sub

    Private Sub cmdExit_Click()
        End
    End Sub

    Private Function factor(num As Integer) As Long
        Dim i As Integer
        Dim Result As Long
        i = 1
        Result = 1
        Do
            Result = Result * i
            i = i + 1
        Loop While i < num + 1
        factor = Result
    End Function
```

（4）运行程序。启动程序后，输入 m 和 n 的值，单击"计算"按钮就可以显示出所要的结果。计算结束后，单击"退出"按钮就可以结束程序运行。

2. 递归调用

编制一程序，使用递归过程计算 $n!$。

（1）界面设计。在窗体 frmRecursion 上添加两个标签 Label1、Label2，添加两个文本框 txtInput、txtResult 和两个命令按钮 cmdCompute、cmdExit，界面设计如图 12.26 所示；各个控件属性设置如表 12.7 所示。

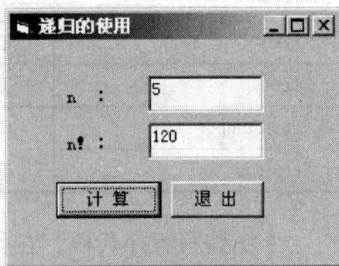

图 12.26　程序运行界面

表 12.7　　　　　　　　　　对象属性表

对 象 名	属 性	值
frmRecursion	Caption	"递归的使用"
Label1	Caption	"n:"
Label2	Caption	"n!:"

对　象　名	属　　性	值
txtInput	Text	"清空"
txtResult	Text	"清空"
cmdCompute	Caption	"计算"
cmdExit	Caption	"结束"

（2）编写程序代码。

```
Private Sub cmdCompute_Click()
    Dim a As Integer
    Dim b As Integer
    a = Val(txtInput. Text)
    b = factor(a)
    txtResult. Text = b
End Sub


Private Sub cmdExit_Click()
    End
End Sub


Private Function factor(n As Integer) As Long      '递归过程
    If n = 1 Then
        factor = 1
    Else
        factor = n * factor(n － 1)      '递归调用
    End If
End Function
```

（3）运行程序。启动程序后，输入 n 的值，单击"计算"按钮就可以输出 $n!$ 的结果，如图 12.26 所示。

思考与练习

（1）编写函数 S(m As Integer,n As Integer) As Long,此函数返回 m＋mm＋mmm＋…＋m…m(n 个 m)的值。比如 S(2,5)的返回值为 2＋22＋222＋2222＋22222 的值。然后自己设计界面,编程调用此函数。

（2）编写递归函数求 1＋2＋3＋…＋n 的值。

（3）请读者比较用循环和递归计算阶乘的程序代码，总结出这两种方法的各自优点和缺点。

12.7　用户界面高级编程

12.7.1　实验目的

（1）掌握常用内部控件的重要属性、事件和方法，利用常用控件进行程序设计。

（2）理解父对象、子对象和 Tab 顺序的概念。

12.7.2　实验内容与步骤

1．学生信息查询程序

编写一个学生情况表程序，当在组合框中选择某一学生姓名后，能分别显示学生的性别、专业，电话。

（1）界面设计。参照图 12.27 设计程序界面：在窗体 frmStud 上添加三个标签 Label1、Label2、Label3，一个组合框 cboName，两个文本框 txtMajor、txt-Tel，两个框架 Frame1、Frame2，一个单选按钮控件数组 optSex，和一个按钮 cmdExit。窗体及各控件属性设置如表 12.8 所示。

表 12.8　　　　　　　　　　　　对象属性表

对　象　名	属　性	值
frmStud	Caption	"学生信息查询"
Label1	Caption	"姓名:"
Label2	Caption	"专业:"
Label3	Caption	"电话:"
cboName	Text	清空
txtMajor	Text	清空
txtTel	Text	清空
Frame1	Caption	"学生基本信息"
Frame2	Caption	"性别:"
optSex(0)	Caption	"男"
optSex(1)	Caption	"女"
cmdExit	Caption	"退出"

（2）编写程序代码。

```
Private Sub Form_Load()
        cboName. AddItem "张虹"
        cboName. AddItem "李鹏"
        cboName. AddItem "许昌南"
        cboName. AddItem "齐可心"
        cboName. AddItem "王莉莉"
End Sub


Private Sub cboName_Click()
        Select Case cboName. ListIndex
        Case 0
                txtMajor. Text = "计算机科学与技术"
                txtTel. Text = "83858541"
                optSex(1). Value = True
        Case 1
                txtMajor. Text = "工业与民用建筑"
                txtTel. Text = "83858368"
                optSex(0). Value = True
        Case 2
                txtMajor. Text = "动画设计"
                txtTel. Text = "83858224"
                optSex(0). Value = True
        Case 3
                txtMajor. Text = "计算机教育"
                txtTel. Text = "83858340"
                optSex(1). Value = True
        Case 4
                txtMajor. Text = "计算机教育"
                txtTel. Text = "83858361"
                optSex(1). Value = True
        End Select
End Sub
```

```
Private Sub cmdExit_Click()
        End
End Sub
```

（3）运行程序。启动程序后，从组合框中任意选择学生姓名，能在下面分别显示这个学生的专业、电话和性别。程序运行界面如图 12.27 所示。

2. 为文字添加动画

设计一个动画程序，单击"开始"按钮，文字 "Visual Basic 程序设计"将从右向左移动；单击 "停止"按钮，文字停止移动；单击"退出"按钮，程序结束，如图 12.28 所示。

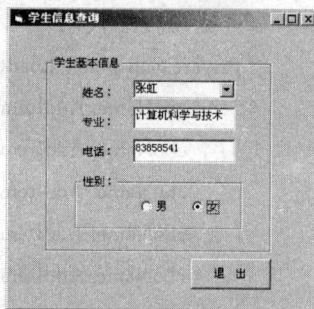

图 12.27 界面设计

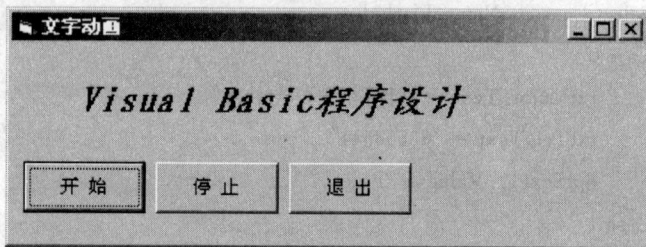

图 12.28 程序运行界面

（1）界面设计。在窗体 frmAnimate 中加入一个标签 Label1、一个定时器 Timer1 和三个命令按钮 cmdBegin、cmdStop、cmdExit，各个控件属性设置如表 12.9 所示。

表 12.9　　　　　　　　　　　　　对象属性表

对 象 名	属 性	值
frmAnimate	Caption	"文字动画"
Label1	Caption	"Visual Basic 程序设计"
Timer1	Interval	100
cmdBegin	Caption	"开始"
cmdStop	Caption	"停止"
cmdExit	Caption	"退出"

（2）编写程序代码。

```
Option Explicit
Private Sub cmdBegin_Click()
        Timer1. Enabled = True
```

```
    End Sub

    Private Sub cmdExit_Click()
        End
    End Sub

    Private Sub cmdStop_Click()
        Timer1. Enabled = False
    End Sub

    Private Sub Timer1_Timer()
        If Label1. Width < 0 Then
            Label1. Left = frmAnimate. ScaleWidth
        Else
            Label1. Left = Label1. Left － 100
        End If
    End Sub
```

（3）运行程序。程序运行后，单击"开始"按钮，可以看到文字由右向左移动，单击"结束"按钮停止。

思考与练习

（1）设计一个窗体，在其上添加一个菜单，用于设置标准的字体和字体大小，其执行界面如图 12.29 所示。

（2）参考实验第二题中的设计，编制一程序，要求有两组文字分别从左向右和从右向左同时移动，

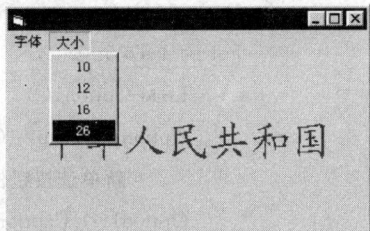

图 12.29　设置标准字体和字体大小

而且在移动的同时不停的交替改变颜色和字体（颜色字体自己设定），请读者重新设计本程序。

12.8　图形操作

12.8.1　实验目的

（1）理解 Visual Basic 的坐标系统。

(2) 掌握常用图形控件的的应用。

(3) 掌握常用图形方法的应用。

(4) 掌握图形中颜色的设置。

(5) 掌握控件数组的使用。

12.8.2　实验内容与步骤

1. Shape 控件绘制图形

使用 Shape 控件绘制六种不同图形,并采用不同的线型和填充图案绘制这些图形。

(1) 界面设计。首先在窗体的右边建立一个形状控件 Shape1,然后在窗体的左边放置一个单选按钮 Option1,并将其 Index 值设置为 0,这时系统创建了一个只有一个元素的控件数组(控件数组的其他元素在程序运行后用程序建立)。界面设计如图 12.30 所示。

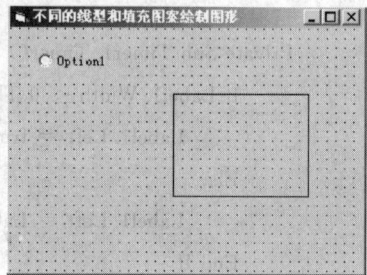

(2) 程序代码设计。

图 12.30　界面设计

```
Private Sub Form_Load()
    Dim i%
    Option1(0). Caption="Shape #0"
    For i=1 To 5
        Load Option1(i)        '创建控件数组 Option1 的其他五个元素
        Option1(i). top= Option1(i-1). top+ Option1(0). height+40
            '新单选按钮位置
        Option1(i). Caption="Shape #"&i
        Option1(i). Visible=True
    Next i
End Sub
Private Sub Option1_Click(Index as integer)
    Shape1. Shape= Index        '设置形状
    Shape1. BorderStyle= Index        '设置线型
    Shape1. FillStyle= Index        '设置填充图案
End Sub
```

(3) 运行程序。启动程序后,会出现如图 12.31 所示(其中后五个单选按钮是由程序产生的)。这时选择不同的单选按钮就会在 Shape1 控件产生不同的形状。

2. Circle 方法绘图

利用 Circle 方法在窗体上画一个圆柱体。

本题不需要设计控件，源程序代码如下：

```
Private Sub Form_Paint()
    Dim i As Integer
    For i = 2000 To 1 Step −1
        Circle (1900，700 + i)，1000，vbGreen，，，3 / 6
    Next i
    Me. FillStyle = 0
    Me. FillColor = RGB(255，255，255)
    Circle (1900，700)，1000，vbBlue，，，3 / 6
End Sub
```

运行结果如图 12.32。

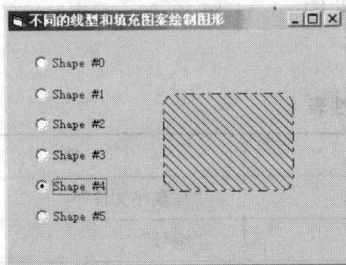

图 12.31　程序运行结果　　　　　图 12.32　圆柱体绘制运行界面

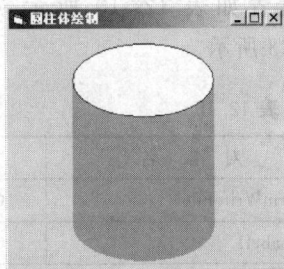

思考与练习

（1）编写程序，使用直线控件(Line)产生不同的线条，要求控件数组不要用程序产生，而直接在界面上绘制。

（2）编写程序，使之可以用不同颜色分别绘制出正弦和余弦曲线。

12.9　文件的操作

12.9.1　实验目的

（1）掌握文件的概念，了解数据在文件中的存储格式。

（2）掌握文件的打开、读写和关闭方法。

（3）掌握驱动器、目录和文件列表框等文件系统控件的使用方法。

（4）了解文件操作命令和函数的使用。

12.9.2　实验内容与步骤

1. 写文件

以顺序存取方式输入某个单位若干个职工的编号、姓名、性别、年龄、是否党员和基本工资等档案数据，并存放到文本文件"C:\DA.txt"中。

（1）界面设计。在窗体 frmWriteFile 上添加五个标签 Label1～Label5，五个文本框 txtNo、txtName、txtSex、txtSalary、txtAge，一个复选框 chkPoliStatus 和三个命令按钮 cmdWrite、cmdDisplay、cmdExit。各控件属性设置如表 12.10 所示，界面设计如图 12.33 所示。

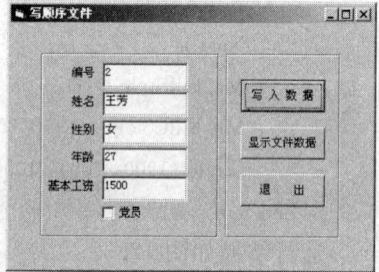

图 12.33　程序运行界面

表 12.10　　　　　　　　　　　对象属性表

对　象　名	属　　性	值
frmWriteFile	Caption	"写顺序文件"
Label1	Caption	"编号"
Label2	Caption	"姓名"
Label3	Caption	"性别"
Label4	Caption	"年龄"
Label5	Caption	"基本工资"
txtNo	Text	清空
txtName	Text	清空
txtSex	Text	清空
txtAge	Text	清空
txtSalary	Text	清空
chkPoliStatus	Caption	"党员"
	Value	Unchecked
cmdWrite	Caption	"写入数据"
cmdDisplay	Caption	"显示文件数据"
cmdExit	Caption	"退出"

（2）编写程序代码。

```
Dim fileno%
Private Sub Form_Load()
    fileno = FreeFile
    Open "C:\DA. txt" For Append As #fileno
End Sub
Private Sub cmdWrite_Click()        '数据写入文件
    Dim no As String * 4
    Dim name As String * 10
    Dim sex As String * 1
    Dim age%, poliStatus As String, salary!
    no = txtNo. Text
    name = txtName. Text
    sex = txtSex. Text
    age = Val(txtAge. Text)
    If (chkpoliStatus. Value = checked) Then
        poliStatus = "党员"
    Else
        poliStatus = "非党员"
    End If
    salary = Val(txtSalary. Text)
    Write #fileno, no, name, sex, age, salary, poliStatus
End Sub
Private Sub cmdDisplay_Click()        '调用记事本显示文件
    Close #fileno
    Shell ("notepad. exe C:\DA. txt")
End Sub
Private Sub cmdExit_Click()
    End
End Sub
```

（3）运行程序。程序启动后，会出现如图 12.33 所示界面，此时在各个文本框上输入数据，并在单选按钮上做出选择，然后单击"写入数据"按钮，就可以把刚输入的数据组成一个记录写入到文件"C:\DA. txt"中去，这样重复下去，直到输入完所有职工档案数据为止。最后，单击"显示文件数据"按钮，程序可以调用记事本把刚才的文件显示出来。

2. 读文件

设计一个程序,要求读出上题建立的文件"C：\DA.txt"中的数据,分别统计出男职工、女职工和党员的人数。

(1) 界面设计。在窗体 frmReadFile 上添加三个标签 Label1～Label3,三个文本框 txtMale、txtFemale、txtCPCN 和两个命令按钮 cmdBegin、cmdExit。各控件属性设置如表 12.11 所示;程序运行界面如图 12.34 所示。

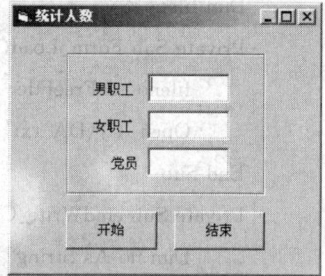

图 12.34　程序运行界面

表 12.11　　　　　　　　　　对象属性设置

对 象 名	属 性	值
frmReadFile	Caption	"统计人数"
Label1	Caption	"男职工"
Label2	Caption	"女职工"
Label3	Caption	"党员"
txtMale	Text	清空
txtFemale	Text	清空
txtCPCN	Text	清空
cmdBegin	Caption	"开始"
cmdExit	Caption	"结束"

(2) 编写程序代码。程序代码如下:

```
Dim fileno%
Private Sub Form_Load()
    fileno = FreeFile
End Sub
Private Sub cmdBegin_Click()
    Dim no As String * 4
    Dim name As String * 10
    Dim sex As String * 1
    Dim age%, poliStatus As String, salary!
    Dim m%, n%, p%
```

```
Open "C:\DA. TXT" For Input As #fileno
m = 0: n = 0: p = 0
Do While Not EOF(fileno)
    Input #fileno, no, name, sex, age, salary, poliStatus
    If sex = "男" Then m = m + 1 Else n = n + 1
    If poliStatus = "党员" Then p = p + 1
Loop
txtMale. Text = m
txtFemale. Text = n
txtCPCN. Text = p
End Sub


Private Sub cmdExit_Click()
    End
End Sub
```

（3）运行程序。程序运行后，单击"统计"按钮，就可以在三个文本框中显示数据的统计结果，单击"结束"按钮，就可以退出程序的运行。

思考与练习

（1）编写一个程序，输入某货舱的货物数据，建立一个顺序文件，每次键盘上一种货物的数据，包括货物号、名称、单价、进货日期和数量。建立文件后，输出全部内容。

（2）某单位每年每次报销的经费（假定为整数）存放在一个磁盘文件中，试编写一个程序，从该文件读取每次报销的经费，计算其总和，并将其存入另一个文件中。

（3）使用驱动器列表框、目录列表框、文件列表框，查找图片文件（扩展名为 WMF 和 BMP 的文件），然后将找到并选中的文件在图像框中进行预览。

12.10　记事本程序的设计

12.10.1　实验目的

（1）掌握菜单编辑器的使用方法。
（2）掌握菜单事件的编程方法。
（3）初步掌握多窗体程序设计方法。

12.10.2　实验内容与步骤

设计一个记事本程序。

（1）界面设计。

① 在窗体 frmPad 上添加一个文本框 txtEditBox，并根据表 12.12 修改窗体及控件属性。

表 12.12　　　　　　　　　　　　对象属性设置

对　象　名	属　　性	值
frmPad	Caption	"记事本"
txtEditBox	MultiLine	True
	ScrollBars	2—Vertical
	Text	清空

② 使用菜单编辑器在窗体上建立菜单：选中窗体 frmpad 后，单击"工具"菜单的"菜单编辑器"命令，弹出"菜单编辑器"对话框，如图 12.35 所示。

③ 根据表 12.13 设置菜单。

表 12.13　　　　　　　　　　　　菜单设置

菜单项标题	菜单项名称	快捷键	其他属性
编辑	mnuEdit		
…剪切	mnuCut	Ctrl+X	
…复制	mnuCopy	Ctrl+C	
…粘贴	mnuPaste	Ctrl+V	
文本风格	mnuStyle		
…粗体(&B)	mnuBold		"复选"属性为 True
…斜体(&I)	mnuItalic		"复选"属性为 True
弹出菜单	popMenu		"可见"属性为 False
…剪切	popCut		
…复制	popCopy		
…粘贴	popPaste		

设计好的程序界面如图 12.36 所示。

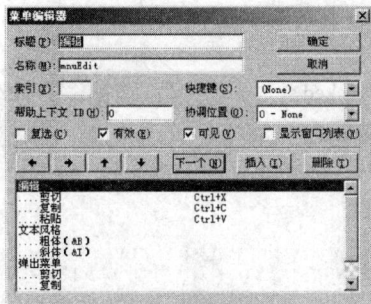

图 12.35 菜单编辑器

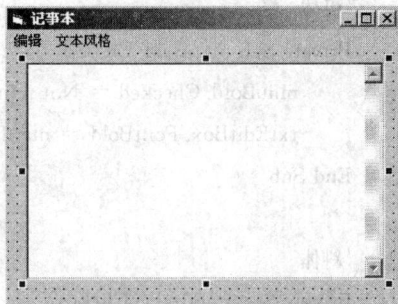

图 12.36 界面设计

(2) 编写程序代码。

```
Private Sub Form_Load()
    txtEditBox. FontSize = 16
    txtEditBox. Text = "Visual Basic 程序设计"
    mnuBold. Checked = False
    mnuItalic. Checked = False
End Sub


'剪切
Private Sub mnuCut_Click()
    Clipboard. Clear
    Clipboard. SetText txtEditBox. SelText
    txtEditBox. SelText = ""
End Sub


'复制
Private Sub mnuCopy_Click()
    Clipboard. Clear
    Clipboard. SetText txtEditBox. SelText
End Sub


'粘贴
Private Sub mnuPaste_Click()
    txtEditBox. SelText = Clipboard. GetText
```

```
End Sub
'粗体
Private Sub mnuBold_Click()
    mnuBold. Checked = Not mnuBold. Checked
    txtEditBox. FontBold = mnuBold. Checked
End Sub


'斜体
Private Sub mnuItalic_Click()
    mnuItalic. Checked = Not mnuItalic. Checked
    txtEditBox. FontItalic = mnuItalic. Checked
End Sub


'弹出菜单
Private Sub Form_MouseUp(Button As Integer, Shift As Integer, X As Single, —
        Y As Single)
    If Button = 2 Then
        PopupMenu popMenu
    End If
End Sub


Private Sub popCut_Click()
    mnuCut_Click
End Sub


Private Sub popCopy_Click()
    mnuCopy_Click
End Sub


Private Sub popPaste_Click()
    mnuPaste_Click
End Sub
```

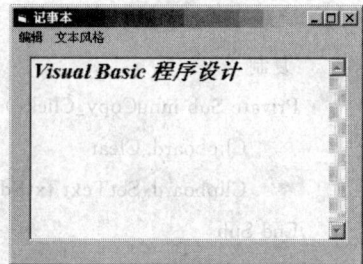

图 12.37　记事本程序运行界面

（3）运行程序。运行程序后，文本框中出现"Visual Basic 程序设计"的文字，如图 12.37 所示。用户也可以在文本框中输入其他文字，并通过窗体菜单，实现相应的编辑功能。在窗体上单击鼠标右键,则可使用弹出菜单。

思考与练习

修改实验中的程序,使记事本增加新功能。

(1) 在"编辑"菜单项中添加"全选"子菜单。并根据需要使"复制"、"剪切"和"粘贴"这三个菜单项有效或无效(当文本框的文字未被选中时,"剪切"、"复制"菜单项无效,反之有效;当剪贴板中无内容时"粘贴"菜单项无效;反之有效)。

(2) 在"文本风格"菜单项中加入"字体"和"文字颜色"菜单项,实现对文本框中的文字进行字体和颜色的变换功能。

(3) 增加"文件"菜单,包括"打开"、"保存"和"关闭"菜单项,并实现其功能。

(4) 实验中弹出的菜单只有在窗体上单击鼠标右键时才显示出来,能否使其在文本框中单击鼠标右键弹出。

12.11　科学计算器的设计与实现

12.11.1　实验目的

(1) 通过本实验,进一步理解 Visual Basic 的编程方法。

(2) 提高运用 Visual Basic 编程的能力。

(3) 培养对所学知识的综合运用能力。

12.11.2　实验内容与步骤

设计一个科学计算器,可以完成普通计算器的加、减、乘、除功能;还可以进行倒数、开方、乘方、三角函数、阶乘、对数计算。

(1) 界面设计。在窗体 frmCalc 上添加控件,并修改各控件属性,构成如图 12.38 所示界面。

界面中,使用了三个按钮控件数组:cmdFunc(Index)、cmdNum(Index)和 cmdOp(Index)。cmdFunc(Index)是左边的一组函数按钮;cmdNum(Index)是中间的一组数字按钮;cmdOp(Index)则是一组数学运算符号按钮。而"<—"、"CE"和"="是独立的按钮控件 cmdExpr、cmdCE 和 cmdEnter。显示部分由文本框 txtScr 实现。

(2) 编写程序代码。

程序代码略,请读者自行设计完成。

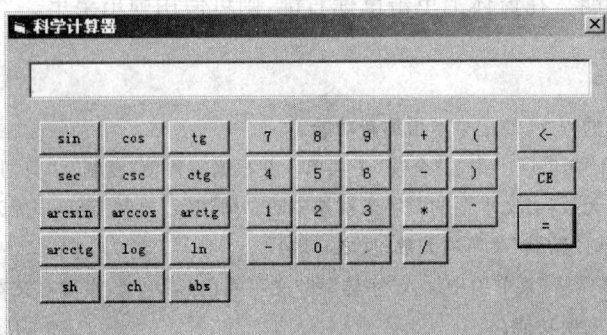

图 12.38　计算器界面

思考与练习

　　(1) 本程序中参于运算的数值均为十进制数,三角函数的运算数为弧度。增加功能,使其能够完成常用进制之间的转换,并支持角度和弧度之间的转换。

　　(2) 给本程序增加功能,使计算器在不用时可以作为显示时间的电子表使用。

附　　录

附录1　良好的代码风格

　　为了增加程序代码的可读性,便于进行程序的调试和逻辑分析,应在编程过程中养成良好的代码风格,良好的代码风格可以从以下几个方面入手。

附1.1　代码缩进

　　一种最显而易见的良好代码风格是将代码缩进为逻辑组。比较以下两段程序代码:。

程序代码1:

```
If answer = "yes" Then
For x = 0 To 100
Dosomething = x * 186232
If Dosomething > 3205420 Then
MsgBox "You are here"
Else
MsgBox "You are there"
End If
Next x
Else
MsgBox "Later"
End If
```

程序代码2:

```
If answer = "yes" Then
    For x = 0 To 100
        Dosomething = x * 186232
```

```
        If Dosomething > 3205420 Then
            MsgBox "You are here"
        Else
            MsgBox "You are there"
        End If
    Next x
Else
    MsgBox "Later"
End If
```

通过比较可以看出,程序一和程序二功能完全相同,只不过是程序二在代码书写时采用了缩进,代码的风格要优于程序一。

通过代码缩进,可以清晰看出程序逻辑是如何组织的。For－Next 循环被包围在 If－Then 语句的上半部分之内。在 For－Next 循环内部,可以发现还有另外一个 If－Then 语句。在未缩进的代码中,程序逻辑更难理解,如果整个程序都按照此方式编写,可以想象其调试过程要花费更多的时间。

附 1.2　添加注释

为了增加程序的可读性,并降低在后续程序维护工作中的难度,在书写代码时应增加必要的注释。要注意的是,应在编写代码的同时添加注释,而不是在程序编写完成后再专门添加注释。

在 Visual Basic 中,注释可以分为块注释和行注释,块注释是对整个程序块(如文件、过程或某个程序段)的说明,应写在相应程序段的开始部分;行注释是对某行内容的注释,应写在该行的后边。例如:

```
'通过三角形三边计算三角形面积的函数( 块注释)
Private Function area(a As Single, b As Single, c As Single) As Single
    Dim s As Single       '定义变量,用来存放周长的一半(行注释)
    s = (a + b + c) / 2      '计算机周长的一半(行注释)
    area = Sqr(s * (s - a) * (s - b) * (s - c))   '计算三角形面积(行注释)
End Function
```

当然,并不是所有的程序块或语句都要增加注释,程序员可以根据具体情况自己确定应添加注释的部分。

附 1.3　命名规则

为了增加程序的可读性,在程序中出现的命名也要符合一定的规则,简单的说,命名可分为前缀和主名,前缀表示命名事物的类型,主名表示命名事物的含义。这样,就很容易做到"见名知义"。附表1.1给出 Visual Basic 中主要控件命名的前缀。

附表 1.1　　　　　　　　　　对象的命名前缀

类　型　名	前　缀	类　型　名	前　缀
CheckBox	chk	Label	lbl
ComboBox	cbo	Line	lin
CommandButton	cmd	ListBox	lst
Data	dat	Menu	mnu
DirListBox	dir	OptionButton	opt
DrvListBox	drv	PictureBox	pic
FileListBox	fil	Shape	shp
Form	frm	TextBox	txt
Frame	fra	Timer	tmr
HscrollBar	hsb	VScrollBar	vsb
Image	img		

例如,如果要命名一个主窗体,可以命名为"frmMain",前缀"frm"表示它是一个窗体,主名"Main"表示准备作为一个主窗体。

一般来说,程序中不要使用 Text1、Text2 这样的对象名,但以下情况可以例外:

(1)控件名称在代码中不出现。例如,应用程序窗体中有一些标签控件,只是对其后文本框的功能做出说明,而在代码中不需要引用,这时可以用其默认名称"Label1"、"Label2"等。

(2)有时,窗体程序中只用到一个某类控件,例如定时器控件 Timer1。

以上是规范对编码风格的说明。遵循这些规范,不但有利于提高程序的可读性,还有利于程序的调试和逻辑分析。

附录 2　ASCII 字符编码表

$B_3B_2B_1B_0$ ＼ $B_6B_5B_4$	000	001	010	011	100	101	110	111
0000	NUL	DEL	SP	0	@	P	`	p
0001	SOH	DC1	!	1	A	Q	a	q
0010	STX	DC2	"	2	B	R	b	r
0011	ETX	DC3	#	3	C	S	c	s
0100	EOT	DC4	$	4	D	T	d	t
0101	ENQ	NAK	%	5	E	U	e	u
0110	ACK	SYN	&	6	F	V	f	v
0111	BEL	ETB	'	7	G	W	g	w
1000	BS	CAN	(	8	H	X	h	x
1001	HT	EM	)	9	I	Y	i	y
1010	LF	SUB	*	:	J	Z	j	z
1011	VT	ESC	+	;	K	[	k	{
1100	FF	FS	'	<	L	\	l	|
1101	CR	GS	—	=	M	]	m	}
1110	SO	RS	.	>	N	↑	n	~
1111	SI	US	/	?	O	—	o	DEL

附录 3　Visual Basic 常见错误信息

代码	说　明	代码	说　明
3	没有返回的 GoSub	16	表达式太复杂
5	无效的过程调用	17	不能完成所要求的操作
6	溢出	18	发生用户中断
7	内存不足	20	没有恢复的错误
9	数组索引超出范围	28	堆栈空间不足
10	此数组为固定的或暂时锁定	35	没有定义子程序、函数或属性
11	除以零	47	DLL 应用程序的客户端过多
13	类型不符合	48	装入 DLL 时发生错误
14	字符串空间不足	49	DLL 调用规格错误

代码	说　　明	代码	说　　明
51	内部错误	337	未找到 ActiveX 部件
52	错误的文件名或错误	338	ActiveX 部件不能正确运行
53	文件找不到	360	对象已经加载
54	错误的文件方式	361	不能加载或卸载该对象
55	文件已打开	363	未找到指定的 ActiveX 控件
57	I/O 设备错误	364	对象未卸载
58	文件已经存在	365	在该上下文中不能卸载
59	记录的长度错误	368	指定文件过时,该程序要求较新版本
61	磁盘已满	371	指定的对象不能用作供显示的所有窗体
62	输入已超过文件结尾	380	属性值无效
63	记录的个数错误	381	无效的属性数组索引
70	没有访问权限	382	属性设置不能在运行时完成
71	磁盘尚未就绪	383	属性设置不能用于只读属性
74	不能用	385	需要属性数组索引
75	路径/文件访问错误	387	属性设置不允许
76	找不到路径	393	属性的取得不能在运行时完成
91	尚未设置对象变量或 With 区块变量	394	属性的取得不能用于写属性
92	For 循环没有被初始化	400	窗体已显示,不能显示为模式窗体
93	无效的模式字符串	402	代码必须先关闭顶端模式窗体
94	Null 的使用无效	419	允许使用否定的对象
97	不能在对象上调用 Friend 过程,该对象不是定义类的实例	422	找不到属性
298	系统 DLL 不能被加载	423	找不到属性或方法
320	在指定的文件中不能使用字符设备名	424	需要对象
321	无效的文件格式	425	无效的对象使用
322	不能建立必要的临时文件	429	ActiveX 部件不能建立对象或返回对此对象的引用
325	源文件中有无效的格式	430	类不支持此属性或方法
327	未找到命名的数据值	432	在自动操作期间找不到文件或类名
328	非法参数,不能写入数组	438	对象不支持此属性或方法
335	不能访问系统注册表	440	自动操作错误
336	ActiveX 部件不能正确注册	442	连接至型态程序库或对象程序库的远程处理已经丢失

续表

代码	说　明	代码	说　明
443	自动操作对象没有默认值	480	不能创建 AutoRedraw 图像
445	对象不支持此动作	481	无效图片
446	对象不支持指定参数	483	打印驱动不支持指定的属性
447	对象不支持当前的位置设置	484	从系统得到打印机信息时出错。确保正确设置了打印机
448	找不到指定参数	485	无效的图片类型
449	参数无选择性或无效的属性设置	486	不能用这种类型的打印机打印窗体图像
450	参数的个数错误或无效的属性设置	520	不能清空剪贴板
451	对象不是集合对象	521	不能打开剪贴板
452	序数无效	735	不能将文件保存至 temp 目录
453	找不到指定的 DLL 函数	744	找到要搜寻的文本
454	找不到源代码	746	取代数据过长
455	代码源锁定错误	31001	内存溢出
457	此键已经与集合对象中的某元素相关	31004	无对象
458	变量使用的形态是 Visual Basic 不支持的	31018	未设置类
459	此部件不支持事件	31027	不能激活对象
460	剪贴板格式无效	31032	不能创建内嵌对象
462	远程服务器机器不存在或不可用	31036	存储到文件时出错
463	类未在本地机器上注册	31037	从文件读出时出错

参考文献

[1] 郑阿奇. Visual Basic 实用教程(第二版). 北京:电子工业出版社,2004

[2] 刘炳文. Visual Basic 程序设计简明教程. 北京:清华大学出版社,2006

[3] Harrey M. Deitel,Paul J. Deitel,Tem R. Nieto. Visual Basic 6.0 大学教程. 于伟,王刚等译. 北京:电子工业出版社,2003

[4] 王萍,聂伟强. Visual Basic 程序设计基础教程. 北京:清华大学出版社,2006

[5] 鲁荣江,王立丰. Visual Basic 项目案例导航. 北京:科学出版社,2002

[6] 高林,周海燕. Visual Basic 6.0 程序设计教程. 北京:人民邮电出版社,2003

[7] 曾伟发,邓勇刚. Visual Basic 6.0 高级实用教程. 北京:电子工业出版社,1999

[8] 赛奎春,李俊民. Visual Basic 函数参考大全. 北京:人民邮电出版社,2006

[9] 宋红,黄永来,邹俊等. Visual Basic 程序设计实训教程. 北京:清华大学出版社,2006

[10] 罗朝盛. Visual Basic 6.0 程序设计教程. 北京:人民邮电出版社,2002